JN028433

森 重文 編集代表
ライブラリ数理科学のための数学とその展開 **F5**

数理科学のための 関数解析学

泉　正己 著

サイエンス社

編者のことば

　近年，諸科学において数学は記述言語という役割ばかりか研究の中での数学的手法の活用に期待が集まっている．このように，数学は人類最古の学問の一つでありながら，外部との相互作用も加わって現在も激しく変化し続けている学問である．既知の理論を整備・拡張して一般化する仕事がある一方，新しい概念を見出し視点を変えることにより数学を予想もしなかった方向に導く仕事が現れる．数学はこういった営為の繰り返しによって今日まで発展してきた．数学には，体系の整備に向かう動きと体系の外を目指す動きの二つがあり，これらが同時に働くことで学問としての活力が保たれている．

　この数学テキストのライブラリは，基礎編と展開編の二つからなっている．基礎編では学部段階の数学の体系的な扱いを意識して，主題を重要な項目から取り上げている．展開編では，大学院生から研究者を対象に現代の数学のさまざまなトピックについて自由に解説することを企図している．各著者の方々には，それぞれの見解に基づいて主題の数学について個性豊かな記述を与えていただくことをお願いしている．ライブラリ全体が現代数学を俯瞰することは意図しておらず，むしろ，数学テキストの範囲に留まらず，数学のダイナミックな動きを伝え，学習者・研究者に新鮮で個性的な刺激を与えることを期待している．本ライブラリの展開編の企画に際しては，数学を大きく4つの分野に分けて森脇淳（代数），中島啓（幾何），岡本久（解析），山田道夫（応用数理）が編集を担当し森重文が全体を監修した．数学を学ぶ読者や数学にヒントを探す読者に有用なライブラリとなれば望外の幸せである．

編者を代表して

森　重文

ま え が き

　関数解析学とは一言で言えば無限次元空間の間の線形写像を扱う学問である．歴史的には積分方程式論など数学の解析学分野で生まれたものであるが，量子力学の定式化のためにフォン・ノイマンが非有界自己共役作用素のスペクトル分解定理を示したように，分野の黎明期から物理学との関わりも深い．現在では解析学に限らず数学の諸分野で基本的な道具として使われているだけでなく，工学などの広範囲の分野に無限次元の対象を扱うための基本的言語を提供している．

　本書は，筆者が京都大学理学部で行ってきた，3 回生後期向けの講義「函数解析学」及び 4 回生前期向けの「函数解析続論」の講義ノートを元にしてまとめたものである．従って初学者が限られた時間で効率よく重要な事項を学ぶための講義録であって，関数解析学の内容について辞書的に網羅した教科書ではない（初学者向けの辞書的な教科書として，日本語の [9] と英語の [3] を挙げておく）．本書を執筆するに際して，論理的効率を優先して内容を再構成することは最小限に留め，講義録としての臨場感を保つことを大切にした．そのため本書の構成はほぼ講義に沿っており，2 つの講義に対応して，5 章までが第 1 部，6 章以降が第 2 部というべき構成になっている．第 1 部では 5 章を除いて関数解析学の初歩に関する標準的内容を扱っている．ただし 5 章は，講義でシラバス外である局所凸空間の話題に触れた部分であるので，初学者は飛ばして読んでも差支えない（そのような章や節には ♯ を付けた）．第 2 部ではコンパクト作用素の理論と自己共役作用素のスペクトル分解定理を扱っており，作用素論入門というべき内容である．ただし，最終章である 10 章は，通常の講義では時間的な制約で触れることのできない話題をいくつか含んでいる．本としてのバランスに配慮して，講義時に証明しなかった基本的事項のいくつかは付録に記した．

　本書を読むのに必要な主な予備知識は，微分積分学，線形代数学，位相空間論（主に距離空間），及び簡単な複素関数論である．バナッハ空間の実例である L^p 空間とスペクトル分解定理の理解には測度論の知識が必要である．基本的な収束定理などの測度論の基礎知識は仮定したが，それを超える内容については付録にまとめた．一部の例や問題[†]を理解するためには，フーリエ解析の知識があることが望ましい．

　本書は講義ノートを元にしたものであるので，問題として挙げたものの多くは宿題のためのレポート問題であったものである．筆者のレポート問題に関する基本的な方針は，学生が自力で問題を解くことができるように十分ヒントを与える一方で，答えは公表しないというものである．専門的な数学を学ぶ者の多くは自力で問題を解決する能力を身につけることを目的としているのだから，解答を与えられなければ安心できないという心理からは脱するのが望ましい．従って本書でも問題の解答は書いていないが，ヒントは巻末にまとめてある．それまでの本書の記述とヒントを使って少し考えれば，答えは自ずから見えてくるはずである．

　関数解析学と関わる分野が多いことを反映して，その教科書のスタイルは著者の専門性により様々である．しかし本書の元になった講義が学部学生向けのものであったことから，筆者の専門である作用素環特有の議論を使うことは極力避けた．しかしそのような配慮にも関わらず見え隠れするのが個性なので，本書は作用素環論的な特徴を持つ関数解析学の入門書になっているかもしれない．そのような日本語の教科書は多くないのでそれもよいと思うし，筆者にはそれ以外のものは書きようもない．

　最後に自分が教科書を執筆するのに際して，筆者の数学の教科書についての思い出を少し書きたい．2回生の終わり頃だったと思うが，古本屋でコルモゴロフ-フォミーンの2巻本 [7] を手に入れて読みふけった時期があった．それまで読んだ日本の数学書とは違う，議論の最初に目標を明示するスタイルが肌に合ったのであろう．筆者は解析学の基礎をこの本から学んだといってよい．学部4回生のときに，故池部晃生先生の講究でアヒエゼール-グラズマンの2巻本 [1] を読んだ体験も印象的だった．この本で作用素の摂動論を学んだのが，「難しい数

[†]本文を読みながら解くのが適切なものを「問題」として本文に配し，より発展的な内容のものを章末の演習問題とした．

学があるものだ」と心から感じた初めての体験だった（現在手に入るのは Dover から出ている原著第 1 版の英訳で，残念ながら摂動論は扱われていない）．今から思えばこれはわくわくする経験だったのであり，良書のみが与えてくれるものである．これらの本は無意識のうちに本書に影響を与えているかもしれない．

2021 年 10 月

泉　　正己

目　　　　次

第1章　バナッハ空間の基礎　　　　　　　　　　　　　　　　　　　　**1**

　1.1　バナッハ空間の定義と基本的な例 1

　1.2　作用素の有界性 4

　1.3　有限次元空間，商空間 8

　演 習 問 題 14

第2章　ヒルベルト空間の基礎　　　　　　　　　　　　　　　　　　　**15**

　2.1　ヒルベルト空間の定義と基本的な例 15

　2.2　射影定理とその応用 17

　2.3　完全正規直交系 20

　2.4　ヒルベルト空間の有界作用素 25

　演 習 問 題 30

第3章　双 対 空 間　　　　　　　　　　　　　　　　　　　　　　　**32**

　3.1　ハーン-バナッハの拡張定理 32

　3.2　双 対 空 間 の 例 36

　3.3　弱位相，汎弱位相 41

　演 習 問 題 45

第4章　完 備 性 の 帰 結　　　　　　　　　　　　　　　　　　　　**46**

　4.1　ベールのカテゴリー定理 46

　4.2　ベールのカテゴリー定理の応用 47

　演 習 問 題 54

第5章　局所凸空間♯　　　　　**55**

5.1　局所凸空間の定義と基本的例 . . . .　55

5.2　連続線形汎関数　　　　　58

5.3　ハーン-バナッハの分離定理とその応用 . . . .　61

演　習　問　題 . . . .　68

第6章　有界作用素のスペクトル理論　　　　　**69**

6.1　バナッハ環とその元のスペクトル . . . .　69

6.2　スペクトルの分類 . . . .　74

6.3　連　続　関　数　算　法　　　　　78

6.4　連続関数算法の応用 . . . .　81

演　習　問　題 . . . .　88

第7章　バナッハ空間のコンパクト作用素　　　　　**89**

7.1　コンパクト作用素の基本的性質 . . . .　89

7.2　フレドホルム作用素♯ . . . .　94

演　習　問　題 . . . .　100

第8章　ヒルベルト空間のコンパクト作用素詳論　　　　　**102**

8.1　コンパクト自己共役作用素 . . . .　102

8.2　トレースクラスとヒルベルト-シュミットクラス . . . .　107

8.3　ヒルベルト-シュミット積分作用素 . . . .　113

8.4　マーサーの定理♯ . . . .　116

演　習　問　題 . . . .　121

第9章　有界自己共役作用素のスペクトル分解　　　　　**123**

9.1　有界自己共役作用素のスペクトル分解定理 . . . .　123

9.2　ボレル関数算法 . . . .　128

演　習　問　題 . . . .　133

第 10 章　ヒルベルト空間の非有界作用素 **135**

  10.1　ヒルベルト空間の閉作用素 135

  10.2　対称作用素の実例 140

  10.3　対称作用素のケーリー変換 145

  10.4　非有界自己共役作用素のスペクトル分解定理 149

  10.5　スペクトル分解定理の応用 ♯ 154

  演　習　問　題 159

付　　録 **162**

  A.1　ネットの収束 162

  A.2　L^p 空間の基本事項 164

  A.3　L^p-L^q 双 対 性 166

  A.4　ストーン-ワイエルシュトラスの定理 168

  A.5　正則ボレル測度 171

  A.6　スティルチェス積分 174

  A.7　絶 対 連 続 関 数 179

問題のヒント **184**

参　考　文　献 **188**

索　　引 **189**

本書で扱う記号

以下本書で使う記法と記号を説明する.

- A という新しい概念を条件 B により定義するとき,$A : \overset{\text{定義}}{\Longleftrightarrow} B$ と書く.書物としては少し砕けた書き方かもしれないが,講義録としての臨場感を伝えるのにはふさわしい書き方であり,日本語独特の言い回しで論理関係をわかりにくくするのを防ぐ効果もある.同じ理由で,簡単な主張以外では,論理記号 $\forall$, $\exists$ を積極的に用いる.

- $\mathbb{N}$, $\mathbb{Q}$, $\mathbb{R}$, $\mathbb{C}$ によりそれぞれ,自然数全体の集合,有理数全体の集合,実数全体の集合,複素数全体の集合を表す.0 は自然数に含めず,$\mathbb{N}_0 = \{0\} \cup \mathbb{N}$ とする.また,$\mathbb{T} = \mathbb{R}/2\pi\mathbb{Z}$, $\mathbb{D} = \{z \in \mathbb{C};\ |z| < 1\}$ とする.

- 記号 x, y は主にノルム空間の元を表すために用いる.混乱を避けるために,$\mathbb{R}$ の座標関数は t を用いて表す.

- 特に断らない限り線形空間として複素数体 $\mathbb{C}$ 上のもののみ考える.線形空間の部分空間とは線形部分空間を意味する.線形空間 X の部分集合 S が生成する部分空間を $\mathrm{span}\, S$ と書く.線形代数学の教科書によっては,線形独立性を有限集合に対してのみ定義しているものがあるので,本書では,線形空間 X の部分集合 S の線形独立性を,S の任意の有限部分集合が線形独立であることで定義する.

- (X, d) が距離空間のとき,$x \in X$ を中心とする半径 $r > 0$ の開球 $\{y \in X;\ d(x, y) < r\}$ を $B(x, r)$ と書き,閉球を $\overline{B(x, r)}$ と書く.X の閉集合 F と $x \in X$ の距離を $d(x, F) = \inf\{d(x, y);\ y \in F\}$ と定める.

- Ω がコンパクトハウスドルフ空間であるとき,Ω 上の複素数値連続関数全体を $C(\Omega)$ と書く.Ω が局所コンパクトハウスドルフ空間のとき,Ω 上のコンパクト台を持つ連続関数全体を $C_c(\Omega)$ と書く.ここで関数 f の台 $\mathrm{supp}\, f$ とは,$\{\omega \in \Omega;\ f(\omega) \neq 0\}$ の閉包を意味する.U が $\mathbb{R}^n$ の開集合であるとき,$C_c^m(U) = C_c(U) \cap C^m(U)$ と定める.$f \in C_c^m(U)$ の値を U の外で 0 と定めることにより,f を $\mathbb{R}^n$ 上の関数とみなす.

- 測度空間 $(\Omega, \mathcal{F}, \mu)$ の表記において,完全加法族 $\mathcal{F}$ を省略し (Ω, μ) と書くことが多い.$P(\omega)$ が $\omega \in \Omega$ に関する条件で,$P(\omega)$ を満たす ω 全体の集合が $\mathcal{F}$ に属するとき,その集合を $\{P(\omega)\}$ と略記し,$\mu(\{\omega \in \Omega;\ P(\omega)\})$ を $\mu\{P(\omega)\}$ と略記する.

- Y が集合 X の部分集合のとき,Y の定義関数を χ_Y と書く.つまり,

$$\chi_Y(x) = \begin{cases} 1, & x \in Y \\ 0, & x \in X \setminus Y \end{cases}$$

である.

- $f : X \to Y$ が写像で,X_0 が X の部分集合であるとき,f の X_0 への制限を $f|_{X_0}$ と書く.

- F が集合 X の有限部分集合であるとき,$F \Subset X$ と書く.

A_k：積分核 k の積分作用素.

B_X：ノルム空間 X の閉単位球.

$\mathbf{B}(X,Y)$：ノルム空間 X から Y への有界線形作用素全体.

$\mathbf{B}(X) = \mathbf{B}(X,X)$.

$\mathbf{B}(\mathcal{H})_{\mathrm{sa}}$：ヒルベルト空間 $\mathcal{H}$ の有界自己共役作用素全体.

$\mathbf{B}(\mathcal{H})_+$：ヒルベルト空間 $\mathcal{H}$ の有界正作用素全体.

$\mathcal{B}(\Omega)$：Ω 上のボレル関数全体.

$\mathcal{B}^b(\Omega)$：Ω 上の有界ボレル関数全体.

$\mathfrak{B}_\Omega$：Ω のボレル部分集合全体の成す σ-集合体.

$\mathfrak{F}_\Omega$：Ω の有限部分集合全体の集合.

$\mathcal{D}(T)$：作用素 T の定義域.

$\mathbf{F}(X,Y)$：X から Y への有限階作用素全体.

$\mathbf{F}(X) = \mathbf{F}(X,X)$.

$\mathrm{FR}(X)$：X のフレドホルム作用素全体.

$\mathrm{FR}_n(X)$：指数 n のフレドホルム作用素全体.

$\mathcal{G}(T)$：作用素 T のグラフ.

$\mathfrak{K}_\Omega$：Ω のコンパクト部分集合全体の集合.

$\mathbf{K}(X,Y)$：X から Y へのコンパクト作用素全体.

$\mathbf{K}(X) = \mathbf{K}(X,X)$.

$\mathbf{K}(\mathcal{H})_{\mathrm{sa}} = \mathbf{K}(\mathcal{H}) \cap \mathbf{B}(\mathcal{H})_{\mathrm{sa}}$.

$\mathbf{K}(\mathcal{H})_+ = \mathbf{K}(\mathcal{H}) \cap \mathbf{B}(\mathcal{H})_+$.

M_f：f の掛け算作用素.

$\mathfrak{N}(x)$：x の近傍全体の集合.

$\mathfrak{O}_\Omega$：Ω の開集合全体の集合.

$\mathcal{P}(\mathcal{H})$：ヒルベルト空間 $\mathcal{H}$ の射影作用素全体.

$\mathcal{R}(T)$：作用素 T の値域.

$\mathbf{S}_1(\mathcal{H})$：トレースクラス.

$\mathbf{S}_2(\mathcal{H})$：ヒルベルト‐シュミットクラス.

S_X：ノルム空間 X の単位球面.

T^*：作用素 T の共役作用素.

T_f：表象 f のテープリッツ作用素.

$\mathcal{U}(\mathcal{H}_1,\mathcal{H}_2)$：ヒルベルト空間 $\mathcal{H}_1$ から $\mathcal{H}_2$ へのユニタリ作用素全体.

$\mathcal{U}(\mathcal{H}) = \mathcal{U}(\mathcal{H},\mathcal{H})$.

V_S：対称作用素 S のケーリー変換.

人名・原綴り

アスコリ *Giulio* Ascoli, 1843-1896
アトキンソン *Frederick Valentine* Atkinson, 1916-2002
アラオグル *Leonidas* Alaoglu, 1914-1981
アルツェラ *Cesare* Arzelà, 1847-1912
ヴォルテラ *Vito* Volterra, 1860-1940
エーベルライン *William Frederick* Eberlein, 1917-1986
角谷静夫 1911-2004
カルキン *John Williams* Calkin, 1909-1964
クラークソン *James Andrew* Clarkson, 1906-1970
グラム *Jørgen Pedersen* Gram, 1850-1916
クレイン *Mark Grigor'evich* Krein, 1907-1989
ケーリー *Arthur* Cayley, 1821-1895
コーシー *Augustin-Louis* Cauchy, 1789-1857
シャウダー *Juliusz Paweł* Schauder, 1899-1943
シャッテン *Robert* Schatten, 1911-1977
シュヴァルツ *Hermann Amandus* Schwarz, 1843-1921
シュタインハウス *Hugo* Steinhaus, 1887-1972
シュミット *Erhard* Schmidt, 1876-1959
シュムリアン *Vitold Lvovich* Šmulian, 1914-1944
シュワルツ *Laurent* Schwartz, 1915-2002
ストーン *Marshall Harvey* Stone, 1903-1989
ディリクレ *Peter Gustav Lejeune* Dirichlet, 1805-1859
ソボレフ *Sergei L'vovich* Sobolev, 1908-1989
テープリッツ *Otto* Toeplitz, 1881-1940
ニコディム *Otto Marcin* Nikodym, 1887-1974
ノイマン *Carl Gottfried* Neumann, 1832-1925
フォン・ノイマン *John* von Neumann, 1903-1959
パーセヴァル *Marc-Antoine* Parseval, 1755-1836
ハーディ *Godfrey Harold* Hardy, 1877-1947
バナッハ *Stefan* Banach, 1892-1945
ハメル *Georg* Hamel, 1877-1954
ハーン *Hans* Hahn, 1879-1934
ヒルベルト *David* Hilbert, 1862-1943
フーリエ *Jean-Baptiste Joseph* Fourier, 1768-1830
フレシェ *René Maurice* Fréchet, 1878-1973
フレドホルム *Erik Ivar* Fredholm, 1866-1927

ベッセル *Friedrich Wilhelm* Bessel, 1784-1846
ベール *René-Louis* Baire, 1874-1932
ベルグマン *Stefan* Bergman, 1895-1977
ヘルグロッツ *Gustav* Herglotz, 1881-1953
ヘルダー *Otto* Hölder, 1859-1937
マーサー *James* Mercer, 1883-1932
マルコフ *Andrei Andreevich* Markov, 1903-1979
ミルマン *David Pinkhusovich* Mil'man, 1912-1982
ミンコフスキー *Hermann* Minkowski, 1864-1909
ラドン *Johann* Radon, 1887-1956
リース Riesz *Frigyes*, 1880-1956
ヨルダン *Ernst Pascual* Jordan, 1902-1980
ワイエルシュトラス *Karl Theodor Wilhelm* Weierstrass, 1815-1897
ワイル *Claus Hermann Hugo* Weyl, 1885-1955

第1章
バナッハ空間の基礎

　この章では，まず関数解析学を展開する場であるバナッハ空間を導入し多くの実例を与える．またバナッハ空間及びその間の作用素の基本的な性質を導く．

1.1　バナッハ空間の定義と基本的な例

定義 1.1.1　線形空間 X で定義された関数 $X \ni x \mapsto \|x\| \in [0, \infty)$ が，任意の $x, y \in X$ と $\alpha \in \mathbb{C}$ に対して次の条件

- (1)　$\|x\| = 0 \iff x = 0.$ 　　　　　　　　　　　　　　　　（正値性）
- (2)　$\|x + y\| \leq \|x\| + \|y\|.$ 　　　　　　　　　　　　　（三角不等式）
- (3)　$\|\alpha x\| = |\alpha| \|x\|$ 　　　　　　　　　　　　　　　　（同次性）

を満たすとき，$\|\cdot\|$ は**ノルム**（norm）であると言い，線形空間とノルムの組 $(X, \|\cdot\|)$ を**ノルム空間**（normed space）と呼ぶ．簡単のため，X をノルム空間と呼ぶことも多いが，その場合は X のノルムを一つ固定して考えているということを言外に仮定している．ノルムが X のものであることを明示したいときには，$\|\cdot\|_X$ と書くこともある．

　$(X, \|\cdot\|)$ がノルム空間であるとき，$x, y \in X$ に対して $d(x, y) = \|x - y\|$ と定めれば，$d : X \times X \to [0, \infty)$ は距離の公理を満たす．以下特に断らなければ，ノルム空間はこの距離に関する距離空間として扱う．三角不等式 $\|x\| = \|(x - y) + y\| \leq \|x - y\| + \|y\|$ 及び x と y の役割を入れ替えた不等式から $|\|x\| - \|y\|| \leq \|x - y\|$ がわかるので，ノルムは連続関数である．

例 1.1.1　$1 \leq p \leq \infty$ に対して，$x = (x_1, x_2, \ldots, x_n) \in \mathbb{C}^n$ のノルムを

$$\|x\|_p = \begin{cases} \left(\sum_{i=1}^n |x_i|^p\right)^{\frac{1}{p}}, & 1 \leq p < \infty \\ \max_{1 \leq i \leq n} |x_i|, & p = \infty \end{cases}$$

と定めると，$(\mathbb{C}^n, \|\cdot\|_p)$ はノルム空間である．$1 \leq p < \infty$ のとき，ノルムの三角不等式はミンコフスキー不等式（付録 A.2 節参照）に他ならない．

定義 1.1.2　ノルム空間 $(X, \|\cdot\|)$ が距離 $d(x, y) = \|x - y\|$ に関して完備であるとき，$(X, \|\cdot\|)$ を**バナッハ空間**（Banach space）と呼ぶ．

例 1.1.2　（**連続関数の空間**）　Ω がコンパクトハウスドルフ空間のとき，Ω 上の複素数値連続関数全体 $C(\Omega)$ は，各点ごとの演算で線形空間である．$f \in C(\Omega)$ に対して，

$$\|f\|_\infty = \sup_{\omega \in \Omega} |f(\omega)| = \max_{\omega \in \Omega} |f(\omega)|$$

と定めると，$(C(\Omega), \|\cdot\|_\infty)$ はバナッハ空間である．

【証明】　$(C(\Omega), \|\cdot\|)$ がノルム空間であることの証明は読者に委ねて，以下完備性の証明を行う．$\{f_n\}_{n=1}^\infty$ を $C(\Omega)$ のコーシー列とする．$\omega \in \Omega$ を固定すると $|f_n(\omega) - f_m(\omega)| \leq \|f_n - f_m\|_\infty$ なので，$\{f_n(\omega)\}_{n=1}^\infty$ は $\mathbb{C}$ のコーシー列である．よって $\mathbb{C}$ の完備性から極限 $\lim_{n \to \infty} f_n(\omega)$ が存在し，これを $f(\omega)$ と書く．定理を証明するには，$f \in C(\Omega)$ であることと，$\{f_n\}_{n=1}^\infty$ がノルム $\|\cdot\|_\infty$ に関して f に収束することを示せばよいが，そのためには $\{f_n\}_{n=1}^\infty$ が f に Ω 上一様収束することを示せばよい．

$\{f_n\}_{n=1}^\infty$ は $\|\cdot\|_\infty$ に関するコーシー列であるから，

$$\forall \varepsilon, \ \exists N \in \mathbb{N}, \ \forall m > \forall n \geq N, \ \forall \omega \in \Omega, \ |f_m(\omega) - f_n(\omega)| < \varepsilon$$

が成り立つ．ここで $m \to \infty$ の極限を取れば，上と同じ ε, N, n, ω に対して $|f(\omega) - f_n(\omega)| \leq \varepsilon$ が成り立つ．これは $\{f_n\}_{n=1}^\infty$ が f に一様収束することを示している．　　　　　　　　　　　　　□

　以後特に断らなければ，$C(\Omega)$ のノルムとして $\|\cdot\|_\infty$ のみを考え，これを $\|\cdot\|_{C(\Omega)}$ と書くこともある．

例 1.1.3　（**数列空間**）　複素数列全体の集合は，和とスカラー倍を $(x_k)_{k=1}^\infty + (y_k)_{k=1}^\infty = (x_k + y_k)_{k=1}^\infty$, $\alpha(x_k)_{k=1}^\infty = (\alpha x_k)_{k=1}^\infty$ と定めれば線形空間である．$1 \leq p \leq \infty$ に対して，

$$\|(x_k)_{k=1}^\infty\|_p = \begin{cases} \left(\sum_{k=1}^\infty |x_k|^p\right)^{\frac{1}{p}}, & 1 \le p < \infty \\ \sup_{k\in\mathbb{N}} |x_k|, & p = \infty \end{cases}$$

と定め, ℓ^p を $\|(x_k)_{k=1}^\infty\|_p$ が有限な数列 $(x_k)_{k=1}^\infty$ 全体の集合とすると, $(\ell^p, \|\cdot\|_p)$ はバナッハ空間である.

【証明】 $1 \le p < \infty$ の場合に完備性のみ示す ($p = \infty$ の場合は演習とする). $\{x^{(n)}\}_{n=1}^\infty$ を ℓ^p の $\|\cdot\|_p$ に関するコーシー列とし, $x^{(n)} = (x_k^{(n)})_{k=1}^\infty$ とする. 各 $k \in \mathbb{N}$ に対して $|x_k^{(m)} - x_k^{(n)}| \le \|x^{(m)} - x^{(n)}\|_p$ なので, $\{x_k^{(n)}\}_{n=1}^\infty$ は $\mathbb{C}$ のコーシー列である. $\mathbb{C}$ の完備性から $\lim_{n\to\infty} x_k^{(n)}$ が存在し, これを x_k と書く. $x = (x_k)_{k=1}^\infty$ が ℓ^p に属し, $\{x^{(n)}\}_{n=1}^\infty$ が $\|\cdot\|_p$ に関して x に収束することを示せばよい.

$\{x^{(n)}\}_{n=1}^\infty$ が $\|\cdot\|_p$ に関するコーシー列であることから,

$$\forall \varepsilon > 0, \exists N \in \mathbb{N}, \forall m > \forall n \ge N, \|x^{(m)} - x^{(n)}\|_p < \varepsilon$$

が成り立つ. 特に $M \in \mathbb{N}$ を固定すると, $\left(\sum_{k=1}^M |x_k^{(m)} - x_k^{(n)}|^p\right)^{\frac{1}{p}} < \varepsilon$ が成り立つ. ここで $m \to \infty$ の極限を取れば, 上の ε, N, n に対して $\left(\sum_{k=1}^M |x_k - x_k^{(n)}|^p\right)^{\frac{1}{p}} \le \varepsilon$ が成り立ち, M は任意なので, $\|x - x^{(n)}\|_p \le \varepsilon$ が成り立つ. これから $x = (x - x^{(n)}) + x^{(n)} \in \ell^p$ かつ $\lim_{n\to\infty} \|x - x^{(n)}\|_p = 0$ がわかる. $\square$

問題 1.1 数列空間 ℓ^∞ に対して次を示せ.
(1) $(\ell^\infty, \|\cdot\|_\infty)$ は完備である.
(2) $c_0 = \{(x_k)_{k=1}^\infty \in \ell^\infty; \lim_{k\to\infty} x_k = 0\}$ は ℓ^∞ の閉部分空間である. 特に $(c_0, \|\cdot\|_\infty)$ はバナッハ空間である.

例 1.1.4 (**L^p 空間**) (Ω, μ) を測度空間とする. Ω 上の可測関数 f, g が

$$\mu\{f(\omega) \ne g(\omega)\} = 0$$

を満たすとき f と g は同値であると定め, Ω 上の可測関数全体の集合に同値関係を導入する. $1 \le p \le \infty$ に対して,

$$\|f\|_p = \begin{cases} \left(\int_\Omega |f(\omega)|^p d\mu(\omega)\right)^{\frac{1}{p}}, & 1 \le p < \infty \\ \inf\{r \ge 0; \mu\{|f(\omega)| > r\} = 0\}, & p = \infty \end{cases}$$

と定める．$f \sim g \iff \|f - g\|_p = 0$ であることに注意する．$\|f\|_p$ が有限である可測関数全体を同値関係 $\sim$ 割った空間を $L^p(\Omega, \mu)$ とすると $(L^p(\Omega, \mu), \|\cdot\|_p)$ はバナッハ空間である（付録 A.2 節参照）．f と f の同値類の表記は区別しないのが慣習である．

$\|f\|_\infty$ を $|f|$ の**本質的上限**（essential supremum）と呼ぶ．Ω がコンパクトハウスドルフ空間でもあるとき，$C(\Omega)$ のノルムと同じ記号なので紛らわしいが，多くの場合は文脈から区別がつくし，μ がよい測度の場合はこれらのノルムが一致するので，あまり問題は生じない．以下 L^p 空間に関する記法の注意をまとめる．

- 文献によって $L^p(\Omega, \mu)$ を $L^p(\mu)$ と書くことがあるし，p を下に付ける流儀もある．
- Ω が $\mathbb{R}^n$ の可測部分集合で，μ がルベーグ測度である場合，$L^p(\Omega, \mu)$ を $L^p(\Omega)$ と表記することが多い．
- μ が Ω の数え上げ測度であるとき（つまり 1 点からなる集合の測度がすべて 1 であるとき），$L^p(\Omega, \mu)$ を $\ell^p(\Omega)$ と書く．$\ell^p = \ell^p(\mathbb{N})$ である．

1.2　作用素の有界性

以下 X, Y, Z はノルム空間とする．

線形写像 $T : X \to Y$ を**作用素**（operator）と呼ぶ．文献によっては，共役線形な写像や非線形な写像も作用素と呼ぶことがあるが，本書では線形作用素のみを扱う．作用素 T の像（range）を $\mathcal{R}(T)$ と書く．X の恒等作用素 $x \mapsto x$ を I_X または単に I と書く．X から $\mathbb{C}$ への線形写像を**線形汎関数**（linear functional）と呼ぶ．

X の閉単位球 $\{x \in X; \|x\| \leq 1\}$ を B_X と，単位球面 $\{x \in X; \|x\| = 1\}$ を S_X と書く．X の部分集合 C が，$\exists r > 0, \forall x \in C, \|x\| \leq r$ を満たすとき，C は**有界**（bounded）であると言う．

定義 1.2.1　作用素 $T : X \to Y$ が B_X を Y の有界部分集合に移すとき，T は**有界**であると言う．この条件は，

$$\exists M > 0, \forall x \in X, \|Tx\| \leq M\|x\|$$

と同値である．X から Y への有界作用素全体を $\mathbf{B}(X, Y)$ と書き，$\mathbf{B}(X, X)$ を $\mathbf{B}(X)$ と書く．$\mathbf{B}(X, \mathbb{C})$ を X の**双対空間**（dual space）と呼び，X^* と書く．

$T \in \mathbf{B}(X, Y)$ に対してその**作用素ノルム**（operator norm）を

$$\|T\| = \sup_{\|x\|=1} \|Tx\|$$

と定める．定義から，任意の $x \in X$ に対して $\|Tx\| \leq \|T\| \|x\|$ が成り立つ．

次の定理から，作用素の有界性の概念がいかに基本的であるかがわかる．

定理 1.2.1　作用素 $T : X \to Y$ について次の条件は同値である．

(1)　T は連続．

(2)　T は 0 で連続．

(3)　T は有界．

【証明】　(1) $\Longrightarrow$ (2) は自明．

(2) $\Longrightarrow$ (3)．T が 0 で連続なので，$\delta > 0$ が存在して $\|x\| \leq \delta$ ならば $\|Tx\| \leq 1$ が成り立つ．$x \in X \setminus \{0\}$ ならば $\left\|\frac{\delta}{\|x\|}x\right\| = \delta$ なので $\left\|T\frac{\delta}{\|x\|}x\right\| \leq 1$ である．よって任意の $x \in X$ に対して $\|Tx\| \leq \frac{1}{\delta}\|x\|$ が成り立つ．

(3) $\Longrightarrow$ (1)．$\|Tx - Ty\| = \|T(x - y)\| \leq \|T\| \|x - y\|$ なので，X の点列 $\{x_n\}_{n=1}^{\infty}$ が x に収束すれば，$\{Tx_n\}_{n=1}^{\infty}$ は Tx に収束する．よって T は連続である．　□

次に有界作用素全体の空間 $\mathbf{B}(X, Y)$ の構造を見てみよう．$\mathbf{B}(X, Y)$ は和 $(S + T)x = Sx + Tx$ とスカラー倍 $(\alpha S)x = \alpha Sx$ により線形空間であり，作用素ノルムによりノルム空間である．例えばノルムの三角不等式は，

$$\|(S + T)x\| \leq \|Sx\| + \|Tx\| \leq \|S\| \|x\| + \|T\| \|x\| = (\|S\| + \|T\|)\|x\|$$

より確かめられる．

$T \in \mathbf{B}(X, Y), S \in \mathbf{B}(Y, Z)$ のとき，

$$\|STx\| \leq \|S\| \|Tx\| \leq \|S\| \|T\| \|x\|$$

より $ST \in \mathbf{B}(X, Z)$ であり，作用素ノルムの劣乗法性 $\|ST\| \leq \|S\| \|T\|$ が成り立つことがわかる．

定理 1.2.2　X がノルム空間，Y がバナッハ空間であるとき，$\mathbf{B}(X, Y)$ は作用素ノルムによりバナッハ空間である．特に X^* はバナッハ空間である．

【証明】　$\mathbf{B}(X, Y)$ の完備性を示す．$\{T_n\}_{n=1}^{\infty}$ を $\mathbf{B}(X, Y)$ の作用素ノルムに関するコーシー列とする．各 $x \in X$ に対して $\|T_m x - T_n x\| \leq \|T_m - T_n\| \|x\|$ なので，$\{T_n x\}_{n=1}^{\infty}$ は Y のコーシー列である．Y は完備であるから極限 $\lim\limits_{n \to \infty} T_n x$ が存在し，これを Tx と書く．各 T_n が線形写像であることから，$T : X \to Y$ も線形写像である．定理を証明するには，$T \in \mathbf{B}(X, Y)$ であることと，$\{T_n\}_{n=1}^{\infty}$ が作用素ノルムに関して T に収束することを示せばよい．

　$\{T_n\}_{n=1}^{\infty}$ は $\mathbf{B}(X, Y)$ の作用素ノルムに関するコーシー列であるから，

$$\forall \varepsilon > 0, \ \exists N \in \mathbb{N}, \ \forall m > \forall n \geq N, \ \forall x \in X, \ \|T_m x - T_n x\| \leq \varepsilon \|x\|$$

が成り立つ．ここで $m \to \infty$ の極限を取れば，上と同じ ε, N, n, x に対して $\|Tx - T_n x\| \leq \varepsilon \|x\|$ が成り立ち，$\|T - T_n\| \leq \varepsilon$ が成り立つ．これから

$$T = (T - T_n) + T_n \in \mathbf{B}(X, Y)$$

であり $\lim\limits_{n \to \infty} \|T - T_n\| = 0$ がわかる．　　　　　　　　　　　□

　$T \in \mathbf{B}(X, Y)$ に対して $S \in \mathbf{B}(Y, X)$ が存在して $ST = I_X$ かつ $TS = I_Y$ を満たすとき，T は**可逆**（invertible）であると言う．この条件は T が全単射で T^{-1} が有界であることと同値である．

　$T \in \mathbf{B}(X, Y)$ が任意の $x \in X$ に対して $\|Tx\| = \|x\|$ を満たすとき，T は**等長作用素**（isometry）であると言う．等長作用素が全射なら可逆であり，逆作用素も等長作用素である．X がバナッハ空間で $T \in \mathbf{B}(X, Y)$ が等長であるとき，$\mathcal{R}(X)$ は完備なので Y の閉部分空間である．

　$\mathbf{B}(X, Y)$ に可逆な作用素が存在するとき，X と Y は**同型**（isomorphic）であると言う．$\mathbf{B}(X, Y)$ に全射等長作用素が存在するとき，X と Y は**等長同型**（isometrically isomorphic）であると言う．

例 1.2.1　（**ずらし作用素**）　$1 \leq p \leq \infty$ とする．

- $\ell^p(\mathbb{Z})$ の**両側ずらし作用素**（bilateral shift）を $(Ux)_n = x_{n-1}$ と定める．U は全射等長作用素である．
- ℓ^p の**片側ずらし作用素**（unilateral shift）V を

$$(Vx)_n = \begin{cases} 0, & n = 1 \\ x_{n-1}, & n \geq 2 \end{cases}$$

と定める.V は等長作用素であるが,全射ではない.

注意 1.2.1　有限次元空間の線形変換は単射であれば全射であることに注意すると,片側ずらし作用素のような全射でない等長作用素の存在は,無限次元空間特有の現象であることがわかる.

例 **1.2.2**　(**掛け算作用素**)　簡単のため $1 \leq p < \infty$ とする.$f \in C[0,1]$ と $h \in L^p[0,1]$ に対して $M_f h(t) = f(t)h(t)$ と定める.このとき,

$$\|M_f h\|_p = \left(\int_0^1 |f(t)h(t)|^p dt \right)^{\frac{1}{p}} \leq \left(\|f\|_\infty^p \int_0^1 |h(t)|^p dt \right)^{\frac{1}{p}} = \|f\|_\infty \|h\|_p$$

なので,$M_f \in \mathbf{B}(L^p[0,1])$ であり $\|M_f\| \leq \|f\|_\infty$ が成り立つ.実際等号が成り立つことが次のようにしてわかる.$|f(t_0)| = \|f\|_\infty$ となる点 $t_0 \in [0,1]$ を取り,$I_n = [t_0 - \frac{1}{n}, t_0 + \frac{1}{n}] \cap [0,1]$ と置く.$|I_n|$ を区間 I_n の長さとして,$h_n = \frac{\chi_{I_n}}{|I_n|^{\frac{1}{p}}}$ と置くと $\|h_n\|_p = 1$ であり,

$$\|M_f h_n\|_p = \left(\frac{1}{|I_n|} \int_{I_n} |f(t)|^p dt \right)^{\frac{1}{p}} \geq \min_{t \in I_n} |f(t)| \to \|f\|_\infty, \quad (n \to \infty)$$

となるからである.

次の定理は有界作用素を構成するための最も基本的な方法を与える.$L^2(\mathbb{R}^n)$ におけるフーリエ変換の構成は典型的な応用例である.

定理 1.2.3　X_0 はノルム空間 X の稠密な部分空間,Y はバナッハ空間とし,$T_0 \in \mathbf{B}(X_0, Y)$ とする.このとき $T \in \mathbf{B}(X, Y)$ で T_0 の拡張であるものが唯一つ存在し,$\|T_0\| = \|T\|$ が成り立つ.もし T_0 が等長であれば,T も等長である.

【証明】　X_0 は X で稠密であり,T は連続であることを要求しているので,T は存在すれば一意的である.

$x \in X$ に対して x に収束する X_0 の点列 $\{x_n\}_{n=1}^\infty$ を取る.$\|T_0 x_m - T_0 x_n\| \leq \|T_0\| \|x_m - x_n\|$ なので,$\{T_0 x_n\}_{n=1}^\infty$ は Y のコーシー列である.Y は完備であるから極限 $\lim_{n \to \infty} T_0 x_n$ が存在する.この極限で Tx を定義したい.実際,$\{x_n'\}_{n=1}^\infty$

も x に収束する X_0 の点列とすると,

$$\|T_0 x_n - T_0 x_n'\| \leq \|T_0\| \, \|x_n - x_n'\|$$
$$\leq \|T_0\|(\|x_n - x\| + \|x - x_n'\|) \to 0, \quad (n \to \infty)$$

なので, Tx は x を近似する X_0 の点列の選び方によらずに定まる.

次に T が線形であることを見る. $a, b \in X$ とし, X_0 の点列 $\{a_n\}_{n=1}^{\infty}$ と $\{b_n\}_{n=1}^{\infty}$ がそれぞれ a と b に収束するとする. このとき $\{a_n + b_n\}_{n=1}^{\infty}$ は $a + b$ に収束するので,

$$T(a + b) = \lim_{n \to \infty} T_0(a_n + b_n) = \lim_{n \to \infty} (T_0 a_n + T_0 b_n) = Ta + Tb.$$

T がスカラー倍を保つことも同様に示すことができるので, T は線形写像である.

T が有界であり $\|T\| = \|T_0\|$ であることは,

$$\|Tx\| = \lim_{n \to \infty} \|T_0 x_n\| \leq \|T_0\| \lim_{n \to \infty} \|x_n\| = \|T_0\| \, \|x\|$$

から従う. また T_0 が等長であれば,

$$\|Tx\| = \lim_{n \to \infty} \|T_0 x_n\| = \lim_{n \to \infty} \|x_n\| = \|x\|$$

から T も等長であることがわかる. □

1.3 有限次元空間, 商空間

定義 1.3.1 線形空間 X の 2 つのノルム $\|\cdot\|_\alpha$, $\|\cdot\|_\beta$ が

$$\exists c > 0, \ \forall x \in X, \ \frac{1}{c}\|x\|_\alpha \leq \|x\|_\beta \leq c\|x\|_\alpha$$

を満たすとき, $\|\cdot\|_\alpha$ と $\|\cdot\|_\beta$ は**同値** (equivalent) であると言う. この条件は, X の恒等写像がノルム空間 $(X, \|\cdot\|_\alpha)$ から $(X, \|\cdot\|_\beta)$ への同型であることと同値である.

より一般に, 集合 X の 2 つの距離 d_α と d_β が,

$$\exists c > 0, \ \forall x, \forall y \in X, \ \frac{1}{c}d_\alpha(x, y) \leq d_\beta(x, y) \leq c d_\alpha(x, y)$$

を満たすとき, d_α と d_β は同値な距離であると言う. d_α と d_β が同値な距離であるとき, 距離空間 (X, d_α) が完備であることと (X, d_β) が完備であることは同値である (示せ).

例 1.3.1 $1 \leq p \leq \infty$ と $x \in \mathbb{C}^n$ に対して

$$\|x\|_p \leq \|x\|_1 \leq n\|x\|_\infty \leq n\|x\|_p$$

が成り立つので，$\mathbb{C}^n$ のノルム $\|\cdot\|_p$, $1 \leq p \leq \infty$, はすべて互いに同値である．$\|\cdot\|_2$ は $\mathbb{C}^n$ の通常のユークリッド距離を与えるので $(\mathbb{C}^n, \|\cdot\|_2)$ は完備であるから，$(\mathbb{C}^n, \|\cdot\|_p)$, $1 \leq p \leq \infty$, はすべて互いに同型なバナッハ空間である．

より一般に次が成り立つ．

定理 1.3.1 有限次元線形空間の任意の 2 つのノルムは互いに同値である．特に，有限次元ノルム空間はバナッハ空間である．

【証明】 X は有限次元線形空間とし，X の基底 $\{e_i\}_{i=1}^n$ を選ぶ．$x = \sum_{i=1}^n x_i e_i \in X$ に対して $\|x\|_1 = \sum_{i=1}^n |x_i|$ と定め，以後 X の位相は $\|\cdot\|_1$ により定まるものを考える．定理を証明するには，X の任意のノルム $\|\cdot\|$ が $\|\cdot\|_1$ と同値であることを示せばよい．

$M = \max_{1 \leq i \leq n} \|e_i\|$ と置けば，ノルムの三角不等式から $\|x\| \leq M\|x\|_1$ が成り立ち，特に $\|\cdot\|$ は連続関数である．$S = \{x \in X; \|x\|_1 = 1\}$ はコンパクトなので，$\|x\|$ の S 上の最小値 m が存在する．$0 \notin S$ なので，ノルムの正値性より $m > 0$ である．$x \in X \setminus \{0\}$ ならば $\frac{1}{\|x\|_1} x \in S$ なので，$m \leq \left\|\frac{1}{\|x\|_1} x\right\|$ となり，$m\|x\|_1 \leq \|x\|$ が成り立つ．これは $x = 0$ に対しても成り立つので，任意の $x \in X$ に対して $m\|x\|_1 \leq \|x\| \leq M\|x\|_1$ が成り立ち，$\|\cdot\|$ と $\|\cdot\|_1$ は同値なノルムである． □

系 1.3.2 X と Y はノルム空間とし，X は有限次元とする．このとき，任意の線形写像 $T : X \to Y$ は有界である．

【証明】 X の基底 $\{e_i\}_{i=1}^n$ を取り，$\|\cdot\|_1$, m は前定理の証明と同様とする．$M_1 = \max_{1 \leq i \leq n} \|Te_i\|$ と置くと，$x = \sum_{i=1}^n x_i e_i$ に対して

$$\|Tx\| \leq \sum_{i=1}^n |x_i| M_1 = M_1 \|x\|_1 \leq \frac{M_1}{m} \|x\|$$

なので，T は有界である． □

(X, d) が距離空間であるとき，X の部分集合 Y が距離 d の Y への制限に関して完備であれば，Y は X の閉集合であることに注意する.

系 1.3.3　ノルム空間の任意の有限次元部分空間は閉である.

Y がノルム空間 X の閉部分空間であるとき，$x \in X$ の同値類 $[x] = x + Y \in X/Y$ に対して $\|[x]\| = \inf_{y \in Y} \|x + y\|$ と定め，X/Y の**商ノルム** (quotient norm) と呼ぶ. $\|[x]\|$ は 1 点 x から閉集合 Y への距離 $d(x, Y) = \inf_{y \in Y} d(x, y)$ であることに注意する.

問題 1.2　Y はノルム空間 X の閉部分空間とし，$Q : X \to X/Y$ は商写像とする.
  (1)　商ノルムは X/Y のノルムであることを示せ.
  (2)　$Y \neq X$ ならば $\|Q\| = 1$ であることを示せ.

命題 1.3.4　X, Y はノルム空間とし，Y は有限次元とする. このとき線形写像 $T : X \to Y$ に対して次の 2 条件は同値である.
  (1)　$T \in \mathbf{B}(X, Y)$.
  (2)　$\ker T$ は閉.

【証明】　(1)$\Longrightarrow$(2). T は連続なので $\ker T = T^{-1}\{0\}$ は閉.

(2)$\Longrightarrow$(1). $Q : X \to X/\ker T$ を商写像とすると，準同型定理から線形写像 $\widetilde{T} : X/\ker T \to \mathcal{R}(T)$ が存在して $T = \widetilde{T} \circ Q$. また

$$\dim X/\ker T = \dim \mathcal{R}(T) < \infty$$

から $\widetilde{T}$ は有界である. 商写像 Q は有界であるので，T も有界である.　　　　□

この命題の特別な場合として，線形汎関数 $\varphi : X \to \mathbb{C}$ に対して，

$$\varphi \in X^* \iff \ker \varphi \text{ が閉}$$

がわかる.

次の定理はノルム空間の圏における準同型定理である.

定理 1.3.5　X, Y をノルム空間，$T \in \mathbf{B}(X, Y) \setminus \{0\}$ とし，$Q : X \to X/\ker T$ を商写像とする. このとき $\widetilde{T} \in \mathbf{B}(X/\ker T, Y)$ で $T = \widetilde{T} \circ Q$ を満たすものが唯一つ存在する. 更に $\|\widetilde{T}\| = \|T\|$ が成り立つ.

【証明】　$T = \widetilde{T} \circ Q$ を満たす線形写像の存在と一意性は準同型定理から従う．$a \in X/\ker T$, $a \neq 0$, とすると，

$$\forall \varepsilon > 0, \ \exists x \in X, \ [x] = a \ \text{かつ} \ \|a\| \leq \|x\| \leq \|a\| + \varepsilon.$$

よって，

$$\|\widetilde{T}a\| = \|Tx\| \leq \|T\| \, \|x\| \leq \|T\| (\|a\| + \varepsilon)$$

となり，$\varepsilon > 0$ は任意なので，$\|\widetilde{T}\| \leq \|T\|$ が成り立つ．一方，

$$\|T\| = \|\widetilde{T} \circ Q\| \leq \|\widetilde{T}\| \, \|Q\| \leq \|\widetilde{T}\|$$

なので $\|\widetilde{T}\| = \|T\|$ が成り立つ．　　　□

定理 1.3.6　Y がバナッハ空間 X の閉部分空間であるとき，X/Y は商ノルムによりバナッハ空間である．

【証明】　X/Y が商ノルムに関して完備であることを示す．$\{a_n\}_{n=1}^{\infty}$ を X/Y のコーシー列とする．収束する部分列を持つコーシー列は収束するので，以下 $\{a_n\}_{n=1}^{\infty}$ が収束する部分列を持つことを示す．

$\{a_n\}_{n=1}^{\infty}$ がコーシー列なので，帰納的に部分列 $\{a_{n_k}\}_{k=1}^{\infty}$ で任意の $k \in \mathbb{N}$ に対して $\|a_{n_{k+1}} - a_{n_k}\| < \frac{1}{2^k}$ を満たすものを選ぶことができる．$a_{n_{k+1}} - a_{n_k}$ の代表元 $x_k \in X$ で $\|x_k\| < \frac{1}{2^k}$ を満たすのと，a_{n_1} の代表元 $y_1 \in X$ を選んで，$y_k = y_1 + \sum_{j=1}^{k-1} x_j$ と置くと $Q(y_k) = a_{n_k}$ である．$k < l$ ならば，

$$\|y_l - y_k\| = \left\| \sum_{j=k}^{l-1} x_j \right\| \leq \sum_{j=k}^{l-1} \|x_j\| \leq \sum_{j=k}^{l-1} \frac{1}{2^j} < \frac{1}{2^{k-1}}$$

より $\{y_k\}_{k=1}^{\infty}$ はコーシー列であり，X はバナッハ空間なので収束する．その極限を $y \in X$ とすると，Q は連続なので，

$$Q(y) = \lim_{k \to \infty} Q(y_k) = \lim_{k \to \infty} a_{n_k}$$

となり，$\{a_{n_k}\}_{k=1}^{\infty}$ は収束する．　　　□

有界閉集合のコンパクト性は，無限次元空間においては成り立たない．

補題 1.3.7　Y はノルム空間の閉部分空間で，$Y \neq X$ とする．このとき，任意の $\varepsilon > 0$ に対して，$x \in X$ で $\|x\| = 1$ かつ $d(x, Y) \geq 1 - \varepsilon$ であるものが存在する．

【証明】　$a \in X/Y$ で $\|a\| = 1$ であるものを取り，a の代表元 $x_0 \in X$ で $\|x_0\| \leq 1 + \varepsilon$ を満たすものを取る．$x = \frac{1}{\|x_0\|} x_0$ と置けば条件を満たす．　　　　□

定理 1.3.8　ノルム空間 X に対して次の 2 条件は同値である．

(1)　X は有限次元である．

(2)　B_X はコンパクトである．

【証明】　(1) $\Longrightarrow$ (2) の証明は読者に委ね，(2) $\Longrightarrow$ (1) のみ示す．そのため，$\dim X = \infty$ を仮定して B_X がコンパクトでないことを示す．X の可算線形独立集合 $\{x_k\}_{k=1}^{\infty}$ を取り，$X_n = \mathrm{span}\{x_k\}_{k=1}^{n}$ と置く．このとき $\dim X_n = n$ なので X_n は閉部分空間であり，$X_{n-1} \subsetneq X_n$ である．よって $y_n \in X_n$ で $\|y_n\| = 1$ かつ $d(y_n, X_{n-1}) \geq \frac{1}{2}$ を満たすものが存在する．$m \neq n$ ならば $\|y_m - y_n\| \geq \frac{1}{2}$ であることに注意する．$\{y_n\}_{n=1}^{\infty}$ は B_X の点列であるが，そのいかなる部分列もコーシー列になりえないので，収束する部分列を持たない．よって B_X はコンパクトではない．　　　　□

関数解析学におけるコンパクト性についてのアプローチは，大まかにいって次の 2 つである．

- （相対）コンパクト集合を特徴付ける．アスコリ-アルツェラの定理（定理 7.1.1）がこの典型例である．コンパクト作用素を用いることもこの範疇に入ると言ってよい．

- 位相を弱めてコンパクト性を持たせる．バナッハ-アラオグルの定理（定理 3.3.1）がこの典型例である．

有限次元空間と無限次元空間の解析が全く異なることを示すもう一つの証左である，無限次元ノルム空間における非有界線形汎関数の存在性を示してこの節を終わろう．特に応用がある事実ではないので，先を急ぐ読者は飛ばして進んでもよい．

線形空間 X の極大線形独立集合を**ハメル基底**と呼ぶ．$\{e_i\}_{i \in I}$ がハメル基底であるとき，任意の $x \in X$ は $x = \sum_{i \in I} x_i e_i,\ x_i \in \mathbb{C}$, と一意的に表される．ここで x_i は有限個の $i \in I$ を除いて 0 である．一意性から，$\varphi_{e_i} : X \ni x \mapsto x_i \in \mathbb{C}$ は線形汎関数である．ハメル基底は，ヒルベルト空間の完全正規直交系やバナッハ空間論におけるシャウダー基底とは全く異質のものであることに注意する．

問題 1.3 ツォルンの補題を使って，線形空間 X の任意の線形独立な部分集合に対し，それをを含むハメル基底が存在することを示せ．

命題 1.3.9 任意の無限次元ノルム空間は非有界線形汎関数を持つ．

【証明】 X を無限次元ノルム空間として，X の可算線形独立部分集合 $\{a_k\}_{k=1}^{\infty}$ で $\|a_k\| = 1$ を満たすものを取る．

$$b_k = \begin{cases} a_1, & k = 1 \\ a_1 + \frac{1}{k} a_k, & k \geq 2 \end{cases}$$

と置けば，$\{b_k\}_{k=1}^{\infty}$ も線形独立である．$\{b_k\}_{k=1}^{\infty}$ を含むハメル基底 S を取り，線形汎関数 $\varphi_e,\ e \in S$, を上のように定める．このとき，

$$\ker \varphi_{b_1} = \operatorname{span}(S \setminus \{b_1\})$$

であるが，$\lim_{k \to \infty} b_k = b_1$ であるので，

$$\overline{\ker \varphi_{b_1}} = \operatorname{span} S = X$$

である．よって $\ker \varphi_{y_1}$ は閉でなく，φ_{y_1} は有界ではない． □

演 習 問 題

演習 1　$C^1[0,1]$ はノルム $\|f\| = \|f\|_\infty + \|f'\|_\infty$ により，バナッハ空間であることを示せ.

演習 2　Ω はコンパクトハウスドルフ空間とし，$\omega \in \Omega$ とする.

(1)　$\chi_\omega : C(\Omega) \to \mathbb{C}$ を $\chi_\omega(f) = f(\omega)$ と定めると，$\chi_\omega \in C(\Omega)^*$ であることを示せ.

(2)　$C_0(\Omega, \omega) = \{f \in C(\Omega);\ f(\omega) = 0\}$ は，$C(\Omega)$ の閉部分空間であることを示せ.

演習 3　局所コンパクトハウスドルフ空間 Ω 上の連続関数 f が次の条件を満たすとき，f は無限遠で 0 に収束すると言う：任意の $\varepsilon > 0$ に対して，Ω のコンパクト部分集合 K が存在して，任意の $\omega \in \Omega \setminus K$ に対して $|f(\omega)| < \varepsilon$ が成り立つ. Ω 上の連続関数で無限遠で 0 に収束するもの全体を $C_0(\Omega)$ と書き，$f \in C_0(\Omega)$ のノルムを，$\|f\|_\infty = \sup_{\omega \in \Omega} |f(\omega)|$ と定める. $\widetilde{\Omega} = \Omega \cup \{\infty\}$ を Ω の一点コンパクト化とすると，$C_0(\Omega)$ と $C_0(\widetilde{\Omega}, \infty)$ は等長同型であることを示せ. 特に，$(C_0(\Omega), \|\cdot\|_\infty)$ はバナッハ空間であることを示せ.

演習 4　(Ω, μ) を σ-有限測度空間とし，$1 \leq p \leq \infty$ とする. $f \in L^\infty(\Omega, \mu)$ に対して，f の掛け算作用素 $M_f \in \mathbf{B}(L^p(\Omega, \mu))$ を $M_f h(\omega) = f(\omega) h(\omega)$ と定める.

(1)　$\|M_f\| \leq \|f\|_\infty$ を示せ.

(2)　$\|f\|_\infty > c > 0$ のとき，$\{|f(\omega)| > c\}$ の可測部分集合 E で $0 < \mu(E) < \infty$ となるものが存在することを示せ.

(3)　$\|M_f\| = \|f\|_\infty$ を示せ.

演習 5　$A(\mathbb{D})$ を $\overline{\mathbb{D}}$ 上の連続関数で $\mathbb{D}$ 上正則なもの全体とする.

(1)　$A(\mathbb{D})$ は $C(\overline{\mathbb{D}})$ の閉部分空間であることを示せ.

(2)　制限写像 $A(\mathbb{D}) \to C(\partial \mathbb{D}),\ f \mapsto f|_{\partial \mathbb{D}}$, は等長写像であることを示せ.

第2章
ヒルベルト空間の基礎

本章では，ユークリッド空間の直接的な一般化であり，バナッハ空間の中で最も有用性の高いヒルベルト空間を導入し，その基本的性質を導く．

2.1 ヒルベルト空間の定義と基本的な例

複素数 α に対して，$\overline{\alpha}$ はその共役複素数とする．

定義 2.1.1 X は線形空間とする．関数 $\langle \cdot, \cdot \rangle : X \times X \to \mathbb{C}$ が任意の $x, y, z \in X$ と任意の α に対して次の条件

(1) $\langle x, x \rangle \geq 0$. 更に $\langle x, x \rangle = 0 \iff x = 0$.

(2) $\langle x + y, z \rangle = \langle x, z \rangle + \langle y, z \rangle$, $\langle \alpha x, y \rangle = \alpha \langle x, y \rangle$.

(3) $\langle x, y \rangle = \overline{\langle y, x \rangle}$

を満たすとき，$\langle \cdot, \cdot \rangle$ は**内積**（inner product）であると言い，線形空間と内積の組 $(X, \langle \cdot, \cdot \rangle)$ を**内積空間**（inner product space）または**前ヒルベルト空間**（pre-Hilbert space）と呼ぶ．ノルム空間の場合同様，X を単に内積空間と言うことが多い．内積が X のものであることを明示したいときには，$\langle \cdot, \cdot \rangle_X$ と書くこともある．

内積に対しては，**コーシー-シュヴァルツの不等式**

$$|\langle x, y \rangle|^2 \leq \langle x, x \rangle \langle y, y \rangle$$

が成り立ち，等号成立条件は，x, y が線形従属であることである．証明については線形代数学の教科書を参照されたい．$\|x\| = \sqrt{\langle x, x \rangle}$ はノルムである．実際，ノルムの公理の中で自明でないのは三角不等式であるが，それは

$$(\|x\| + \|y\|)^2 - \|x + y\|^2 = 2\|x\|\|y\| - 2\operatorname{Re}\langle x, y \rangle$$

なのでコーシー-シュヴァルツの不等式から従う.

　以後断らない限り, 内積空間はこのノルムによりノルム空間として扱う. 内積は連続関数である. 実際, X の点列 $\{x_n\}_{n=1}^{\infty}$ と $\{y_n\}_{n=1}^{\infty}$ がそれぞれ $x \in X$ と $y \in X$ に収束するとき, コーシー-シュヴァルツの不等式から

$$|\langle x_n, y_n \rangle - \langle x, y \rangle| \leq |\langle x_n - x, y_n \rangle| + |\langle x, y_n - y \rangle|$$
$$\leq \|x_n - x\|\|y_n\| + \|x\|\|y_n - y\|$$
$$\leq \|x_n - x\|\|y_n - y\| + \|x_n - x\|\|y\| + \|x\|\|y_n - y\|$$

が 0 に収束することがわかる.

定義 2.1.2　内積空間 $(\mathcal{H}, \langle \cdot, \cdot \rangle)$ がノルム $\|x\| = \sqrt{\langle x, x \rangle}$ に関して完備であるとき, $(\mathcal{H}, \langle \cdot, \cdot \rangle)$ を**ヒルベルト空間** (Hilbert space) と呼ぶ.

例 2.1.1　(Ω, μ) が測度空間のとき, $L^2(\Omega, \mu)$ は内積

$$\langle f, g \rangle = \int_{\Omega} f(\omega)\overline{g(\omega)}d\mu(\omega)$$

によりヒルベルト空間である. この特別な場合として,

- $\mathbb{C}^n$ は標準内積 $\langle x, y \rangle = \sum_{k=1}^{n} x_k \overline{y_k}$ によりヒルベルト空間である.

- 数列空間 ℓ^2 は内積 $\langle x, y \rangle = \sum_{k=1}^{\infty} x_k \overline{y_k}$ によりヒルベルト空間である.

ヒルベルト空間の閉部分空間はヒルベルト空間であることに注意する.

　X は線形空間とする. 関数 $f: X \times X \to \mathbb{C}$ が任意の $x, y, z \in X$ と $\alpha \in \mathbb{C}$ について

- $f(x + y, z) = f(x, z) + f(y, z), f(\alpha x, z) = \alpha f(x, z)$.
- $f(z, x + y) = f(z, x) + f(z, y), f(z, \alpha x) = \overline{\alpha}f(z, x)$

を満たすとき, f は**半双線形形式** (sesqui-linear form) であると言う. 内積は半双線形形式である. 虚数単位 i と $n \in \mathbb{Z}$ について

$$\sum_{k=0}^{3} i^{nk} = \begin{cases} 4, & n \equiv 0 \mod 4 \\ 0, & n \not\equiv 0 \mod 4 \end{cases}$$

が成り立つことから，任意の半双線形形式は

$$f(x,y) = \frac{1}{4}\sum_{k=0}^{3} i^k f(x+i^k y, x+i^k y)$$

を満たすことがわかる．これを**極化等式**または**偏極等式**（polarization identity）と呼ぶ．本来 2 変数の関数 $f(x,y)$ が 1 変数の関数 $f(x,x)$ により決まるというのがこの等式のポイントである．

命題 2.1.1　内積空間の任意の 2 元 x,y に対して次の等式が成り立つ．

(1)　**中線定理**（parallelogram law）

$$\|x+y\|^2 + \|x-y\|^2 = 2\|x\|^2 + 2\|y\|^2.$$

(2)　極化等式

$$\langle x,y \rangle = \frac{1}{4}\sum_{k=0}^{3} i^k \|x+i^k y\|^2.$$

　証明は簡単な計算なので省略する．(1) は線形空間のノルムが内積により与えられるため必要条件である．逆に線形空間のノルムが (1) を満たすときに，(2) により内積を定義できるというのが**ヨルダン-フォン・ノイマンの定理**[6] である．

2.2　射影定理とその応用

定義 2.2.1　線形空間の部分集合 C が，任意の $x,y \in C$ と任意の $0 < t < 1$ に対して $(1-t)x+ty \in C$ を満たすとき，C は**凸集合**（convex set）であると言う．

定理 2.2.1　（**射影定理**）　C がヒルベルト空間 $\mathcal{H}$ の閉凸集合で，$x \in \mathcal{H}$ であるとき，$x_0 \in C$ で $\|x-x_0\| = \inf_{y \in C} \|x-y\|$ を満たすものが唯一つ存在する．x_0 を x から C への**射影**と呼ぶ．

【証明】　$\alpha = \inf_{y \in C} \|x-y\|$ と置き，C の点列 $\{y_n\}_{n=1}^{\infty}$ で $\{\|x-y_n\|\}_{n=1}^{\infty}$ が α に収束するものを取る．このとき中線定理より，

$$\|x-y_m + x-y_n\|^2 + \|(x-y_m)-(x-y_n)\|^2 = 2\|x-y_m\|^2 + 2\|x-y_n\|^2$$

なので，

$$\|y_n - y_m\|^2 = 2\|x - y_m\|^2 + 2\|x - y_n\|^2 - 4\left\|x - \frac{1}{2}(y_m + y_n)\right\|^2$$

$$\leq 2\|x - y_m\|^2 + 2\|x - y_n\|^2 - 4\alpha^2$$

となり，$\{y_n\}_{n=1}^{\infty}$ はコーシー列である．$\mathcal{H}$ は完備で C は閉なので $\{y_n\}_{n=1}^{\infty}$ は C 内で収束し，その極限を x_0 と置くと $\|x - x_0\| = \alpha$ が成り立つ．$x_0' \in C$ も同じ条件を満たすとすると，再び中線定理より

$$\|x_0 - x_0'\|^2 = 2\|x - x_0\|^2 + 2\|x - x_0'\|^2 - 4\left\|x - \frac{1}{2}(x_0 + x_0')\right\|^2 \leq 0$$

となり $x_0 = x_0'$ が成り立つ．　　　　　　　　　　　　　　　　　　　　□

問題 2.1　上の定理の主張が成り立たないようなバナッハ空間の例を挙げよ．

以下 $\mathcal{H}$ はヒルベルト空間とする．

定義 2.2.2　$x, y \in \mathcal{H}$ が $\langle x, y \rangle = 0$ を満たすとき，x と y は**直交する** (orthogonal, perpendicular) と言い，$x \perp y$ と書く．$S \subset \mathcal{H}$ に対して $S^{\perp} = \{x \in \mathcal{H};\ \forall y \in S,\ x \perp y\}$ と置き，S の**直交補空間** (orthogonal complement) と呼ぶ．

定義の直接的な帰結を列挙する．

- $x \perp y$ のとき $\|x + y\|^2 = \|x\|^2 + \|y\|^2$ が成り立つ（ピタゴラスの定理）．
- $(S^{\perp})^{\perp} \supset S$. $S_1 \subset S_2$ ならば $S_2^{\perp} \subset S_1^{\perp}$.
- 内積は連続であり，

$$S^{\perp} = \bigcap_{y \in S} \{x \in \mathcal{H};\ \langle x, y \rangle = 0\}$$

なので，$S^{\perp}$ は $\mathcal{H}$ の閉部分空間である．

- 内積の線形性と連続性から

$$S^{\perp} = (\mathrm{span}\, S)^{\perp} = \overline{\mathrm{span}\, S}^{\perp}.$$

定理 2.2.2　（**直交分解定理**）　$\mathcal{K}$ をヒルベルト空間 $\mathcal{H}$ の閉部分空間とすると，

(1)　$\mathcal{H} = \mathcal{K} \oplus \mathcal{K}^{\perp}$.

(2)　$(\mathcal{K}^{\perp})^{\perp} = \mathcal{K}$.

【証明】 (1) ヒルベルト空間のノルムの定義から $\mathcal{K} \cap \mathcal{K}^\perp = \{0\}$ なので，$\mathcal{K} + \mathcal{K}^\perp = \mathcal{H}$ を示せばよい．$x \in \mathcal{H}$ の $\mathcal{K}$ への射影を x_0 とし，$x_1 := x - x_0 \in \mathcal{K}^\perp$ を示す．$y \in \mathcal{K}$ とすると，$x_0 - y \in \mathcal{K}$ なので，射影の定義より $\|x - x_0\| \leq \|x - x_0 + y\|$ である．よって，

$$\|x_1\|^2 \leq \|x_1 + y\|^2 = \|x_1\|^2 + 2\operatorname{Re}\langle y, x_1 \rangle + \|y\|^2$$

となり，$2\operatorname{Re}\langle y, x_1 \rangle + \|y\|^2 \geq 0$ である．t を任意の実数とし，y を $t\langle x_1, y \rangle y$ で置き換えても同じ不等式が成り立つので，$|\langle y, x_1 \rangle|^2 (2t + \|y\|^2 t^2) \geq 0$．よって $\langle y, x_1 \rangle = 0$ となり，$x_1 \in \mathcal{K}^\perp$ である．

(2) $\mathcal{K} \subset (\mathcal{K}^\perp)^\perp$ は自明なので，$(\mathcal{K}^\perp)^\perp \subset \mathcal{K}$ を示す．$x \in (\mathcal{K}^\perp)^\perp$ とする．(1) より $x = x_0 + x_1,\ x_0 \in \mathcal{K},\ x_1 \in \mathcal{K}^\perp$，と分解する．$0 = \langle x, x_1 \rangle = \|x_1\|^2$ となり，$x = x_0 \in \mathcal{K}$ である． □

$S \subset \mathcal{H}$ のとき $S^\perp = \overline{\operatorname{span} S}^\perp$ であることに注意すると，(2) より次がわかる．

系 2.2.3 $S \subset \mathcal{H}$ に対して $(S^\perp)^\perp = \overline{\operatorname{span} S}$ が成り立つ．特に次の条件は同値である．

(1) $S^\perp = \{0\}$．

(2) $\operatorname{span} S$ は $\mathcal{H}$ で稠密である．

$\mathcal{K}$ が $\mathcal{H}$ の閉部分空間のとき，$x \in \mathcal{H}$ の射影定理の意味での $\mathcal{K}$ への射影 x_0 と，直和分解 $\mathcal{H} = \mathcal{K} \oplus \mathcal{K}^\perp$ の意味での $\mathcal{K}$ への射影は一致する．よって x に x_0 を対応させる写像 $P_\mathcal{K}$ は線形写像であり $P_\mathcal{K}^2 = P_\mathcal{K}$ を満たす．$P_\mathcal{K}$ を $\mathcal{H}$ から $\mathcal{K}$ への**射影作用素**（projection operator）あるいは単に**射影**（projection）と呼ぶ．$I - P_\mathcal{K} = P_{\mathcal{K}^\perp}$ である．$\mathcal{K} = \{0\}$ でなければ $\|P_\mathcal{K}\| = 1$ である．

$y \in \mathcal{H}$ に対して $\varphi_y(x) = \langle x, y \rangle$ と定めると，φ_y は $\mathcal{H}$ の線形汎関数であり，コーシー-シュヴァルツの不等式より φ_y は有界である．その逆が成り立つという次の事実が，ヒルベルト空間の理論をその他のバナッハ空間のそれと比べ著しく容易にするのである．

定理 2.2.4（**リースの表現定理**） $\mathcal{H}$ をヒルベルト空間とすると，任意の $\varphi \in \mathcal{H}^*$ に対して，$x_\varphi \in \mathcal{H}$ で任意の $x \in \mathcal{H}$ に対して $\varphi(x) = \langle x, x_\varphi \rangle$ を満たすものが唯一つ存在する．更に $\|\varphi\| = \|x_\varphi\|$ が成り立つ．

【証明】　$\varphi = 0$ のときは $x_\varphi = 0$ である．以後 $\varphi \neq 0$ とする．φ は連続なので，$\mathcal{K} := \ker\varphi$ は $\mathcal{H}$ の閉部分空間である．$\mathcal{H} = \mathcal{K} \oplus \mathcal{K}^\perp$ と直交分解すると，

$$\dim \mathcal{K}^\perp = \dim \mathcal{H}/\ker\varphi = \dim \mathbb{C} = 1$$

なので，$y \in \mathcal{K}^\perp$ が存在して $\mathcal{K}^\perp = \mathbb{C}y$ である．$\varphi(y) \neq 0$ なので，必要ならば y を定数倍することにより，$\varphi(y) = 1$ としてよい．$x_\varphi = \frac{1}{\|y\|^2} y$ と置くと，$x \in \mathcal{K}$ ならば $\varphi(x) = 0 = \langle x, x_\varphi \rangle$ が成り立ち，$\varphi(y) = 1 = \langle y, x_\varphi \rangle$ も成り立つ．$\mathcal{H} = \mathcal{K} + \mathbb{C}y$ なので，任意の $x \in \mathcal{H}$ に対して $\varphi(x) = \langle x, x_\varphi \rangle$ が成り立つ．x'_φ も同じ条件を満たすとすれば，$x_\varphi - x'_\varphi \in \mathcal{H}^\perp = \{0\}$ であるので，$x_\varphi = x'_\varphi$ である．

コーシー-シュヴァルツの不等式より，$\|\varphi\| \leq \|x_\varphi\|$ が成り立つ．一方 $\varphi\left(\frac{1}{\|x_\varphi\|}x_\varphi\right) = \|x_\varphi\|$ より，$\|\varphi\| \geq \|x_\varphi\|$ である．　　　　　　□

2.3　完全正規直交系

本節では $\mathcal{H}$ はヒルベルト空間とする．

定義 2.3.1　$S \subset \mathcal{H}$ とする．

- S の任意の元のノルムが 1 であり，S の任意の異なる 2 元が直交するとき，S を **正規直交系**（orthonormal system）と呼ぶ．以後正規直交系を ONS と表記する．

- S が ONS で，$\overline{\operatorname{span} S} = \mathcal{H}$ であるとき（この条件は $S^\perp = \{0\}$ と同値），S を **完全正規直交系**（complete orthonormal system）または **正規直交基底**（orthonormal basis）と呼ぶ．以後，完全正規直交系を CONS と表記する．

例 2.3.1　$n \in \mathbb{N}$ に対して $\delta_n = (\delta_{n,k})_{k=1}^\infty \in \ell^2$ と置けば，$\{\delta_n\}_{n=1}^\infty$ は ℓ^2 の CONS である．ここで $\delta_{n,k}$ はクロネッカーのデルタ

$$\delta_{n,k} = \begin{cases} 1, & k = n \\ 0, & k \neq n \end{cases}$$

である．$\{\delta_n\}_{n=1}^\infty$ を ℓ^2 の標準基底と呼ぶ．

グラム-シュミットの直交化法を思い出そう．証明については線形代数の教科書を参照されたい．

補題 2.3.1 $\{x_i\}_{i=1}^{\infty}$ は $\mathcal{H}$ の線形独立な部分集合とする. $e_1 = \frac{1}{\|x_1\|}x_1$ と定め, $n \geq 2$ に対して, 帰納的に

$$y_n = x_n - \sum_{k=1}^{n-1}\langle x_n, e_k\rangle e_k, \quad e_n = \frac{1}{\|y_n\|}y_n$$

と定める. このとき $\{e_k\}_{k=1}^{\infty}$ は ONS であり, 任意の n に対して $\mathrm{span}\{x_k\}_{k=1}^{n} = \mathrm{span}\{e_k\}_{k=1}^{n}$ が成り立つ. 更に $\mathrm{span}\{x_k\}_{k=1}^{\infty}$ が $\mathcal{H}$ で稠密であるとき, $\mathrm{span}\{e_k\}_{k=1}^{\infty}$ は $\mathcal{H}$ で稠密であるので, $\{e_k\}_{k=1}^{\infty}$ は $\mathcal{H}$ の CONS である.

例 2.3.2 $[a, b]$ が有限閉区間であるとき, 多項式全体は $L^2[a, b]$ で稠密であるので, $\{x^n\}_{n=0}^{\infty}$ にグラム-シュミットの直交化法を適用することにより, $L^2[a, b]$ の CONS が得られる. このようにして得られる $L^2[a, b]$ の CONS を直交多項式系と呼ぶ.

定理 2.3.2 無限次元ヒルベルト空間 $\mathcal{H}$ に対して次の条件は同値である.

(1) $\mathcal{H}$ は可分である.

(2) $\mathcal{H}$ は可算集合からなる CONS を持つ.

【証明】 (1) $\Longrightarrow$ (2). D を $\mathcal{H}$ の可算稠密集合とすると, D の線形独立な部分集合 $\{x_n\}_{n=1}^{\infty}$ で, $\mathrm{span}\,D = \mathrm{span}\{x_n\}_{n=1}^{\infty}$ を満たすものを取ることができる. これにグラム-シュミットの直交化法を適用することにより, $\mathrm{CONS}\{e_n\}_{n=1}^{\infty}$ を構成できる.

(2) $\Longrightarrow$ (1). CONS $\{e_n\}_{n=1}^{\infty}$ の $\mathbb{Q}+i\mathbb{Q}$ 係数の線形結合全体は $\mathcal{H}$ の可算稠密部分集合である. $\qquad\square$

一般のヒルベルト空間における CONS の存在性は, 問題としておく.

問題 2.2 任意のヒルベルト空間は CONS を持つことを示せ.

以下 CONS の重要な性質を順番に見ていく.

補題 2.3.3 $\{e_1, e_2, \ldots, e_n\}$ を $\mathcal{H}$ の ONS とする. $x \in \mathcal{H}$ に対して

$$P_n x = \sum_{k=1}^{n}\langle x, e_k\rangle e_k$$

と定めると, P_n は $\mathcal{H}$ から $\mathrm{span}\{e_1, e_2, \ldots, e_n\}$ への射影である.

【証明】 $\mathcal{K}_n = \mathrm{span}\{e_1, e_2, \ldots, e_n\}$ と置くと，$P_n x \in \mathcal{K}_n$ である．任意の $1 \le k \le n$ に対して，

$$\langle x - P_n x, e_k \rangle = \langle x, e_k \rangle - \langle P_n x, e_k \rangle = 0$$

より，$x - P_n x \in \mathcal{K}_n^\perp$ である．よって直交分解の一意性より，P_n は $\mathcal{H}$ から $\mathcal{K}_n$ への射影である． $\square$

系 2.3.4 $\{e_k\}_{k=1}^\infty$ が $\mathcal{H}$ の ONS であるとき，任意の $x \in \mathcal{H}$ に対して次の**ベッセル不等式**が成り立つ．

$$\sum_{k=1}^\infty |\langle x, e_k \rangle|^2 \le \|x\|^2.$$

【証明】 上の補題と同じ記号を使うと，

$$\|x\|^2 \ge \|P_n x\|^2 = \sum_{k=1}^n |\langle x, e_k \rangle|^2$$

が成り立つ．n は任意なので，ベッセル不等式が成り立つ． $\square$

補題 2.3.5 $\{e_k\}_{k=1}^\infty$ は $\mathcal{H}$ の ONS とし，$\mathcal{K} = \overline{\mathrm{span}\{e_k\}_{k=1}^\infty}$ とする．$x \in \mathcal{H}$ に対して $x_n = \sum_{k=1}^n \langle x, e_k \rangle e_k$ と置くと，$\{x_n\}_{n=1}^\infty$ は $P_\mathcal{K} x$ に収束する（特に，$\sum_{k=1}^\infty \langle x, e_k \rangle e_k$ はどのような順序で和を取っても同じ元 $P_\mathcal{K} x$ に収束することがわかる）．更に

$$\|P_\mathcal{K} x\|^2 = \sum_{k=1}^\infty |\langle x, e_k \rangle|^2$$

が成り立つ．

【証明】 $m > n$ とすると，

$$\|x_m - x_n\| = \sqrt{\sum_{k=n+1}^m |\langle x, e_k \rangle|^2}$$

であるので，ベッセル不等式より $\{x_n\}_{n=1}^\infty$ がコーシー列であることがわかる．$\mathcal{H}$ はヒルベルト空間なので $\{x_n\}_{n=1}^\infty$ は収束し，その極限を y と書く．任意の n に対して $x_n \in \mathcal{K}$ なので $y \in \mathcal{K}$ である．

$$\langle x - y, e_k \rangle = \langle x, e_k \rangle - \lim_{n \to \infty} \langle x_n, e_k \rangle = \langle x, e_k \rangle - \langle x, e_k \rangle = 0$$

より $x - y \in \mathcal{K}^\perp$ である. よって直交分解の一意性より $y = P_\mathcal{K} x$ である. ノルムの連続性から,

$$\|y\|^2 = \lim_{n \to \infty} \|x_n\|^2 = \lim_{n \to \infty} \sum_{k=1}^{n} |\langle x, e_k \rangle|^2 = \sum_{k=1}^{\infty} |\langle x, e_k \rangle|^2$$

である.   □

注意 2.3.1   上の補題より, S が $\mathcal{H}$ の ONS で可算集合であるとき, 表記 $\displaystyle\sum_{e \in S} \langle x, e \rangle e$ が意味を持つことに注意する. S の元の並べ方 $\{e_n\}_{n=1}^{\infty}$ を一つ固定し, $\displaystyle\sum_{n=1}^{\infty} \langle x, e_n \rangle e_n$ により定義すればよい.

上の補題の証明と同様な計算で, 次がわかる.

系 2.3.6 $\{e_k\}_{k=1}^{\infty}$ は $\mathcal{H}$ の ONS とし, $a = (a_k)_{k=1}^{\infty} \in \ell^2$ とする. このとき $\displaystyle\sum_{k=1}^{\infty} a_k e_k$ は収束し, そのノルムは $\|a\|_2$ である.

補題 2.3.7 S が $\mathcal{H}$ の ONS であるとき, 任意の x に対して $S_x = \{e \in S; \langle x, e \rangle \neq 0\}$ は高々可算集合であり, $\displaystyle\sum_{e \in S_x} \langle x, e \rangle e$ は x の $\overline{\mathrm{span}\, S}$ への射影である. 以後これを単に $\displaystyle\sum_{e \in S} \langle x, e \rangle e$ と表記する.

【証明】 $n \in \mathbb{N}$ に対して $S_{x,n} = \{e \in S; |\langle x, e \rangle|^2 \geq \frac{1}{n}\}$ と置くと, $S_x = \displaystyle\bigcup_{n=1}^{\infty} S_{x,n}$ である. F が $S_{x,n}$ の任意の有限部分集合のとき, ベッセル不等式より

$$\|x\|^2 \geq \sum_{e \in F} |\langle x, e \rangle|^2 \geq \frac{1}{n} \# F$$

が成り立ち, $\# F \leq n\|x\|^2$ である. これが $S_{x,n}$ の任意の有限部分集合に対して成り立つので, $S_{x,n}$ は有限集合で $\# S_{x,n} \leq n\|x\|^2$ である. よって S_x は高々可算集合である.

$y = \displaystyle\sum_{e \in S_x} \langle x, e \rangle e$ と置と, $y \in \overline{\mathrm{span}\, S} =: \mathcal{K}$ である. $e \in S_x$ のとき前補題の証明

と同様に $\langle x-y, e \rangle = 0$ であり，$e \in S \setminus S_x$ のときは $\langle x, e \rangle = \langle y, e \rangle = 0$ である．よって $x - y \in S^\perp = \mathcal{K}^\perp$ であり，直交分解の一意性より $y = P_\mathcal{K} x$ である．　□

定理 2.3.8　S を $\mathcal{H}$ の ONS とすると，次の条件は同値である．

(1)　S は CONS である．

(2)　任意の $x \in \mathcal{H}$ に対して $x = \displaystyle\sum_{e \in S} \langle x, e \rangle e$ が成り立つ．

(3)　任意の $x, y \in \mathcal{H}$ に対して $\langle x, y \rangle = \displaystyle\sum_{e \in S} \langle x, e \rangle \langle e, y \rangle$ が成り立つ．

(4)　任意の $x \in \mathcal{H}$ に対して $\|x\|^2 = \displaystyle\sum_{e \in S} |\langle x, e \rangle|^2$ が成り立つ．

【証明】　$\mathcal{K} = \overline{\operatorname{span} S}$ と置く．

(1) $\Longrightarrow$ (2)．$\mathcal{K} = \mathcal{H}$ なので，$\displaystyle\sum_{e \in S} \langle x, e \rangle e = P_\mathcal{H} x = x$．

(2) $\Longrightarrow$ (3)．S_x が有限集合なら証明は簡単なので，$S_x = \{e_k\}_{k=1}^\infty$ の場合に証明する．$x = \displaystyle\sum_{k=1}^\infty \langle x, e_k \rangle e_k$ なので，

$$\langle x, y \rangle = \lim_{n \to \infty} \left\langle \sum_{k=1}^n \langle x, e_k \rangle e_k, y \right\rangle = \lim_{n \to \infty} \sum_{k=1}^n \langle x, e_k \rangle \langle e_k, y \rangle$$

となり (3) が成り立つ．

(3) $\Longrightarrow$ (4) は自明．

(4) $\Longrightarrow$ (1)．$x \in S^\perp$ なら $\|x\|^2 = 0$ より $S^\perp = \{0\}$．　□

(2) を**フーリエ展開**（Fourier expansion），(3) や (4) の等式を**パーセヴァル等式**（Parseval equality）と呼ぶ．

系 2.3.9　可分無限次元ヒルベルト空間は ℓ^2 と等長同型である．

【証明】　$\mathcal{H}$ が可分無限次元ヒルベルト空間とすると，CONS$\{e_k\}_{k=1}^\infty$ が存在し，写像

$$\ell^2 \ni (a_k)_{k=1}^\infty \mapsto \sum_{k=1}^\infty a_k e_k \in \mathcal{H}$$

が等長同型となる．　□

2.4　ヒルベルト空間の有界作用素

この節では，$\mathcal{H}$, $\mathcal{H}_i$ はヒルベルト空間とする．

2.1 節で導入した半双線形形式の定義を $f : \mathcal{H}_1 \times \mathcal{H}_2 \to \mathbb{C}$ の場合に一般化しておく．つまり，$x \mapsto f(x, y)$ は線形，$y \mapsto f(x, y)$ は共役線形である関数 $f(x, y)$ を半双線形形式と呼ぶ．

$T \in \mathbf{B}(\mathcal{H}_1, \mathcal{H}_2)$ に対して $f_T(x, y) = \langle Tx, y \rangle$ と定めると半双線形形式であるが，T に関するすべての情報は f_T に含まれる．まず $S, T \in \mathbf{B}(\mathcal{H}_1, \mathcal{H}_2)$ が $f_S = f_T$ を満たせば $S = T$ となることに注意する．実際このとき $f_{S-T} = 0$ であるので，

$$0 = f_{S-T}(x, (S-T)x) = \|(S-T)x\|^2$$

となり $S = T$ である．また作用素ノルムの定義から，

$$\|T\| = \sup_{\|x\| \leq 1} \|Tx\| = \sup_{\|x\| \leq 1} \sup_{\|y\| \leq 1} |\langle Tx, y \rangle| = \sup_{(x,y) \in B_{\mathcal{H}_1} \times B_{\mathcal{H}_2}} |f_T(x, y)|$$

が成り立つ．

一般の半双線形形式 $f : \mathcal{H}_1 \times \mathcal{H}_2 \to \mathbb{C}$ に対してそのノルムを

$$\|f\| = \sup_{(x,y) \in B_{\mathcal{H}_1} \times B_{\mathcal{H}_2}} |f(x, y)|$$

と定め，$\|f\|$ が有限であるとき，f は**有界**であると言う．

補題 2.4.1　有界半双線形形式 $f : \mathcal{H}_1 \times \mathcal{H}_2 \to \mathbb{C}$ に対して $f = f_T$ を満たす $T \in \mathbf{B}(\mathcal{H}_1, \mathcal{H}_2)$ が唯一つ存在し，$\|f\| = \|T\|$ が成り立つ．

【証明】　T の存在性以外は既に示している．$x \in \mathcal{H}_1$ を固定し，$\psi_x(y) = \overline{f(x, y)}$ と定めると，ψ_x は $\mathcal{H}_2$ の線形汎関数である．$|\psi_x(y)| \leq \|f\| \|x\| \|y\|$ より $\psi_x \in \mathcal{H}_2^*$ なので，リースの表現定理より，$\tilde{x} \in \mathcal{H}_2$ で任意の $y \in \mathcal{H}_2$ に対して $\psi_x(y) = \langle y, \tilde{x} \rangle$ を満たすものが唯一つ存在する．よって，$f(x, y) = \langle \tilde{x}, y \rangle$ が成り立つ．$\tilde{x}$ の一意性と $f(x, y)$ が x について線形であることから，$x \mapsto \tilde{x}$ は線形写像であり，これを Tx と書く．$\|Tx\|^2 = f(x, Tx) \leq \|f\| \|x\| \|Tx\|$ より $\|Tx\| \leq \|f\| \|x\|$ が成り立ち，T は有界である．　　　　　□

定理 2.4.2　任意の $T \in \mathbf{B}(\mathcal{H}_1, \mathcal{H}_2)$ に対して, $T^* \in \mathbf{B}(\mathcal{H}_2, \mathcal{H}_1)$ で任意の $x \in \mathcal{H}_1$ と任意の $y \in \mathcal{H}_2$ に対して $\langle Tx, y \rangle = \langle x, T^*y \rangle$ を満たすものが唯一つ存在する. 更に $\|T\| = \|T^*\|$ が成り立つ.

【証明】　半双線形形式 $f : \mathcal{H}_2 \times \mathcal{H}_1 \to \mathbb{C}$ を $f(y, x) = \langle y, Tx \rangle$ と定めると, f は有界であり, $\|f\| = \|T\|$ である. よって $T^* \in \mathbf{B}(\mathcal{H}_2, \mathcal{H}_1)$ で $f = f_{T^*}$ を満たすものが唯一つ存在し $\|T^*\| = \|f\| = \|T\|$ である. ∎

　T^* を T の**共役作用素** (adjoint operator) と呼ぶ. $S, T \in \mathbf{B}(\mathcal{H}_1, \mathcal{H}_2)$ と $\alpha \in \mathbb{C}$ に対して, $(T^*)^* = T$, $(S + T)^* = S^* + T^*$, $(\alpha T)^* = \overline{\alpha} T^*$ が成り立つ. また, $T \in \mathbf{B}(\mathcal{H}_1, \mathcal{H}_2)$, $S \in \mathbf{B}(\mathcal{H}_2, \mathcal{H}_3)$ のとき, $(ST)^* = T^* S^*$ が成り立つ.

例 2.4.1　$\mathbb{C}^n$ を標準内積によりヒルベルト空間としみなし, $\mathbf{B}(\mathbb{C}^n)$ を行列環 $\mathbf{M}_n(\mathbb{C})$ と同一視する. このとき $T \in \mathbf{M}_n(\mathbb{C})$ の共役作用素 T^* は T のエルミート共役に他ならない.

例 2.4.2　U を $\ell^2(\mathbb{Z})$ の両側ずらし作用素とすると, 任意の $a, b \in \ell^2(\mathbb{Z})$ に対して

$$\langle Ua, b \rangle = \sum_{k \in \mathbb{Z}} a_{k-1} \overline{b_k} = \sum_{k \in \mathbb{Z}} a_k \overline{b_{k+1}}$$

なので, $(U^*b)_k = b_{k+1}$ である.

命題 2.4.3　$T \in \mathbf{B}(\mathcal{H}_1, \mathcal{H}_2)$ に対して, 次が成り立つ.

(1)　$\mathcal{R}(T)^{\perp} = \ker T^*$.
(2)　$\|T^*T\| = \|T\|^2$.

【証明】　(1) は

$$y \in \mathcal{R}(T)^{\perp} \iff \forall x \in \mathcal{H}_1,\ 0 = \langle Tx, y \rangle = \langle x, T^*y \rangle$$

から従う.

　(2) 作用素ノルムの劣乗法性から $\|T^*T\| \leq \|T^*\|\|T\| = \|T\|^2$. 一方

$$\|Tx\|^2 = \langle Tx, Tx \rangle = \langle T^*Tx, x \rangle \leq \|T^*Tx\|\|x\| \leq \|T^*T\|\|x\|^2$$

より $\|T\|^2 \leq \|T^*T\|$ が成り立つ. ∎

　(2) を **C* 条件** (C*-condition) と呼ぶ.

問題 2.3　V を ℓ^2 の片側ずらし作用素とする.
(1)　V の共役作用素 V^* を求めよ.
(2)　$\mathcal{R}(I-V)$ は ℓ^2 で稠密であることを示せ.
(3)　α を実数とし, $W_\alpha \in \mathbf{B}(\ell^2)$ を

$$(W_\alpha a)_k = \begin{cases} 0, & k = 1 \\ (\frac{k}{k-1})^\alpha a_{k-1}, & k \geq 2 \end{cases}$$

と定める. $\mathcal{R}(I-W_\alpha)$ が ℓ^2 で稠密であるような α の範囲を求めよ.

定義 2.4.1　$A \in \mathbf{B}(\mathcal{H})$ が $A = A^*$ を満たすとき, A は**自己共役** (self-adjoint) 作用素であると言う. $\mathbf{B}(\mathcal{H})$ の自己共役作用素全体を $\mathbf{B}(\mathcal{H})_{\mathrm{sa}}$ と書く. $T \in \mathbf{B}(\mathcal{H})$ が $T^*T = TT^*$ を満たすとき, T は**正規** (normal) 作用素であると言う. 自己共役作用素は正規作用素である.

$T \in \mathbf{B}(\mathcal{H})$ に対して, $A = \frac{1}{2}(T+T^*)$, $B = \frac{1}{2i}(T-T^*)$ と置くと, $A, B \in \mathbf{B}(\mathcal{H})_{\mathrm{sa}}$ であり $T = A + iB$ となる. これを T のデカルト分解と呼び, A を T の実部, B を T の虚部と呼ぶ. T が正規であることと, $AB = BA$ であることは同値である.

例 **2.4.3**　(Ω, μ) は測度空間とし, $f \in L^\infty(\Omega, \mu)$ に対して $M_f \in \mathbf{B}(L^2(\Omega, \mu))$ を f の掛け算作用素とする. このとき, 任意の $g, h \in L^2(\Omega, \mu)$ に対して,

$$\langle M_f g, h \rangle = \int_\Omega f(\omega)g(\omega)\overline{h(\omega)}d\mu(\omega) = \int_\Omega g(\omega)\overline{\overline{f(\omega)}h(\omega)}d\mu(\omega) = \langle g, M_{\overline{f}}h \rangle$$

なので, $M_f{}^* = M_{\overline{f}}$ である. 掛け算作用素の定義から $M_{f_1}M_{f_2} = M_{f_1 f_2}$ なので, M_f は正規作用素である. f が実数値なら, M_f は自己共役作用素である.

$S, T \in \mathbf{B}(\mathcal{H})$ のとき, 任意の $x \in \mathcal{H}$ に対して $\langle Sx, x \rangle = \langle Tx, x \rangle$ が成り立てば, 極化等式から $S = T$ であることに注意する.

命題 2.4.4　$A \in \mathbf{B}(\mathcal{H})$ に対して次の条件は同値である.
(1)　$A \in \mathbf{B}(\mathcal{H})_{\mathrm{sa}}$.
(2)　任意の $x \in \mathcal{H}$ に対して $\langle Ax, x \rangle \in \mathbb{R}$.

【証明】　任意の $x \in \mathcal{H}$ と $A \in \mathbf{B}(H)$ に対して,

$$\langle A^*x, x \rangle = \langle x, Ax \rangle = \overline{\langle Ax, x \rangle}$$

が成り立つので, (1) と (2) は同値である.　　□

定理 2.4.5　$P \in \mathbf{B}(\mathcal{H})$ に対して次の条件は同値である.

(1)　P はある閉部分空間への射影作用素である.

(2)　$P = P^2 = P^*$.

【証明】　(1) $\Longrightarrow$ (2). $\mathcal{K}$ は $\mathcal{H}$ の閉部分空間とし, $P = P_{\mathcal{K}}$ とすると $P^2 = P$ である. $x = x_0 + x_1, y = y_0 + y_1, x_0, y_0 \in \mathcal{K}, x_1, y_1 \in \mathcal{K}^\perp$, とすると,

$$\langle Px, y \rangle = \langle x_0, y_0 \rangle = \langle x, Py \rangle$$

より $P \in \mathbf{B}(\mathcal{H})_{\mathrm{sa}}$ である.

(2) $\Longrightarrow$ (1). まず $\mathcal{K} := \mathcal{R}(P)$ が閉であることに注意する. 実際, $\{a_n\}_{n=1}^\infty$ が $\mathcal{R}(P)$ の点列で, $a \in \mathcal{H}$ に収束するとすると, $P^2 = P$ より $a_n = Pa_n$ であるから, $a = Pa$ である. また,

$$\langle Px, (I-P)y \rangle = \langle (I-P^*)Px, y \rangle = \langle (P - P^2)x, y \rangle = 0$$

なので, $\mathcal{R}(P) \perp \mathcal{R}(I-P)$ である. $x = Px + (I-P)x$ なので, 直交分解の一意性より $P = P_{\mathcal{K}}$ である. □

上の同値条件を満たす作用素を,（射影する部分空間に言及せず）**射影作用素**（または単に**射影**）と呼ぶ. $\mathcal{H}$ の射影作用素全体を $\mathcal{P}(\mathcal{H})$ と書く.

命題 2.4.6　$V \in \mathbf{B}(\mathcal{H}_1, \mathcal{H}_2)$ に対して次の条件は同値である.

(1)　任意の $x, y \in \mathcal{H}_1$ に対して $\langle Vx, Vy \rangle = \langle x, y \rangle$.

(2)　$V^*V = I$.

(3)　V は等長作用素.

【証明】　$\langle Vx, Vy \rangle = \langle V^*Vx, y \rangle$ なので, (1) と (2) は同値である. (1) $\Longrightarrow$ (3) は自明. 極化等式から (3) $\Longrightarrow$ (1) が従う. □

定義 2.4.2　$U \in \mathbf{B}(\mathcal{H}_1, \mathcal{H}_2)$ が $U^*U = I_{\mathcal{H}_1}$ かつ $UU^* = I_{\mathcal{H}_2}$ を満たすとき, U を**ユニタリ作用素**（unitary operator）と呼ぶ. この条件は, U と U^* が等長であることと同値であり, U が等長かつ全射であることとも同値である. $\mathcal{H}_1$ から $\mathcal{H}_2$ へのユニタリ作用素全体を $\mathcal{U}(\mathcal{H}_1, \mathcal{H}_2)$ と書き, $\mathcal{U}(\mathcal{H}, \mathcal{H}) = \mathcal{U}(\mathcal{H})$ と書く. $\mathcal{U}(\mathcal{H})$ の元は正規作用素である.

例 2.4.4

- $\ell^2(\mathbb{Z})$ の両側ずらし作用素はユニタリ作用素である.
- ℓ^2 の片側ずらし作用素 V は等長作用素であるが,ユニタリ作用素ではない.実際,$I - VV^*$ は δ_1 の張る 1 次元空間への射影作用素である.

定義 2.4.3 $S \in \mathbf{B}(\mathcal{H}_1)$ と $T \in \mathbf{B}(\mathcal{H}_2)$ に対して $U \in \mathcal{U}(\mathcal{H}_1, \mathcal{H}_2)$ が存在して

$$TU = US$$

を満たすとき,S と T は**ユニタリ同値**(unitarily equivalent)であると言う.

ユニタリ同値な 2 つの作用素は同じ性質を持つと言ってよい.

例 2.4.5 $\mathbb{T} = \mathbb{R}/2\pi\mathbb{Z}$, $L^2(\mathbb{T}) = L^2(\mathbb{T}, \frac{dt}{2\pi})$ とする.$n \in \mathbb{Z}$ に対して

$$e_n(t) = e^{int}$$

と定めると $\{e_n\}_{n \in \mathbb{Z}}$ は $L^2(\mathbb{T})$ の ONS であるが,三角多項式全体が $L^2(\mathbb{T})$ で稠密であることから CONS である.$f \in L^2(\mathbb{T})$ と $n \in \mathbb{Z}$ に対して**フーリエ係数**(Fourier coefficient)を

$$\widehat{f}(n) = \langle f, e_n \rangle = \frac{1}{2\pi} \int_0^{2\pi} f(t) e^{-int} dt$$

と定めると,

$$f = \sum_{n \in \mathbb{Z}} \widehat{f}(n) e_n$$

が $L^2(\mathbb{T})$ で成り立ち,パーセバル等式より

$$\frac{1}{2\pi} \int_0^{2\pi} |f(t)|^2 dt = \sum_{n \in \mathbb{Z}} |\widehat{f}(n)|^2$$

が成り立つ.

$$F : L^2(\mathbb{T}) \ni f \mapsto \widehat{f} \in \ell^2(\mathbb{Z})$$

は等長かつ全射なのでユニタリ作用素である.

問題 2.4 $e_1(t) = e^{it}$ の掛け算作用素 $M_{e_1} \in \mathcal{U}(L^2(\mathbb{T}))$ と $\ell^2(\mathbb{Z})$ の両側ずらし作用素はユニタリ同値であることを示せ.

演習 1　P_+ を $L^2(\mathbb{T})$ から $H^2(\mathbb{T}) := \overline{\operatorname{span}\{e_k\}_{k=0}^{\infty}}$ への射影作用素とし，$f \in L^{\infty}(\mathbb{T})$ に対して $T_f \in \mathbf{B}(H^2(\mathbb{T}))$ を，$T_f h = P_+ f h$ と定める．このとき，T_{e_1} と ℓ^2 の片側ずらし作用素はユニタリ同値であることを示せ．$H^2(\mathbb{T})$ を**ハーディ空間**（Hardy space），T_f を**表象**（symbol）f に対応する**テープリッツ作用素**（Toeplitz operator）と呼ぶ．

演習 2　(Ω, μ) が有限測度空間であるとき，$L^2(\Omega, \mu) \subset L^1(\Omega, \mu)$ かつ任意の $f \in L^2(\Omega, \mu)$ に対して

$$\|f\|_1 \le \sqrt{\mu(\Omega)}\|f\|_2$$

が成り立つことを示せ．

演習 3　$k \in C[0,1]^2$ と $f \in L^2[0,1]$ に対して $A_k f(s) = \int_0^1 k(s,t)f(t)dt$ と定める．$A_k \in \mathbf{B}(L^2[0,1])$ であることを示し，その共役作用素 A_k^* を求めよ．

演習 4　$H(\mathbb{D})$ を単位円板 $\mathbb{D}$ 上の正則関数全体の成す線形空間とする．

(1)　$z \in \mathbb{D}$, $0 < r < d(z, \partial\mathbb{D})$ とすると，任意の $f \in H(\mathbb{D})$ に対して，

$$|f(z)| \le \frac{1}{\sqrt{\pi}r}\sqrt{\int_{B(z,r)} |f(x+iy)|^2 dxdy}$$

が成り立つことを示せ．

(2)　$A^2(\mathbb{D}) := H(\mathbb{D}) \cap L^2(\mathbb{D})$ は $L^2(\mathbb{D})$ の閉部分空間であることを示せ．$A^2(\mathbb{D})$ を**ベルグマン空間**（Bergman space）と呼ぶ．

(3)　$\{\sqrt{\frac{n+1}{\pi}}z^n\}_{n=0}^{\infty}$ は $A^2(\mathbb{D})$ の CONS であることを示せ．

(4)　$W \in \mathbf{B}(A^2(\mathbb{D}))$ を $Wf(z) = zf(z)$ と定めると，W は問題 2.3 の $W_{-\frac{1}{2}}$ とユニタリ同値であることを示せ．

(5)　$w \in \mathbb{D}$ に対して $k_w \in A^2(\mathbb{D})$ を

$$k_w(z) = \sum_{n=0}^{\infty} \sqrt{\frac{n+1}{\pi}}z^n \sqrt{\frac{n+1}{\pi}}\overline{w}^n = \frac{1}{\pi}\frac{1}{(1-\overline{w}z)^2}$$

と定める．任意に $f \in A^2(\mathbb{D})$ に対して，$\langle f, k_w \rangle = f(w)$ が成り立つことを示せ．$K(z,w) = k_w(z)$ を**ベルグマン核**（Bergman kernel）と呼ぶ．

演習 5　$f \in L^2(\mathbb{R})$ のフーリエ変換 $\widehat{f}(\xi)$ は，ほとんど至る所 $\widehat{f}(\xi) \ne 0$ を満たすとし，$r \in \mathbb{R}$ に対して $f_r(t) = f(t-r)$ と定める．このとき，$\operatorname{span}\{f_r\}_{r \in \mathbb{R}}$ は $L^2(\mathbb{R})$ で稠密であることを示せ．

演習 6　$(\Omega, \mathcal{F})$ は可測空間とし，$\mu, \nu : \mathcal{F} \to [0, \infty]$ は σ-有限測度とする．任意の $E \in \mathcal{F}$ に対して，$\mu(E) = 0$ ならば $\nu(E) = 0$，が成り立つとき，ν は μ に関して**絶対連続**（absolutely continuous）であると言い，

$$\nu \ll \mu$$

と書く．$\mu \ll \nu$ かつ $\nu \ll \mu$ が成り立つとき，μ と ν は**同値**であると言う．この問題ではリースの表現定理の応用として，次の**ラドン-ニコディムの定理**を導く．$\nu \ll \mu$ であれば，可測関数 $h : \Omega \to [0, \infty)$ が存在し，任意の $E \in \mathcal{F}$ に関して $\nu(E) = \int_E h d\mu$ が成り立つ．h は μ に関して測度 0 の集合を除いて一意的であり，$\frac{d\nu}{d\mu}$ と書いて**ラドン-ニコディム微分**（Radon-Nikodym derivative）と呼ぶ．以下 μ と ν が有限測度の場合を考え，

$$m = \mu + \nu, \quad \mathcal{H} = L^2(\Omega, m)$$

と置く．

(1)　線形汎関数 $\varphi, \psi : \mathcal{H} \to \mathbb{C}$ を $\varphi(f) = \int_\Omega f d\mu$, $\psi(f) = \int_\Omega f d\nu$ と定めると，φ, ψ は有界であることを示せ．

(2)　(1) とリースの表現定理より，$h_\varphi, h_\psi \in \mathcal{H}$ が一意的に存在して，任意の $f \in \mathcal{H}$ 対して

$$\varphi(f) = \langle f, h_\varphi \rangle_\mathcal{H}, \quad \psi(f) = \langle f, h_\psi \rangle_\mathcal{H}$$

が成り立つ．このとき，$0 \le h_\varphi, h_\psi \le 1$, $h_\varphi + h_\psi = 1$ かつ，$\mu\{h_\varphi = 0\} = 0$ であることを示せ．

(3)　有限測度に対して，ラドン-ニコディムの定理を示せ．

演習 7　(Ω, μ) は σ-有限測度空間とする．

(1)　可測関数 $\rho : \Omega \to (0, \infty)$ で，$\mu_0(E) = \int_E \rho d\mu$ で定義される測度 μ_0 が有限測度であるものが存在すことを示せ．

(2)　σ-有限測度の場合にラドン-ニコディムの定理を示せ．

第3章
双 対 空 間

双対性は関数解析学の基本となる考え方である．本章では，バナッハ空間（より一般に局所凸空間）の双対空間が十分大きいことを保証するハーン-バナッハの拡張定理を示し，そのバナッハ空間論への応用を与える．

3.1　ハーン-バナッハの拡張定理

以下の定理では，本書の中では唯一の例外として実線形空間を扱う．

定理 3.1.1　（ハーン-バナッハの拡張定理（実線形空間の場合））　X は実線形空間として，関数 $p : X \to \mathbb{R}$ は次を満たすとする．

(1)　任意の $x, y \in X$ に対して $p(x + y) \leq p(x) + p(y)$.

(2)　任意の $x \in X$ と任意の $t > 0$ に対して $(tx) = tp(x)$.

X_0 は X の部分空間とし，線形汎関数 $\psi_0 : X_0 \to \mathbb{R}$ は任意の $x \in X_0$ に対して $\psi_0(x) \leq p(x)$ を満たすとする．このとき X の線形汎関数 $\psi : X \to \mathbb{R}$ で，$\psi|_{X_0} = \psi_0$ かつ任意の $x \in X$ に対して $\psi(x) \leq p(x)$ を満たすものが存在する．

【証明】　$X = X_0$ なら何も示すことはないので，$X \neq X_0$ と仮定する．まず，ψ_0 が 1 次元大きな空間に条件を満たすように拡張されることを示す．$x_1 \in X \setminus X_0$ を取り $X_1 = X_0 + \mathbb{R}x_1$ と置く．$X_1 = X_0 \oplus \mathbb{R}x_1$ なので，任意の実数 α に対して線形汎関数 $\varphi_\alpha : X_1 \to \mathbb{R}$ で $\varphi_\alpha|_{X_0} = \psi_0$ かつ $\varphi_\alpha(x_1) = \alpha$ を満たすものが存在する．α をうまく選ぶことにより，φ_α が条件を満たすようにできることを示す．$x_0 \in X_0, t > 0$ とすると，

$$p(x_0 + tx_1) - \varphi_\alpha(x_0 + tx_1) = t\left(p\left(\frac{1}{t}x_0 + x_1\right) - \psi_0\left(\frac{1}{t}x_0\right) - \alpha\right),$$

$$p(x_0 - tx_1) - \varphi_\alpha(x_0 - tx_1) = t\left(p\left(\frac{1}{t}x_0 - x_1\right) - \psi_0\left(\frac{1}{t}x_0\right) + \alpha\right)$$

である. 従って

$$\beta = \inf\{p(x + x_1) - \psi_0(x);\ x \in X_0\},$$

$$\gamma = \sup\{\psi_0(x) - p(x - x_1);\ x \in X_0\}$$

と置いたときに $\gamma \leq \beta$ であれば, α を $\gamma \leq \alpha \leq \beta$ と取れば φ_α は条件を満たす. 実際, $x, y \in X_0$ を任意の元とすると,

$$(p(x + x_1) - \psi_0(x)) - (\psi_0(y) - p(y - x_0))$$
$$= p(x + x_1) + p(y - x_0) - \psi_0(x + y) \geq p(x + y) - \psi_0(x + y) \geq 0$$

なので $\gamma \leq \beta$ である.

以下ツォルンの補題と上で示したことを使って定理の主張を示す. $\mathcal{E}$ を次の条件を満たす対 (Y, ψ) 全体の集合とする. ここで Y は X_0 を含む X の部分空間であり, $\psi : Y \to \mathbb{R}$ は線形汎関数で $\psi|_{X_0} = \psi_0$ かつ任意の $y \in Y$ に対して $\psi(y) \leq p(y)$ を満たすものである. $(Y_1, \psi_1), (Y_2, \psi_2) \in \mathcal{E}$ が $Y_1 \subset Y_2$ かつ $\psi_2|_{Y_1} = \psi_1$ を満たすときに $(Y_1, \psi_1) \leq (Y_2, \psi_2)$ と定めることにより, $\mathcal{E}$ は順序集合である.

$\mathcal{E}_0 \subset \mathcal{E}$ が全順序部分集合ならば上界を持つことを示す. $Y_0 = \bigcup_{(Y, \psi) \in \mathcal{E}_0} Y$ と置くと, Y_0 はスカラー倍に関して閉じている. $x_1, x_2 \in Y_0$ とすると, $(Y_i, \psi_i) \in \mathcal{E}_0$, $i = 1, 2$, が存在し $x_i \in Y_i$ であるが, $\mathcal{E}_0$ が全順序集合であることより $(Y_1, \psi_1) \leq (Y_2, \psi_2)$ または $(Y_2, \psi_2) \leq (Y_1, \psi_1)$ のどちらかが成り立つ. どちらの場合も $x + y \in Y_0$ であり Y_0 は X の部分空間である. $\psi_0' : Y_0 \to \mathbb{R}$ を, $x \in Y_0$ に対して $(Y, \psi) \in \mathcal{E}_0$ で $x \in Y$ を満たすものを選んで $\psi_0'(x) = \psi(x)$ と定義したい. 再び $\mathcal{E}_0$ が全順序集合であることから $\psi(x)$ は (Y, ψ) の選び方によらず ψ_0' が一意的に定まる. 構成のしかたより $(Y_0, \psi_0') \in \mathcal{E}$ であり, これは $\mathcal{E}_0$ の上界である.

ツォルンの補題より $\mathcal{E}$ は極大元 (Z, ψ) を持つ. もし $Z \neq X$ であれば更に ψ を条件を満たすように拡張でき (Z, ψ) の極大性に反するので $Z = X$ である. よって ψ が求めるものである. □

X が複素線形空間とすると, X は実線形空間でもある. このとき, X 上の複素線形汎関数と実線形汎関数は同じ情報を持つ. 実際, $\varphi : X \to \mathbb{C}$ が複素線形汎関数とすると, その実部 $\mathrm{Re}\,\varphi : X \to \mathbb{R}$ は実線形汎関数である. $\mathrm{Re}\,\varphi(ix) = -\mathrm{Im}\,\varphi(x)$

なので，φ を $\mathrm{Re}\,\varphi$ から

$$\varphi(x) = \mathrm{Re}\,\varphi(x) - i\,\mathrm{Re}\,\varphi(ix)$$

により復元することができる．

問題 3.1　X が複素線形空間で，$\psi : X \to \mathbb{R}$ が実線形汎関数であるとき，

$$\varphi(x) = \psi(x) - i\psi(ix)$$

と置けば，φ は複素線形汎関数であることを示せ．

定義 3.1.1　X は複素線形空間とする．関数 $p : X \to [0, \infty)$ が次の条件を満たすとき，p は**セミノルム**（semi-norm）であると言う．

(1)　任意の $x \in X$ と $\alpha \in \mathbb{C}$ に対して $p(\alpha x) = |\alpha| p(x)$．

(2)　任意の $x, y \in X$ に対して $p(x + y) \leq p(x) + p(y)$．

定理 3.1.2　（**ハーン-バナッハの拡張定理（複素線形空間の場合）**）　X は複素線形空間，$p : X \to [0, \infty)$ はセミノルム，X_0 は X の（複素線形）部分空間，$\varphi_0 : X_0 \to \mathbb{C}$ は複素線形汎関数とし，任意の $x_0 \in X_0$ に対して $|\varphi_0(x_0)| \leq p(x_0)$ が成り立つとする．このとき，複素線形汎関数 $\varphi : X \to \mathbb{C}$ で，$\varphi|_{X_0} = \varphi_0$ かつ任意の $x \in X$ に対して $|\varphi(x)| \leq p(x)$ を満たすものが存在する．

【証明】　実線形汎関数 $\psi_0 = \mathrm{Re}\,\varphi_0 : X_0 \to \mathbb{R}$ に対して前定理を適用すると，実線形汎関数 $\psi : X \to \mathbb{R}$ で，$\psi|_{X_0} = \mathrm{Re}\,\varphi_0$ かつ任意の $x \in X$ に対して $\psi(x) \leq p(x)$ を満たすものが存在する．$\varphi(x) = \psi(x) - i\psi(ix)$ と置けば，φ は複素線形で，$\varphi|_{X_0} = \varphi_0$ である．$x \in X$ に対して，絶対値 1 の複素数 ω で $\omega\varphi(x) = |\varphi(x)|$ を満たすものを取ると，$|\varphi(x)| = \psi(\omega x) \leq p(\omega x) = p(x)$ が成り立つ．　　　□

　以後再び本書では，「線形」という言葉を「複素線形」の意味で使う．

　上で見たように，ハーン-バナッハの定理の主張には，空間 X の位相への言及はない．実際の応用では，$p(x)$ が位相の情報を担うのである．

系 3.1.3　X はノルム空間，X_0 は X の部分空間とし，$\varphi_0 \in X_0^*$ とする．このとき φ_0 の拡張 $\varphi \in X^*$ で $\|\varphi\| = \|\varphi_0\|$ を満たすものが存在する．

【証明】　セミノルムとして $p(x) = \|\varphi_0\| \|x\|$ を取り，ハーン-バナッハの拡張定理により φ_0 を拡張すればよい．　　　□

系 3.1.4 X はノルム空間とする．このとき，任意の $a \in X$ に対して $\varphi \in X$ で $\|\varphi\| = 1$ かつ $\varphi(a) = \|a\|$ であるものが存在する．

【証明】 セミノルムとして $\|x\|$ を取り，$X_0 = \mathbb{C}a$, $\varphi_0(\alpha a) = \alpha \|a\|$ をハーン-バナッハの拡張定理で拡張すればよい． $\square$

X がノルム空間のとき，$(X^*)^*$ を X^{**} と書いて，X の**第2双対空間**（second dual）と呼ぶ．$x \in X$ に対して $x^{**} \in X^{**}$ を $x^{**}(\varphi) = \varphi(x)$ と定めれば，

$$|x^{**}(\varphi)| = |\varphi(x)| \leq \|\varphi\| \|x\|$$

より $\|x^{**}\| \leq \|x\|$ である．一方，$\varphi \in X^*$ で $\|\varphi\| = 1$ かつ $\varphi(x) = \|x\|$ を満たすものが存在するので，$\|x^{**}\| = \|x\|$ である．

系 3.1.5 X がノルム空間のとき，$X \ni x \mapsto x^{**} \in X^{**}$ は等長である．

以後 x と x^{**} を同一視して，X を X^{**} の部分空間とみなす．

定義 3.1.2 バナッハ空間 X が，$X = X^{**}$ を満たすとき，**回帰的**または**反射的**（reflexive）であると言う．

有限次元バナッハ空間やヒルベルト空間は，回帰的バナッハ空間の例である．

定理 3.1.6 Y はバナッハ空間 X の閉部分空間，$Q : X \to X/Y$ は商写像とし，$Y^\perp = \{\varphi \in X^*;\ \forall y, \varphi(y) = 0\}$ とする．$\varphi \in X^*$ に対して $\varphi + Y^\perp \in X/Y^\perp$ を $[\varphi]$ と書く．
 (1) 写像 $\Phi : X^*/Y^\perp \to Y^*$, $[\varphi] \mapsto \varphi|_Y$, は等長同型である．
 (2) 写像 $\Psi : (X/Y)^* \to Y^\perp$, $\psi \mapsto \psi \circ Q$, は等長同型である．

【証明】 1章の知識のみで (2) を示すことができるのでそれは読者にまかせ，(1) のみ $Y \neq \{0\}$ の場合に示す．制限写像 $\rho : X^* \to Y^*$, $\varphi \mapsto \varphi|_Y$, の核が $Y^\perp$ なので，定理 1.3.5 より Φ は単射で $\|\Phi\| = \|\rho\| \leq 1$ である．$\psi \in Y^*$ とすると，その拡張 $\varphi \in X^*$ で $\|\varphi\| = \|\psi\|$ であるものが存在するので，Φ は全射で $\|\Phi([\varphi])\| = \|\varphi\| \geq \|[\varphi]\|$．よって Φ は等長同型である． $\square$

問題 3.2 上の (2) を示せ．

3.2 双対空間の例

3.2.1 ヒルベルト空間

「リースの表現定理により，ヒルベルト空間 $\mathcal{H}$ の双対空間は $\mathcal{H}$ である」という主張には，少し注意が必要である．$y \in \mathcal{H}$ に対して $\varphi_y \in \mathcal{H}^*$ を $\varphi_y(x) = \langle x, y \rangle$ により対応させると，写像 $y \mapsto \varphi_y$ は線形でなく共役線形である．この問題は，$\mathcal{H}$ の複素共役ヒルベルト空間 $\overline{\mathcal{H}}$ を導入することにより解決される．

まず $\overline{\mathcal{H}} = \{\overline{x}; \ x \in \mathcal{H}\}$ と置く．つまり $\overline{\mathcal{H}}$ は集合としては $\mathcal{H}$ と同じものである．更に加群としても $\mathcal{H}$ と同じものとする．$\overline{\mathcal{H}}$ にスカラー倍を $\alpha \cdot \overline{x} = \overline{\overline{\alpha}x}$ により導入し，内積を $\langle \overline{x}, \overline{y} \rangle_{\overline{\mathcal{H}}} = \langle y, x \rangle$ により導入すると，$\overline{\mathcal{H}}$ はヒルベルト空間である．リースの表現定理は，写像 $\overline{x} \mapsto \varphi_x$ が $\overline{\mathcal{H}}$ から $\mathcal{H}^*$ への等長同型であることを示している．

問題 3.3 ヒルベルト空間は回帰的であることを示せ．

3.2.2 L^p 空 間

(Ω, μ) を σ-有限測度空間とし，$1 \le p, q \le \infty$，$\frac{1}{p} + \frac{1}{q} = 1$ とする．ヘルダー不等式（付録 A.2 節参照）より，$g \in L^q(\Omega, \mu)$ に対して $\varphi_g \in L^p(\Omega, \mu)^*$ を

$$\varphi_g(f) = \int_\Omega f(\omega)g(\omega)d\mu(\omega)$$

により定義することができ，

$$\|\varphi_g\| \le \|g\|_q$$

が成り立つ．

補題 3.2.1 写像 $\Phi : L^q(\Omega, \mu) \to L^p(\Omega, \mu)^*$，$g \mapsto \varphi_g$，は等長である．

【証明】 $\|\varphi_g\| \le \|g\|_q$ は既にわかっているので，$\|g\|_q \neq 0$ の場合に $\|\varphi_g\| \ge \|g\|_q$ を示す．

$p = 1$ のとき．$\|g\|_\infty > \lambda > 0$ とすると，$E = \{|g| > \lambda\}$ は $\mu(E) \neq 0$ を満たす．(Ω, μ) が σ-有限なので，可測集合の上昇列 $\Omega_1 \subset \Omega_2 \subset \cdots$ で，$\mu(\Omega_n) < \infty$ かつ $\displaystyle\bigcup_{n=1}^{\infty} \Omega_n = \Omega$ となるものが存在する．$E_n = E \cap \Omega_n$ と置けば $\displaystyle\lim_{n\to\infty} \mu(E_n) = \mu(E)$ なので，$N \in \mathbb{N}$ が存在して $0 < \mu(E_N) < \infty$ となる．

$$f(\omega) = \begin{cases} \frac{1}{\mu(E_N)} \overline{\frac{g(\omega)}{|g(\omega)|}}, & \omega \in E_N \\ 0, & \omega \in \Omega \setminus E_N \end{cases}$$

と置くと $\|f\|_1 = 1$ であり,

$$\varphi_g(f) = \frac{1}{\mu(E_N)} \int_{E_N} |g(\omega)| d\mu(\omega) \geq \lambda$$

である. $\|g\|_\infty > \lambda > 0$ は任意なので, $\|\varphi_g\| \geq \|g\|_\infty$ が成り立つ.

$1 < p < \infty$ のとき.

$$f(\omega) = \begin{cases} |g(\omega)|^{\frac{q}{p}} \overline{\frac{g(\omega)}{|g(\omega)|}}, & g(\omega) \neq 0 \\ 0, & g(\omega) = 0 \end{cases}$$

と置くと, $\|f\|_p = \|g\|_q^{\frac{q}{p}}$ である.

$$\varphi_g(f) = \int_\Omega |g(\omega)|^{1+\frac{q}{p}} d\mu(\omega) = \int_\Omega |g(\omega)|^q d\mu(\omega) = \|g\|_q^q = \|g\|_q^{1+\frac{q}{p}}$$

より $\|\varphi_g\| \geq \|g\|_q$ である. $p = \infty$ のときも同様である. □

定理 3.2.2 $1 \leq p < \infty$ のとき, $\Phi: L^q(\Omega, \mu) \to L^p(\Omega, \mu)^*$ は等長同型である.

【証明】 ここでは数列空間の場合に証明を与える. 一般の場合については, $p = 1$ の場合は章末の演習 1, 2 を, $1 < p < \infty$ の場合は付録 A.3 節を参照されたい.

$1 \leq p < \infty$ なので, 部分空間 $c_{0,0} = \mathrm{span}\{\delta_n\}_{n=1}^\infty$ は ℓ^p で稠密である. 実際, 任意の $a \in \ell^p$ に対して

$$\left\| a - \sum_{k=1}^n a_k \delta_k \right\|_p = \left(\sum_{k=n+1}^\infty |a_k|^p \right)^{\frac{1}{p}} \to 0, \quad (n \to \infty)$$

が成り立つ. $\varphi \in \ell^{p*}$ に対して, $b_k = \varphi(\delta_k)$ とし, 数列 b を $b = (b_k)_{k=1}^\infty$ と定める. $b \in \ell^q$ かつ $\varphi = \varphi_b$ であることを示せばよい. $N \in \mathbb{N}$ に対して $b^N \in c_{0,0}$ を, $b^N = \sum_{k=1}^N b_k \delta_k$ と置く. $a \in \mathrm{span}\{\delta_k\}_{k=1}^N$ ならば

$$\varphi(a) = \varphi\left(\sum_{k=1}^N a_k \delta_k \right) = \sum_{k=1}^N a_k b_k$$

であり，$|\varphi(a)| \leq \|\varphi\|\|a\|_p$ なので，$\|b^N\|_q \leq \|\varphi\|$ が成り立つ．これが任意の $N \in \mathbb{N}$ に対して成り立つので $b \in \ell^q$ である．$\varphi, \varphi_b \in \ell^{p*}$ であり，稠密な部分空間 $c_{0,0}$ 上でこれらが一致するので，$\varphi = \varphi_b$ である．$\qquad \square$

系 3.2.3 $1 < p < \infty$ ならば $L^p(\Omega, \mu)$ は回帰的である．

問題 3.4 数列空間 c_0（問題 1.1 参照）の双対空間は ℓ^1 と等長同型であることを示せ．

$c_0^{**} = \ell^{1*} = \ell^\infty$ であるから c_0 は回帰的でない．これから ℓ^1 が回帰的でないこともわかるのだが（系 5.3.6 参照），ここでは可分性の考察のみを使ってこの事実を示す．

補題 3.2.4 $1 \leq p < \infty$ ならば ℓ^p は可分である．ℓ^∞ は可分でない．

【証明】 $1 \leq p < \infty$ のときは，$\mathbb{Q} + i\mathbb{Q}$ 係数の $\{\delta_n\}_{n=1}^\infty$ の線形結合全体が ℓ^p で稠密であるから ℓ^p は可分である．

$p = \infty$ のとき．$\mathbb{N}$ の部分集合全体を $2^{\mathbb{N}}$ と書く．$F \in 2^{\mathbb{N}}$ に対して $\chi_F \in \ell^\infty$ であり，$F \neq F'$ ならば $\|\chi_F - \chi_{F'}\|_\infty = 1$ である．$2^{\mathbb{N}}$ は非可算集合であるから ℓ^∞ は可分でない．$\qquad \square$

補題 3.2.5 X はノルム空間とする．X^* が可分であれば X も可分である．

【証明】 X^* が可分とし，X^* の単位球面 S_{X^*} の可算稠密集合 $\{\varphi_n\}_{n=1}^\infty$ を取る．$x_n \in S_X$ で $|\varphi_n(x_n)| \geq \frac{1}{2}$ であるものを取り，$Y = \overline{\mathrm{span}\{x_n\}_{n=1}^\infty}$ と置けば，Y は X の可分な閉部分空間である．以下 $Y \neq X$ と仮定して矛盾を導く．$Y \neq X$ なので，$\varphi \in S_{Y^\perp} \subset S_{X^*}$ が存在するが，このとき $n \in \mathbb{N}$ が存在して $\|\varphi - \varphi_n\| < \frac{1}{4}$ を満たす．$\|x_n\| = 1$ なので，$|\varphi(x_n) - \varphi_n(x_n)| \leq \|\varphi - \varphi_n\| \leq \frac{1}{4}$ である．一方 $|\varphi(x_n) - \varphi_n(x_n)| = |\varphi_n(x_n)| \geq \frac{1}{2}$ となり矛盾である．よって X も可分である．$\qquad \square$

定理 3.2.6 ℓ^1 は回帰的でない．

【証明】 もし ℓ^1 が回帰的であれば ℓ^{1**} は可分であり，前補題より $\ell^{1*} = \ell^\infty$ も可分となり矛盾．よって ℓ^1 は回帰的でない．$\qquad \square$

3.2.3 バナッハ空間の直和

定義 3.2.1 X と Y はバナッハ空間とする. $1 \leq p \leq \infty$ に対して, $X \oplus Y$ のノルムを

$$\|(x, y)\|_p = \begin{cases} (\|x\|^p + \|y\|^p)^{\frac{1}{p}}, & 1 \leq p < \infty \\ \max\{\|x\|, \|y\|\}, & p = \infty \end{cases}$$

と定める. このとき, $\|\cdot\|_p, 1 \leq p \leq \infty$, はすべて互いに同値なノルムであり, $(X \oplus Y, \|\cdot\|_p)$ はバナッハ空間である. 以後簡単のため, $(X \oplus Y, \|\cdot\|_p)$ を $X \oplus_p Y$ と書く.

問題 3.5 $(X \oplus_p Y)^*$ は $X^* \oplus_q Y^*$ と等長同型であることを示せ. ここで $\frac{1}{p} + \frac{1}{q} = 1$ である.

3.2.4 連続関数の空間

以下 Ω がコンパクトハウスドルフ空間のときに, $C(\Omega)$ の双対空間がどのような空間であるかを解説して, 本節を終える.

まず $(\Omega, \mathcal{F})$ は可測空間とする. 関数 $m : \mathcal{F} \to \mathbb{C}$ が次の条件を満たすとき**複素測度** (complex measure) であると言う.

(1) $m(\emptyset) = 0$.

(2) $\{E_n\}_{n=1}^{\infty} \subset \mathcal{F}$ が互いに素ならば $m \left(\bigcup_{n=1}^{\infty} E_n \right) = \sum_{n=1}^{\infty} m(E_n)$.

m が複素測度のとき, $E \in \mathcal{F}$ に対して

$$|m|(E) = \sup \left\{ \sum_{k=1}^{n} |m(S_k)|; \ \{S_k\}_{k=1}^{n} \subset \mathcal{F} \text{ は互いに素で } E = \bigcup_{k=1}^{m} S_k \right\}$$

と置くと, $|m|$ は有限測度である. $|m|$ を m の**全変動測度** (total variation) と呼ぶ. $f \in L^1(\Omega, |m|)$ の m により積分 $\int_\Omega f dm$ が定義でき, $|\int_\Omega f dm| \leq \int_\Omega |f| d|m|$ が成り立つ.

Ω はコンパクトハウスドルフ空間とし, $\mathfrak{B}_\Omega$ は Ω のボレル集合全体の成す可算加法族とする. 複素測度 $m : \mathfrak{B}_\Omega \to \mathbb{C}$ の全変動測度 $|m|$ が正則であるとき, m は正則であると言う (ボレル測度の正則性については付録 A.5 節を参照のこと).

定理 3.2.7 （**リース-マルコフ-角谷の定理**） Ω はコンパクトハウスドルフ空間
とし，$\varphi \in C(\Omega)^*$ とする．このとき，正則ボレル複素測度 m で任意の $f \in C(\Omega)$
に対して $\varphi(f) = \int_\Omega f dm$ となるものが唯一つ存在する．更に $\|\varphi\| = |m|(\Omega)$ が
成り立つ．

一般の場合の証明については [3]，[4]，[9] などの文献を参照されたい．ここで
は $\Omega = [a, b]$ の場合に，ハーン-バナッハの拡張定理を使って初等的に証明でき
る部分のみを示す．

$\mathcal{B}^b[a, b]$ を $[a, b]$ 上の有界ボレル関数全体の成す線形空間とする．$\mathcal{B}^b[a, b]$ にノ
ルム $\|f\|_\infty = \sup_{t \in [a,b]} |f(t)|$ を導入すればバナッハ空間であり，$C[a, b]$ は $\mathcal{B}^b[a, b]$
の閉部分空間である．$\varphi \in C[a, b]^*$ に対して，ハーン-バナッハの拡張定理を使っ
て $\psi \in \mathcal{B}^b[a, b]^*$ で $\|\varphi\| = \|\psi\|$ を満たすものを取り，$[a, b]$ 上の関数 h を

$$h(\lambda) = \begin{cases} 0, & \lambda = a \\ \psi(\chi_{[a,\lambda]}), & \lambda \in (a, b) \end{cases}$$

と定める．以下，任意の $f \in C[a, b]$ に対して，リーマン-スティルチェス積分の
意味で $\varphi(f) = \int_a^b f(t) dh(t)$ が成り立つことを示す．リーマン-スティルチェス
積分の基本事項については付録 A.6 節を参照されたい．

h は有界変動でその全変動は $\|\varphi\|$ 以下である．実際，$[a, b]$ の任意の分割
Δ を $a = t_0 < t_1 < \cdots < t_n = b$ として，絶対値 1 の複素数 ω_i で
$\omega_i(h(t_i) - h(t_{i-1})) = |h(t_i) - h(t_{i-1})|$ を満たすものを取ると，

$$\sum_{i=1}^n |h(t_i) - h(t_{i-1})| = \psi\left(\omega_1 \chi_{[a,t_1]} + \sum_{i=2}^n \omega_i \chi_{(t_{i-1},t_i)}\right) \leq \|\psi\| = \|\varphi\|$$

であるので，h は有界変動でその全変動は $\|\varphi\|$ 以下である．

分割 Δ の幅を $h(\Delta) = \max_{1 \leq i \leq n} (t_i - t_{i-1})$ と定める．$f \in C[a, b]$ とすると

$$\left\| f - \left(f(t_1) \chi_{[a,t_1]} + \sum_{i=2}^n f(t_i) \chi_{(t_{i-1},t_i)} \right) \right\|_\infty \leq m(f, h(\Delta))$$

である．ここで

$$m(f, \delta) = \sup\{|f(s) - f(t)|; \; s, t \in [a, b], \; |s - t| \leq \delta\}$$

であり，f は $[a, b]$ 上一様連続なので $\lim_{\delta \to +0} m(f, \delta) = 0$ である.

$$\sum_{i=1}^{n} f(t_i)(h(t_i) - h(t_{i-1})) = \psi \left(f(t_1)\chi_{[a,t_1]} + \sum_{i=2}^{n} f(t_i)\chi_{(t_{i-1},t_i]} \right)$$

なので

$$\left| \varphi(f) - \sum_{i=1}^{n} f(t_i)(h(t_i) - h(t_{i-1})) \right| \le \|\varphi\| m(f, h(\Delta)) \to 0, \quad (h(\Delta) \to 0)$$

であり，$\varphi(f) = \int_a^b f(t) dh(t)$ を得る.

3.3　弱位相，汎弱位相

X と Y は線形空間とし，非退化双一次形式 $b: X \times Y \to \mathbb{C}$ が定義されているとする. このとき (X, Y) は**線形空間の対**であると言う. ここで双一次形式 b が非退化であるとは，$\forall x \in X, b(x, y) = 0 \Longrightarrow y = 0$ という条件と，$\forall y \in Y, b(x, y) = 0 \Longrightarrow x = 0$ という条件が共に成り立つことである.

定義 3.3.1　$x_0 \in X$，有限部分集合 $F \Subset Y$ と正数 $\varepsilon > 0$ に対して，

$$U(x_0; F, \varepsilon) = \{x \in X; \ \forall y \in F, \ |b(x - x_0, y)| < \varepsilon\}$$

と定め，$\{U(x_0; F, \varepsilon)\}_{F \Subset Y, \varepsilon > 0}$ を x_0 の基本近傍系とする X の位相を $\sigma(X, Y)$ と書く. 同様に，Y の位相 $\sigma(Y, X)$ も定義する.

特に，X がノルム空間，$Y = X^*$ で，$b(x, \varphi) = \varphi(x)$ であるとき，$\sigma(X, X^*)$ を X の**弱位相**（weak topology），$\sigma(X^*, X)$ を X^* の**汎弱位相**（weak*-topology）と呼ぶ.

X の点列 $\{x_n\}_{n=1}$ が弱位相に関して x に収束するとき，$\{x_n\}_{n=1}^{\infty}$ は x に**弱収束**すると言い，w-$\lim_{n \to \infty} x_n = x$ と書く. この条件は，任意の $\varphi \in X^*$ に対して $\lim_{n \to \infty} \varphi(x_n) = \varphi(x)$ が成り立つことと同値である.

X^* の点列 $\{\varphi_n\}_{n=1}$ が汎弱位相に関して φ に収束するとき，$\{\varphi_n\}_{n=1}^{\infty}$ は φ に**汎弱収束**すると言い，w*-$\lim_{n \to \infty} \varphi_n = \varphi$ と書く. この条件は，任意の $x \in X$ に対して $\lim_{n \to \infty} \varphi_n(x) = \varphi(x)$ が成り立つことと同値である.

注意 3.3.1 弱位相や汎弱位相は一般に第 1 可算公理を満たすとは限らないので，位相的性質を点列の収束により特徴付けることはできず，その目的のためには点列の一般化であるネットを使うべきである（付録 A.1 節参照）．

問題 3.6 Y はノルム空間 X の閉部分空間とする．
  (1) Y の弱位相は X の弱位相の相対位相と一致することを示せ．
  (2) $Y^\perp$ の X/Y の双対空間としての汎弱位相は，X^* の汎弱位相の相対位相と一致することを示せ．

例 **3.3.1** $\mathcal{H}$ はヒルベルト空間とする．リースの表現定理より，$\mathcal{H}$ の点列 $\{x_n\}_{n=1}^\infty$ が $x \in \mathcal{H}$ に弱収束するという条件は，任意の $y \in \mathcal{H}$ に対して $\lim_{n\to\infty} \langle x_n, y \rangle = \langle x, y \rangle$ が成り立つことと同値である．$\{e_n\}_{n=1}^\infty$ が $\mathcal{H}$ の ONS とすると，ベッセル不等式 $\sum_{n=1}^\infty |\langle x, e_n \rangle|^2 \le \|x\|^2$ より，任意の $x \in \mathcal{H}$ に対して $\{\langle e_n, x \rangle\}_{n=1}^\infty$ が 0 に収束することがわかるので，$\{e_n\}_{n=1}^\infty$ は 0 に弱収束する．

例 **3.3.2** $1 < p < \infty$ とし，$f_n \in L^p[0,1]$ を

$$f_n(t) = \begin{cases} n^{\frac{1}{p}}, & t \in [0, \frac{1}{n}] \\ 0, & t \in (\frac{1}{n}, 1] \end{cases}$$

と定めると，$\|f_n\|_p = 1$ である．$L^p[0,1]^* = L^q[0,1]$, $\frac{1}{p} + \frac{1}{q} = 1$, に注意する．$g \in L^q[0,1]$ とすると，ヘルダー不等式より，

$$\left| \int_0^1 f_n(t)g(t)dt \right| = \left| \int_0^{\frac{1}{n}} f_n(t)g(t)dt \right|$$

$$\le \|f_n\|_p \left(\int_0^{\frac{1}{n}} |g(t)|^q dt \right)^{\frac{1}{q}} \to \infty, \quad (n \to \infty)$$

が成り立つ．よって $\{f_n\}_{n=1}^\infty$ は $L^p[0,1]$ で 0 に弱収束する．

例 **3.3.3** $\varphi, \varphi_n \in L^1[0,1]^*$ を，$\varphi(f) = \frac{1}{2}\int_0^1 f(t)dt$,

$$\varphi_n(f) = \sum_{k=0}^{n-1} \int_{\frac{2k}{2n}}^{\frac{2k+1}{2n}} f(t)dt$$

と定めると，$\|\varphi\| = \frac{1}{2}$, $\|\varphi_n\| = 1$ である．以下 $\{\varphi_n\}_{n=1}^\infty$ が φ に汎弱収束するこ

とを示す．

$f \in C[0,1]$ のとき，

$$\begin{aligned}
|\varphi_n(f) - \varphi(f)| &= \frac{1}{2}\left|\sum_{k=0}^{n-1}\int_{\frac{2k}{2n}}^{\frac{2k+1}{2n}} f(t)dt - \int_{\frac{2k+1}{2n}}^{\frac{2k+2}{2n}} f(t)dt\right| \\
&= \frac{1}{2}\left|\sum_{k=0}^{n-1}\int_{\frac{2k}{2n}}^{\frac{2k+1}{2n}} \left(f(t) - f\left(t + \frac{1}{2n}\right)\right)dt\right| \\
&\leq \frac{1}{4}\sup_{t\in[0,1-\frac{1}{2n}]}\left|f(t) - f\left(t + \frac{1}{2n}\right)\right|.
\end{aligned}$$

f は $[0,1]$ 上一様連続なので $n \to \infty$ のとき右辺は 0 に収束する．よって，$\{\varphi_n(f)\}_{n=1}^{\infty}$ は $\varphi(f)$ に収束する．

$C[0,1]$ は $L^1[0,1]$ で稠密なので，任意の $f \in L^1[0,1]$ と任意の $\varepsilon > 0$ に対して，$g \in C[0,1]$ が存在して $\|f - g\|_1 < \varepsilon$ が成り立つ．$\{\varphi_n(g)\}_{n=1}^{\infty}$ が $\varphi(g)$ に収束するので，$N \in \mathbb{N}$ が存在して，$n \geq N$ ならば $|\varphi_n(g) - \varphi(g)| < \varepsilon$ が成り立つ．よって，$n \geq N$ ならば

$$\begin{aligned}
|\varphi_n(f) - \varphi(f)| &\leq |\varphi_n(f - g)| + |\varphi_n(g) - \varphi(g)| + |\varphi(g - f)| \\
&\leq (\|\varphi_n\| + \|\varphi\|)\|f - g\|_1 + \varepsilon \\
&\leq \frac{5}{2}\varepsilon
\end{aligned}$$

が成り立ち，$\{\varphi_n(f)\}_{n=1}^{\infty}$ は $\varphi(f)$ に収束する．

$L^1[0,1]^*$ と $L^{\infty}[0,1]$ を同一視すると，φ は $\frac{1}{2}$ に，φ_n は χ_{F_n}，

$$F_n = \bigcup_{k=0}^{n-1}\left[\frac{2k}{2n}, \frac{2k-1}{2n}\right]$$

に対応していることに注意する．この例は，$L^{\infty}[0,1]$ における汎弱位相での収束が（たとえ部分列を取ったとしても）各点収束とは全く関係ないものであることを示している．

次の定理は，汎弱位相に関する結果の中で，最も有用性の高いものである．

定理 3.3.1　（**バナッハ-アラオグルの定理**）　バナッハ空間 X の双対空間の閉単位球 $B_{X^*} = \{\varphi \in X^*; \|\varphi\| \leq 1\}$ は汎弱位相でコンパクトである．

【証明】 各 $x \in X$ に対して閉円板 $K_x = \{z \in \mathbb{C}; \, |z| \le \|x\|\}$ を考え，$K = \prod_{x \in X} K_x$ と置くと，ティホノフの定理より K は直積位相でコンパクトである．写像 $\rho : B_{X^*} \to K$ を $\rho(\varphi) = (\varphi(x))_{x \in X}$ と定めると ρ は単射である．ρ が B_{X^*} から $\rho(B_{X^*})$ への同相写像であり，$\rho(B_{X^*})$ が K の閉集合であることを示せばよい．

$\varphi \in B_{X^*}$, $F \Subset X$, $\varepsilon > 0$ に対して，

$$V(\rho(\varphi); F, \varepsilon) = \{(z_x)_{x \in X} \in K; \, \forall y \in F, \, |z_y - \varphi(y)| < \varepsilon\}$$

と置けば，$\{V(\rho(\varphi); F, \varepsilon)\}_{F \Subset X, \varepsilon > 0}$ は $\rho(\varphi)$ の K における基本近傍系であり，

$$\rho(U(\varphi; F, \varepsilon)) = V(\rho(\varepsilon); F, \varepsilon) \cap \rho(B_{X^*})$$

である．よって ρ は B_{X^*} から $\rho(B_{X^*})$ への同相写像である．

$u, v \in X$ と $\alpha \in \mathbb{C}$ に対して，

$$L_{u,v} = \{(z_x) \in K; \, z_{u+v} = z_u + z_v\},$$

$$M_{\alpha,u} = \{(z_x) \in K; \, z_{\alpha u} = \alpha z_u\}$$

と置くと，これらは閉集合である．

$$\rho(B_{X^*}) = \left(\bigcap_{u,v \in X} L_{u,v} \right) \cap \left(\bigcap_{\alpha \in \mathbb{C}, \, u \in L} M_{\alpha,u} \right)$$

より $\rho(B_{X^*})$ は K の閉集合である．   □

X が回帰的なバナッハ空間のとき，X の弱位相と X^* の双対空間としての汎弱位相が一致することに注意すると，次が得られる．

系 3.3.2　回帰的なバナッハ空間の閉単位球は弱位相でコンパクトである．

実際にはこの逆の命題も成り立つのであるが，それについては5章でハーン-バナッハの分離定理を証明した後に再び論ずる．

問題 3.7　X が可分バナッハ空間のとき，汎弱位相の B_{X^*} への制限は距離付け可能であることを示せ．

●●●●●●●●●●　　　　　**演 習 問 題**　　　　●●●●●●●●●●

演習 1　(Ω, μ) を有限測度空間とし，$\psi \in L^1(\Omega, \mu)^*$ とする．次を示せ．

(1)　$g \in L^2(\Omega, \mu)$ が存在して，任意の $f \in L^2(\Omega, \mu)$ に対して $\psi(f) = \int_\Omega fg d\mu$ が成り立つ．

(2)　$r > 0$ に対して $\mu(\{|g| > r\}) \neq 0$ が成り立てば，$r \leq \|\psi\|$ である．特に $g \in L^\infty(\Omega, \mu)$ である．

(3)　任意の $f \in L^1(\Omega, \mu)$ に対して $\psi(f) = \int_\Omega fg d\mu$ が成り立つ．

演習 2　(Ω, μ) は σ-有限測度空間とし，μ と同値な有限測度 μ_0 を取る（2 章演習 7）．

(1)　$1 \leq p < \infty$ のとき，$V : L^p(\Omega, \mu_0) \to L^p(\Omega, \mu)$ を $Vf = (\frac{d\mu_0}{d\mu})^{\frac{1}{p}} f$ と定めれば，V は等長同型であることを示せ．

(2)　$L^\infty(\Omega, \mu_0) = L^\infty(\Omega, \mu)$ を示せ．

(3)　$p = 1$ の場合に定理 3.2.2 を示せ．

演習 3　バナッハ空間 X の点列 $\{x_n\}_{n=1}^\infty$ が $x \in X$ に弱収束しているとき，次を示せ．

(1)　$\|x\| \leq \liminf_{n \to \infty} \|x_n\|$．

(2)　更に X がヒルベルト空間で，$\lim_{n \to \infty} \|x_n\| = \|x\|$ ならば，$\lim_{n \to \infty} \|x - x_n\| = 0$ が成り立つ（より一般に一様凸空間（付録 A.3 節参照）について成り立つ）．

演習 4　Ω をコンパクト距離空間とし，Ω 上のボレル確率測度全体の集合を $\mathbf{P}(\Omega)$ と書く．

(1)　任意の $\mathbf{P}(\Omega)$ の点列 $\{\mu_n\}_{n=1}^\infty$ に対して，部分列 $\{\mu_{n_k}\}_{k=1}^\infty$ と $\mu \in \mathbf{P}(\Omega)$ が存在して，任意の $f \in C(\Omega)$ に対して，次が成り立つことを示せ．

$$\lim_{k \to \infty} \int_\Omega f d\mu_{n_k} = \int_\Omega f d\mu.$$

(2)　$T : \Omega \to \Omega$ は同相写像とし，$\mathbf{P}_T(\Omega) = \{\mu \in \mathbf{P}(\Omega); \mu \circ T = \mu\}$ とする．$\mathbf{P}_T(\Omega)$ は空集合ではないことを示せ．

演習 5　ヒルベルト空間 $\mathcal{H}$ の任意の有界点列 $\{x_n\}_{n=1}^\infty$ が弱収束する部分列を持つことを，バナッハ-アラオグルの定理を用いずに示せ．

演習 6　この問題では，ℓ^1 や ℓ^∞ の回帰性がどのように破れているかを具体的に見る．

(1)　$\varphi \in \ell^{\infty *}$ に対して数列 $a = (a_k)_{k=1}^\infty$ を $a_k = \varphi(\delta_k)$ により定める．$a \in \ell^1$ であることを示し，$\varphi - \varphi_a \in c_0^\perp$ $(= (\ell^\infty/c_0)^*)$ を示せ．

(2)　$\ell^{\infty *}$ は $\ell^1 \oplus_1 (\ell^\infty/c_0)^*$ と等長同型であることを示せ．

(3)　$\ell^{\infty **}$ は $\ell^\infty \oplus_\infty (\ell^\infty/c_0)^{**}$ と等長同型であることを示せ．ここで ℓ^∞ から $\ell^{\infty **}$ への自然な埋め込みは，右辺の第 1 成分への埋め込みに対応するものとする．

第4章
完備性の帰結

本章では，完備距離空間に関するベールのカテゴリー定理の応用として関数解析学でよく用いられる諸定理を示し，その応用を解説する．

4.1 ベールのカテゴリー定理

定理 4.1.1 (X, d) は完備距離空間とし，$U_n, n = 1, 2, \ldots,$ は X で稠密な開集合の列とする．このとき $\bigcap_{n=1}^{\infty} U_n$ は X で稠密である．

【証明】 $x \in X$ を任意の元，$\varepsilon > 0$ を任意の正数とする．U_1 は X で稠密なので，$x_1 \in U_1$ が存在して $d(x, x_1) < \frac{\varepsilon}{2}$ を満たす．U_1 は開集合なので，$0 < r_1 < \frac{\varepsilon}{2}$ を満たす r_1 が存在して，$\overline{B(x_1, r_1)} \subset U_1$ を満たす．U_2 は稠密なので，$U_2 \cap B(x_1, r_1) \neq \emptyset$ であり，これは開集合なので，$x_2 \in X$ と $0 < r_2 < \frac{r_1}{2}$ を満たす r_2 が存在して，$\overline{B(x_2, r_2)} \subset U_2 \cap B(x_1, r_1)$ を満たす．以下同様な議論を繰り返し，帰納的に X の点列 $\{x_n\}_{n=1}^{\infty}$ と正数列 $\{r_n\}_{n=1}^{\infty}$ で，任意の $n \in \mathbb{N}$ に対して次を満たすものを取ることができる．

- $0 < r_{n+1} < \frac{r_n}{2}$.
- $\overline{B(x_{n+1}, r_{n+1})} \subset U_{n+1} \cap B(x_n, r_n)$.

このとき，$r_1 < \frac{\varepsilon}{2}$ なので $r_n \leq \frac{\varepsilon}{2^n}$ である．$m > n$ のとき，$x_m \in B(x_n, r_n)$ なので $d(x_m, x_n) < \frac{\varepsilon}{2^n}$ であり，$\{x_n\}_{n=1}^{\infty}$ はコーシー列である．X は完備であるから $\{x_n\}_{n=1}^{\infty}$ は収束し，その極限を x_∞ と書く．$m > n$ なら $x_m \in \overline{B(x_n, r_n)}$ なので，$x_\infty \in \overline{B(x_n, r_n)} \subset U_n$ である．これが任意の n に対して成り立つので，$x_\infty \in \bigcap_{n=1}^{\infty} U_n$ である．また，$x_\infty \in B(x_1, r_1)$ より，$d(x_\infty, x) \leq d(x_\infty, x_1) + d(x_1, x) < \varepsilon$ である． $\square$

系 4.1.2（ベールのカテゴリー定理） X は完備距離空間とし，$F_n, n = 1, 2, \ldots,$ は X の閉集合の列とする．このとき $X = \bigcup_{n=1}^{\infty} F_n$ であれば，ある n が存在して F_n は内点を持つ．

【証明】 対偶を示す．任意の n に対して F_n は内点を持たない閉集合とする．このとき $U_n = X \setminus F_n$ は X で稠密な開集合であり，$\bigcap_{n=1}^{\infty} U_n \neq \emptyset$. よって $\bigcup_{n=1}^{\infty} F_n \neq X$ である． □

　位相空間が全疎な（つまり閉包が内点を持たない）部分集合の可算個の合併であるとき，**第 1 類**（first category）であると言う．第 1 類でないとき，**第 2 類**（second category）であると言う．完備距離空間は第 2 類集合である．この category という言葉の用法は歴史的なものであり，現代数学における category（圏）という言葉とは全く無関係である．

4.2　ベールのカテゴリー定理の応用

4.2.1　バナッハの逆写像定理

定理 4.2.1（バナッハの逆写像定理） X と Y はバナッハ空間とし，$T \in \mathbf{B}(X, Y)$ は全単射とする．このとき，T^{-1} は有界である（つまり，T は X と Y の間の同型である）．

【証明】 $r > 0$ に対して，$X_r = \{x \in X;\ \|x\| \leq r\}, Y_r = \{y \in Y;\ \|y\| \leq r\}$ と置く．T^{-1} が有界であることを示すには，ある $r > 0$ が存在して $T^{-1} Y_1 \subset X_r$ を示せばよいが，これは $Y_1 \subset TX_r$ と同値である．$\bigcup_{n=1}^{\infty} TX_n = Y$ なので，ベールのカテゴリー定理から，ある $N \in \mathbb{N}$ が存在して $\overline{TX_N}$ は内点を持つ．よって $a \in X$ と $\varepsilon > 0$ が存在して $Ta + Y_\varepsilon \subset \overline{TX_N}$ であるが，これは $Y_\varepsilon \subset \overline{T(X_N - a)}$ と同値である．$\frac{N + \|a\|}{\varepsilon} \leq M$ と M を取れば，$Y_1 \subset \overline{TX_M}$ である．以下 $Y_1 \subset TX_{2M}$ が成り立つことを示す．

　$y_0 \in Y_1$ とする．$y_0 \in \overline{TX_M}$ なので，$x_0 \in X_M$ が存在して，$\|y_0 - Tx_0\| < \frac{1}{2}$ である．$y_1 = y_0 - Tx_0$ と置くと，$y_1 \in Y_{\frac{1}{2}} \subset \overline{TX_{\frac{M}{2}}}$ である．同様にして帰納的

に，X の点列 $\{x_n\}_{n=0}^{\infty}$ で，任意の $n \in \mathbb{N}$ に対して $x_n \in X_{\frac{M}{2^n}}$ かつ

$$\|y - T(x_0 + x_1 + \cdots + x_n)\| \leq \frac{1}{2^{n+1}}$$

を満たすものを取ることができる．$x = \sum_{n=0}^{\infty} x_n$ が存在して $\|x\| \leq 2M$ であり，T が有界であることから，

$$Tx = \sum_{n=0}^{\infty} Tx_n = y$$

である．よって，$Y_1 \subset TX_{2M}$ が成り立つ．　　　　　　　　　　　　□

例 4.2.1　M と N はバナッハ空間 X の閉部分空間で $M \cap N = \{0\}$ かつ $X = M + N$ を満たすとする（つまり，X は線形空間として M と N の直和である）．このとき，$T : M \oplus_1 N \to X, (m,n) \mapsto m + n,$ はバナッハ空間の同型写像である．実際，

$$\|T(m,n)\| = \|m + n\| \leq \|m\| + \|n\| = \|(m,n)\|_1$$

より $T \in \mathbf{B}(M \oplus_1 N, X)$ であり，T が全単射なのでバナッハの逆写像定理より T^{-1} も有界である．また，

$$\|m\| \leq \|(m,n)\|_1 \leq \|T^{-1}\|\|m + n\|$$

から，$m + n$ に m や n を対応させる射影が有界であることもわかる．

問題 4.1　Y がバナッハ空間 X の閉部分空間であるとき，X/Y の商位相と商ノルムにより定まる位相は一致することを示せ．特に，商写像 $Q : X \to X/Y$ は開写像であることを示せ．

命題 4.2.2（バナッハの開写像定理）　X と Y はバナッハ空間とし，$T \in \mathbf{B}(X,Y)$ は全射とする．このとき T は開写像である．

【証明】　$Q : X \to X/\ker T$ を商写像とすると，定理 1.3.5 から $\widetilde{T} \in \mathbf{B}(X/\ker T, Y)$ で $T = \widetilde{T} \circ Q$ となるものが唯一つ存在する．T が全射であることから $\widetilde{T}$ は全単射であり，バナッハの逆写像定理より $\widetilde{T}^{-1}$ は連続である．特に $\widetilde{T}$ は開写像であり，Q も開写像であるので，T は開写像である．　　　□

4.2.2　閉グラフ定理

定義 4.2.1　X と Y はバナッハ空間とし，T は X の部分空間 $\mathcal{D}(T)$ から Y への線形作用素 $T : \mathcal{D}(T) \to Y$ とする．このとき $\mathcal{D}(T)$ を T の**定義域**（domain）と呼ぶ．T の**グラフ**（graph）を

$$\mathcal{G}(T) = \{(x, Tx) \in X \oplus_1 Y ;\ x \in \mathcal{D}(T)\}$$

と定め，$\mathcal{G}(T)$ が $X \oplus_1 Y$ の閉部分空間であるとき，T は**閉作用素**（closed operarator）であると言う．

　T が閉作用素であるという条件を点列の言葉で言い換えると次のようになる．$\mathcal{D}(T)$ の点列 $\{x_n\}_{n=1}^{\infty}$ が $x \in X$ に収束しかつ $\{Tx_n\}_{n=1}^{\infty}$ が $y \in Y$ に収束すれば，$x \in \mathcal{D}(T)$ かつ $Tx = y$ である．

　上の定義で X と Y の直和として $X \oplus_1 Y$ を用いたが，他の $X \oplus_p Y$, $1 \le p \le \infty$, を用いても同値な定義となる．実際，X と Y がヒルベルト空間のときは $X \oplus_2 Y$ を使うのが自然である．

例 4.2.2　$X = Y = C[0,1]$ とし，$\mathcal{D}(T) = C^1[0,1]$ で定義された作用素 $T : \mathcal{D}(T) \to C[0,1]$ を $Tf(t) = f'(t)$ と定めると，T は閉作用素である．実際，$\{f_n\}_{n=1}^{\infty}$ が $C^1[0,1]$ に属する関数列とし，$\{f_n\}_{n=1}^{\infty}$ が $f \in C[0,1]$ に，$\{f_n'\}_{n=1}^{\infty}$ が $g \in C[0,1]$ にそれぞれ一様収束するとき，

$$f_n(t) = f_n(0) + \int_0^t f_n'(s)ds$$

より

$$f(t) = f(0) + \int_0^t g(s)ds$$

が成り立ち，$f \in \mathcal{D}(T)$ かつ $Tf = g$ となるからである．

　この例のように，典型的な閉作用素は非有界なものである．しかし，定義域が X 全体である場合には状況が異なる．

定理 4.2.3（**閉グラフ定理**（closed graph theorem））　X と Y はバナッハ空間とし，$T : X \to Y$ は定義域が X 全体である閉作用素とする．このとき T は有界である．

【証明】　T のグラフ $\mathcal{G}(T)$ は $X \oplus_1 Y$ の閉部分空間であるから，バナッハ空間であることに注意する．$P : \mathcal{G}(T) \to X$ を第 1 成分への射影とすると，P は有界な全単射なので，バナッハの逆写像定理から，P^{-1} も有界である．$P^{-1}x = (x, Tx)$ であるから，

$$\|Tx\| \le \|x\| + \|Tx\| = \|(x, Tx)\|_1 \le \|P^{-1}\|\|x\|$$

が成り立ち，T は有界である．　　　　　　　　　　　　　　　　　　　　　□

例 4.2.3　(Ω, μ) は σ-有限測度空間とし，$f : \Omega \to \mathbb{C}$ は可測関数で，任意の $g \in L^2(\Omega, \mu)$ に対して $fg \in L^2(\Omega, \mu)$ を満たすとする．このとき，$f \in L^\infty(\Omega, \mu)$ が成り立つ．この事実は純粋に測度論的に証明することも可能であるが，ここでは閉グラフ定理を用いる簡潔な証明を与える．

作用素 $T : L^2(\Omega, \mu) \to L^2(\Omega, \mu)$ を $Tg = fg$ により導入し，まず T が閉作用素であることを示す．$\{g_n\}_{n=1}^\infty \subset L^2(\Omega, \mu)$, $g, h \in L^2(\Omega, \mu)$, とし，$\lim_{n \to \infty} \|g_n - g\|_2 = 0$ かつ $\lim_{n \to \infty} \|Tg_n - h\|_2 = 0$ とする．このとき，$\{g_n\}_{n=1}^\infty$ の部分列 $\{g_{n_k}\}_{k=1}^\infty$ で，$\{g_{n_k}\}_{k=1}^\infty$ が g に，$\{fg_{n_k}\}_{k=1}^\infty$ が h にそれぞれほとんど至る所収束するものが存在するので（付録 A.2 節参照），$h = fg$ である．これは T が閉作用素であることを示し，$\mathcal{D}(T) = L^2(\Omega, \mu)$ なので，閉グラフ定理より T は有界である．以下 $f \notin L^\infty(\Omega, \mu)$ と仮定して矛盾を導く．仮定から $E = \{|f| > \|T\| + 1\}$ の測度は 0 でないので，(Ω, ν) が σ-有限であることから，E の可測部分集合 E_0 で $0 < \mu(E_0) < \infty$ となるものが存在する．$g = \frac{1}{\sqrt{\mu(E_0)}} \chi_{E_0}$ と置くと $\|g\|_2 = 1$ であるが，

$$\|Tg\|_2^2 = \frac{1}{\mu(E_0)} \int_{E_0} |f|^2 d\mu \ge \frac{1}{\mu(E_0)} \int_{E_0} (\|T\| + 1)^2 d\mu = (\|T\| + 1)^2$$

となり矛盾である．よって $f \in L^\infty(\Omega, \mu)$ である．

4.2.3　一様有界性原理

本題に入る前に，集合 Λ とバナッハ空間 Y に対して，

$$\ell^\infty(\Lambda, Y) = \left\{ (y_\lambda)_{\lambda \in \Lambda} \in Y^\Lambda;\ \sup_{\lambda \in \Lambda} \|y_\lambda\| < \infty \right\}$$

と定めたとき．$\ell^\infty(\Lambda, Y)$ は各点ごとの演算とノルム $\|(y_\lambda)_{\lambda \in \Lambda}\|_\infty = \sup_{\lambda \in \Lambda} \|y_\lambda\|$ によりバナッハ空間であることを注意しておく．ℓ^∞ の場合と証明は大差ない．

定理 4.2.4 （一様有界性原理（the principle of uniform boundedness））　X と Y はバナッハ空間とし，有界作用素の族 $\{T_\lambda\}_{\lambda \in \Lambda} \subset \mathbf{B}(X,Y)$ は，任意の $x \in X$ に対して $\sup_{\lambda \in \Lambda} \|T_\lambda x\| < \infty$ を満たすとする．このとき $\{\|T_\lambda\|\}_{\lambda \in \Lambda}$ は有界である．

【証明】　作用素 $T : X \to \ell^\infty(\Lambda, Y)$ を $Tx = (T_\lambda x)_{\lambda \in \Lambda}$ と定め，T が閉作用素であることを示す．$\{x_n\}_{n=1}^\infty \subset X$, $x \in X$, $y = (y_\lambda)_\Lambda \in \ell^\infty(\Lambda, Y)$ が $\lim_{n\to\infty} \|x_n - x\| = 0$ かつ $\lim_{n\to\infty} \|Tx_n - y\| = 0$ を満たすとする．

$$\lim_{n\to\infty} \sup_{\lambda \in \Lambda} \|T_\lambda x_n - y_\lambda\| = 0$$

なので，特に各 $\lambda \in \Lambda$ に対して $\lim_{n\to\infty} \|T_\lambda x_n - y_\lambda\| = 0$ が成り立ち，$T_\lambda x = y_\lambda$ である．よって $Tx = y$ となり，T は閉作用素である．$\mathcal{D}(T) = X$ なので，閉グラフ定理より T は有界である．よって任意の $x \in X$ と $\lambda \in \Lambda$ に対して $\|T_\lambda x\| \le \|T\|\|x\|$ が成り立ち，$\|T_\lambda\| \le \|T\|$ である．　□

系 4.2.5 （バナッハ-シュタインハウスの定理）　X と Y はバナッハ空間とし，$\{T_n\}_{n=1}^\infty$ は $\mathbf{B}(X,Y)$ の点列で，任意の $x \in X$ に対して $\{Tx_n\}_{n=1}^\infty$ は収束するとする．このとき，$\{\|T_n\|\}_{n=1}^\infty$ は有界であり，$Tx = \lim_{n\to\infty} T_n x$ と定めると，$T \in \mathbf{B}(X,Y)$ である．

【証明】　$\{Tx_n\}_{n=1}^\infty$ が収束するから，$\{\|T_n x\|\}_{n=1}^\infty$ は有界であるので，主張は前定理より従う．　□

　上で $Y = \mathbb{C}$ の場合の主張は次のようになる．$\{\varphi_n\}_{n=1}^\infty$ が X^* の点列で，任意の $x \in X$ に対して $\{\varphi_n(x)\}_{n=1}^\infty$ が収束すれば，$\{\|\varphi_n\|\}_{n=1}^\infty$ は有界であり，$\{\varphi_n(x)\}_{n=1}^\infty$ はある $\varphi \in X^*$ に汎弱収束する．これから，汎弱収束列は有界であることもわかる．

系 4.2.6　$\{x_n\}_{n=1}^\infty$ はバナッハ空間 X の点列で，任意の $\varphi \in X^*$ に対して $\{\varphi(x_n)\}_{n=1}^\infty$ が収束するならば，$\{x_n\}_{n=1}^\infty$ は有界である．特に，弱収束列は有界である．

【証明】　$X \subset X^{**}$ により，$\{x_n\}_{n=1}^\infty$ を $(X^*)^*$ の点列とみなせば，主張は前系より従う．　□

定義 4.2.2　$\mathcal{H}$ はヒルベルト空間，$\{T_n\}_{n=1}^{\infty}$ は $\mathbf{B}(\mathcal{H})$ の点列とし，$T \in \mathbf{B}(\mathcal{H})$ とする．

- 任意の $x \in \mathcal{H}$ に対して $\{T_n x\}_{n=1}^{\infty}$ が Tx に収束するとき，$\{T_n\}_{n=1}^{\infty}$ は T に**強収束**する（strongly converges）と言い，$\text{s-}\lim_{n\to\infty} T_n = T$ と書く．
- 任意の $x, y \in \mathcal{H}$ に対して $\{\langle T_n x, y\rangle\}_{n=1}^{\infty}$ が $\langle Tx, y\rangle$ に収束するとき，$\{T_n\}_{n=1}^{\infty}$ は T に**弱収束**する（weakly converges）と言い，$\text{w-}\lim_{n\to\infty} T_n = T$ と書く．この条件は，任意の $x \in \mathcal{H}$ に対して $\{T_n x\}_{n=1}^{\infty}$ が Tx に（$\mathcal{H}$ の意味で）弱収束することと同値である．

注意 4.2.1　上で定義した作用素列の弱収束は，バナッハ空間 $\mathbf{B}(\mathcal{H})$ の意味での弱収束とは異なるので注意が必要である．ただし，後者の意味での弱収束を用いることは稀であるので混乱する可能性は少ない．

　以後，$\mathbf{B}(\mathcal{H})$ の作用素ノルムでの収束を，ノルム収束と呼ぶことにする．定義から，作用素の列の収束に関して，

$$\text{ノルム収束} \implies \text{強収束} \implies \text{弱収束}$$

が成り立つが，どちらの場合も逆は成り立たない．

例 4.2.4　V を ℓ^2 の片側ずらし作用素とする．

- $\{V^{*n}\}_{n=1}^{\infty}$ は 0 に強収束するが，ノルム収束しない．実際，$(V^{*n}x)_k = x_{n+k}$ なので，

$$\lim_{n\to\infty} \|V^{*n}x\|^2 = \lim_{n\to\infty} \sum_{k=n+1}^{\infty} |x_k|^2 = 0$$

である．一方 V^n は等長作用素であるから $\|V^n\| = 1$ であり，$\|V^{*n}\| = \|V^n\| = 1$ である．

- $\{V^n\}_{n=1}^{\infty}$ は 0 に弱収束するが，強収束しない．実際，$x, y \in \ell^2$ とすると，

$$|\langle V^n x, y\rangle| = |\langle x, V^{*n}y\rangle| \le \|x\|\|V^{*n}y\|$$

より $\{V^n\}_{n=1}^{\infty}$ は 0 に弱収束するが，V^n は等長作用素なので，$\|V^n x\| = \|x\|$ である．

定理 4.2.7 $\mathcal{H}$ はヒルベルト空間とする. $\mathbf{B}(\mathcal{H})$ の点列 $\{T_n\}_{n=1}^{\infty}$ が $T \in \mathbf{B}(\mathcal{H})$ に弱収束すれば,$\{\|T_n\|\}_{n=1}^{\infty}$ は有界である.

【証明】 $x \in \mathcal{H}$ とすると,$\{T_n x\}_{n=1}^{\infty}$ は Tx に弱収束するので,一様有界性原理より $\{\|T_n x\|\}_{n=1}^{\infty}$ は有界である. 再び一様有界性原理から,$\{\|T_n\|\}_{n=1}^{\infty}$ は有界である. □

命題 4.2.8 $\mathcal{H}$ はヒルベルト空間とし,$\{S_n\}_{n=1}^{\infty}$ と $\{T_n\}_{n=1}^{\infty}$ は $\mathbf{B}(\mathcal{H})$ に属する作用素の列で,それぞれ $S \in \mathbf{B}(\mathcal{H})$ と $T \in \mathbf{B}(\mathcal{H})$ に強収束するとする. このとき,$\{S_n T_n\}_{n=1}^{\infty}$ は ST に強収束する.

【証明】 一様有界性原理より,$M > 0$ が存在して,任意の $n \in \mathbb{N}$ に対して $\|S_n\| \le M$ が成り立つ. これから任意の $x \in \mathcal{H}$ に対して,

$$\|S_n T_n x - STx\| = \|S_n(T_n x - Tx) + S_n(Tx) - S(Tx)\|$$
$$\le M\|T_n x - Tx\| + \|S_n(Tx) - S(Tx)\| \to 0, \quad (n \to \infty)$$

が成り立ち $\{S_n T_n\}_{n=1}^{\infty}$ は ST に強収束する. □

最後に,一様有界性原理のフーリエ級数論への重要な応用として,周期 2π の連続関数 f でそのフーリエ級数が f に各点収束しないものが存在することを示して,この章を終わることにする.

以下では,例 2.4.5 の記号を用いる. $f \in C(\mathbb{T})$ と $N \in \mathbb{N}$ に対して,

$$S_N(f)(t) = \sum_{n=-N}^{N} \widehat{f}(n) e^{int}$$

と置いたときに,$\{S_N(f)(t)\}_{N=1}^{\infty}$ が $f(t)$ に各点収束するかどうかが問題となる. $\varphi_N(f) = S_N(f)(0)$ と置き,$\{\varphi_N(f)\}_{N=1}^{\infty}$ が収束しないような $f \in C(\mathbb{T})$ の存在を示せばよい. このとき,

$$\varphi_N(f) = \sum_{n=-N}^{N} \frac{1}{2\pi} \int_{-\pi}^{\pi} f(t) e^{-int} dt = \frac{1}{2\pi} \int_{-\pi}^{\pi} f(t) D_N(t) dt$$

である. ここで $D_N(t)$ は**ディリクレ核** (Dirichlet kernel) $D_N(t) = \frac{\sin(N+\frac{1}{2})t}{\sin\frac{t}{2}}$

である．この式から，$\varphi_N \in C(\mathbb{T})^*$ であり，次がわかる．

$$\|\varphi_N\| \leq \frac{1}{2\pi} \int_{-\pi}^{\pi} |D_N(t)| dt = \|D_N\|_1.$$

問題 4.2　上の状況で次を示せ．
  (1)　$\|\varphi_N\| = \|D_N\|_1$.
  (2)　$\{\|D_N\|_1\}_{N=1}^{\infty}$ は有界はでない．
  (3)　$\{\varphi_N(f)\}_{N=1}^{\infty}$ が収束しないような $f \in C(\mathbb{T})$ が存在する．

●●●●●●●●●●●●●●●●●　演　習　問　題　●●●●●●●●●●●●●●●●●

演習 1　可算個の開集合の共通部分で表される集合を G_δ **集合**と呼ぶ．完備距離空間において，可算個の稠密な G_δ 集合の共通部分は稠密な G_δ 集合であることを示せ．

演習 2　$\mathcal{H}$ はヒルベルト空間とし，作用素 $A : \mathcal{H} \to \mathcal{H}$ が任意の $x, y \in \mathcal{H}$ に対して $\langle Ax, y \rangle = \langle x, Ay \rangle$ を満たすとする．このとき $A \in \mathbf{B}(\mathcal{H})_{\mathrm{sa}}$ であることを示せ．

演習 3　X はバナッハ空間，$D \subset \mathbb{C}$ は領域とし，写像 $f : D \to X$ は次の条件を満たすとする：任意の $\varphi \in X^*$ に対して $\varphi(f(z))$ が D 上の正則関数である．
  (1)　任意の $\zeta \in D$ と 0 に収束する複素数列 $\{h_n\}_{n=1}^{\infty}$ で任意の $n \in \mathbb{N}$ に対して $h_n \neq 0$ を満たすものに対して，$\{\frac{1}{h_n}(f(\zeta + h_n) - f(\zeta))\}_{n=1}^{\infty}$ はある X^{**} の元に汎弱収束することを示せ．
  (2)　写像 $g : D \to X^{**}$ で，任意の $\varphi \in X^*$ に対して $\frac{d\varphi(f(z))}{dz} = \varphi(g(z))$ を満たすものが存在することを示せ．
  (3)　$\displaystyle \lim_{n \to \infty} \frac{1}{h_n}(f(\zeta + h_n) - f(\zeta)) = g(\zeta)$ が成り立つことを示せ．特に $g(\zeta) \in X$ であることを示せ．

演習 4　U が $\ell^2(\mathbb{Z})$ の両側ずらし作用素のとき，$\{U^n\}_{n=1}^{\infty}$ は 0 に弱収束することを示せ．

演習 5　$\mathcal{H}$ はヒルベルト空間とし，$T \in \mathbf{B}(\mathcal{H})$ と $n \in \mathbb{N}$ に対して，$A_n(T) = \dfrac{1}{n} \displaystyle\sum_{k=0}^{n-1} T^k$ と定める．
  (1)　$\{\|T^n\|\}_{n=1}^{\infty}$ が有界で，で $\mathcal{R}(I-T)$ が $\mathcal{H}$ で稠密であるとき（例えば ℓ^2 の片側ずらし作用素），$\{A_n(T)\}_{n=1}^{\infty}$ は 0 に強収束することを示せ．
  (2)　$U \in \mathcal{U}(\mathcal{H})$ のとき，$\{A_n(U)\}_{n=1}^{\infty}$ は $\ker(I-U)$ への射影に，強収束することを示せ（**フォン・ノイマンの平均エルゴード定理**）．

第5章
局所凸空間♯

　　関数解析学で考察する空間をバナッハ空間に限ったとしても，弱位相や汎弱位相を考えれば局所凸空間を扱うことが必要となる．本章では局所凸空間の基本的な性質を解説した後，ハーン‐バナッハの分離定理を示し，その応用をいくつか解説する．

5.1　局所凸空間の定義と基本的例

定義 5.1.1　X が線形空間かつ位相空間で，次の条件を満たすとき，X を**位相線形空間**（topological linear space）と呼ぶ．

(1)　写像 $X \times X \ni (x,y) \mapsto x+y \in X$ は連続．

(2)　写像 $\mathbb{C} \times X \ni (\alpha,x) \mapsto \alpha x \in X$ は連続．

X が位相線形空間なら，

- $\alpha \in \mathbb{C} \setminus \{0\}$ を固定すれば，写像 $X \ni x \mapsto \alpha x \in X$ は同相写像である．
- $a \in X$ を固定すれば，写像 $X \ni x \mapsto x+a \in X$ は同相写像である．

　　X と Y が位相線形空間で $T : X \to Y$ が線形写像であるとき，平行移動の連続性から，T が連続であることと，T が 1 点で連続であることは，同値となる．

　　次の補題はより一般に位相群に関して成り立つものである．

補題 5.1.1　X が位相線形空間のとき，次の条件は同値である．

(1)　X はハウスドルフ空間である．

(2)　任意の $x \in X \setminus \{0\}$ に対して，0 の近傍 U で $x \notin U$ を満たすものが存在する．

【証明】　(1) $\Longrightarrow$ (2) は自明なので，(2) $\Longrightarrow$ (1) を示す．$a,b \in X$, $a \neq b$, とする．$b-a \neq 0$ なので，0 の近傍 U が存在して $b-a \notin U$ である．$U_1 = a-b+U$ と置くと U_1 は $a-b$ の近傍であり，$0 \notin U_1$ である．写像 $X \times X \ni (x,y) \mapsto x-y \in X$

は連続なので特に (a, b) で連続であり，a の近傍 V と b の近傍 W で，

$$V - W \subset U_1$$

を満たすものが存在する．U_1 は 0 を含まないので，$V \cap W = \emptyset$ である．　　　□

　以下，位相線形空間は，ハウスドルフ空間であるもののみを考える．

定義 5.1.2　位相線形空間 X が凸集合からなる 0 の基本近傍系を持つとき，X を**局所凸空間**（locally convex space）であると言う．

例 5.1.1　X はノルム空間とする．

- X はノルムにより定まる位相（以下ノルム位相と呼ぶ）により局所凸空間である．$\{B(0, \varepsilon)\}_{\varepsilon > 0}$ は凸集合からなる 0 の基本近傍系である．

- X は弱位相により，局所凸空間である．$\{U(0; F, \varepsilon)\}_{F \in X^*, \varepsilon > 0}$ は凸集合からなる 0 の基本近傍系である．

- X^* は汎弱位相により，局所凸空間である．$\{U(0; F, \varepsilon)\}_{F \in X, \varepsilon > 0}$ は凸集合からなる 0 の基本近傍系である．

　X は局所凸空間とし，U は 0 の凸近傍とする．$x \in X$ に対して，写像 $\mathbb{C} \to X$，$\alpha \mapsto \alpha x$，は連続であり，$0 \cdot x = 0$ なので，ある $\delta > 0$ が存在して，$|\alpha| < \delta$ ならば $\alpha x \in U$ である．従って，関数 $p_U : X \to [0, \infty)$ を

$$p_U(x) = \inf\left\{ t > 0; \ \frac{1}{t} x \in U \right\}$$

により定義できる．この関数 p_U を**ミンコフスキー汎関数**と呼ぶ．U は 0 を含む凸集合なので，任意の $t > p_U(x)$ に対して $\frac{1}{t} x \in U$ が成り立つ．

補題 5.1.2　ミンコフスキー汎関数 p_U について次が成り立つ．
  (1)　任意の $x, y \in X$ に対して $p_U(x + y) \leq p_U(x) + p_U(y)$.
  (2)　任意の $x \in X$ と $t > 0$ に対して $p_U(tx) = t p_U(x)$.
  (3)　$\{x \in X; \ p_U(x) < 1\} \subset U \subset \{x \in X; \ p_U(x) \leq 1\}$.

【証明】　(2) と (3) は定義より直ちに従うので，(1) のみを示す．$\varepsilon > 0$ を取って，$x' = \frac{1}{p_U(x) + \varepsilon} x$，$y' = \frac{1}{p_U(y) + \varepsilon} y$ と置くと，$x', y' \in U$ である．U は凸集合なので，

$$\frac{1}{p_U(x) + p_U(y) + 2\varepsilon}(x + y)$$
$$= \frac{p_U(x) + \varepsilon}{p_U(x) + p_U(y) + 2\varepsilon}x' + \frac{p_U(y) + \varepsilon}{p_U(x) + p_U(y) + 2\varepsilon}y' \in U$$

であり，$p_U(x + y) \leq p_U(x) + p_U(y) + 2\varepsilon$ が成り立つ．$\varepsilon > 0$ は任意なので，(1) を得る． □

注意 5.1.1　(1) と (2) は（実の場合の）ハーン-バナッハの拡張定理に現れる条件であることに注意する．(3) は p_U から U をほぼ再現できることを示している．

　X は位相線形空間とし，$0 \in X$ の凸近傍 U が，任意の絶対値 1 の複素数 α に対して $\alpha U = U$ を満たすとき，U は**絶対凸**（absolutely convex）であると言う．U が絶対凸近傍であるとき，ミンコフスキー汎関数 p_U はセミノルムである．

定義 5.1.3　X は線形空間，$\{p_\lambda\}_{\lambda \in \Lambda}$ は X のセミノルムの族で次の条件を満たすとする：$\forall x \in X \setminus \{0\}$, $\exists \lambda_0 \in \Lambda$, $p_{\lambda_0}(x) \neq 0$. このとき，$x \in X$, 有限部分集合 $F \Subset \Lambda$, $\varepsilon > 0$ に対して

$$U(x; F, \varepsilon) = \{y \in X; \ \forall \lambda \in F, \ p_\lambda(y - x) < \varepsilon\}$$

と定める．$\{U(x; F, \varepsilon)\}_{F \Subset \Lambda, \ \varepsilon > 0}$ を x の基本近傍系とする X の位相を，セミノルムの族 $\{p_\lambda\}_{\lambda \in \Lambda}$ により与えられる X の**局所凸位相**と呼ぶ．

注意 5.1.2　上で，$U(0; F, \varepsilon)$ は 0 の絶対凸近傍である．また $x \in X \setminus \{0\}$, $p_{\lambda_0}(x) \neq 0$ ならば $x \notin U(0; \{\lambda_0\}, p_{\lambda_0}(x))$ である．よって補題 5.1.1 より，$\{p_\lambda\}_{\lambda \in \Lambda}$ により与えられる X の局所凸位相は，ハウスドルフ位相である．

　これまで見てきたことをまとめると，次の定理が得られる．

定理 5.1.3　位相線形空間 X について次の条件は同値である．

(1)　あるセミノルムの族により X の位相が与えられる．

(2)　絶対凸近傍からなる 0 の基本近傍系が存在する．

問題 5.1　上の定理を示せ．

例 5.1.2　X はノルム空間とする．

(1)　X のノルム位相は，一つのセミノルム $p(x) = \|x\|$ により与えられる局所凸位相である．

(2) $\varphi \in X^*$ に対して,X のセミノルムを $p_\varphi(x) = |\varphi(x)|$ と定める.X の弱位相は $\{p_\varphi\}_{\varphi \in X^*}$ により与えられる局所凸位相である.

(3) $x \in X$ に対して,X^* のセミノルムを $p_x(\varphi) = |\varphi(x)|$ と定める.X^* の汎弱位相は $\{p_x\}_{x \in X}$ により与えられる局所凸位相である.

例 5.1.3 $f \in C^\infty(\mathbb{R})$ と $n \in \mathbb{N}_0$ に対して,

$$p_n(f) = \max_{0 \le k, l \le n} \sup_{x \in \mathbb{R}} |x|^k |f^{(l)}(x)| \in [0, \infty]$$

と定める.任意の n に対して $p_n(f)$ が有限である $f \in C^\infty(\mathbb{R})$ 全体の集合を $\mathcal{S}(\mathbb{R})$ と書き,**シュワルツ空間**(Schwartz space)と呼ぶ.$\mathcal{S}(\mathbb{R})$ は距離

$$d(f, g) = \sum_{n=0}^\infty \frac{1}{2^n} \frac{p_n(f-g)}{1 + p_n(f-g)}$$

について完備であることが知られており,この距離の与える位相と,セミノルムの族 $\{p_n\}_{n=1}^\infty$ が与える局所凸位相は一致する.このような空間を,**フレシェ空間**(Fréchet space)と呼ぶ.$\mathcal{S}(\mathbb{R})$ の連続な線形汎関数を**緩増加超関数**(tempered distribution)と呼ぶ.

例 5.1.4 $\mathcal{H}$ はヒルベルト空間とする.$x \in \mathcal{H}$ に対して,$\mathbf{B}(\mathcal{H})$ のセミノルムを $p_x(T) = \|Tx\|$ と定める.$\{p_x\}_{x \in \mathcal{H}}$ により与えられる $\mathbf{B}(\mathcal{H})$ の局所凸位相を,**強作用素位相**(strong operator topology)と呼ぶ.定義 4.2.2 で導入した作用素列の強収束は,強作用素位相に関する収束である.

$x, y \in \mathcal{H}$ に対して,$\mathbf{B}(\mathcal{H})$ のセミノルムを $p_{x,y}(T) = |\langle Tx, y \rangle|$ と定める.$\{p_{x,y}\}_{x,y \in \mathcal{H}}$ により与えられる $\mathbf{B}(\mathcal{H})$ の局所凸位相を,**弱作用素位相**(weak operator topology)と呼ぶ.定義 4.2.2 で導入した作用素列の弱収束は,弱作用素位相に関する収束である.

注意 5.1.3 命題 4.2.8 から作用素の積が強作用素位相について連続であると思うのは早計である.実際,連続ではないことが知られている[13].この事実と命題 4.2.8 が互いに矛盾しない理由を考えよ.

5.2 連続線形汎関数

1 章でノルム空間の線形汎関数が連続であることと有界であることは同値であることを見たが,この事実は,次のように一般化される.

定理 5.2.1 局所凸空間 X の位相が，セミノルムの族 $\{p_\lambda\}_{\lambda \in \Lambda}$ により与えられるとき，X の線形汎関数 φ に対して次の条件は同値である.

(1) φ は連続である.

(2) φ は 0 で連続である.

(3) $\exists \lambda_1, \lambda_2, \ldots, \lambda_n \in \Lambda, \exists c_1, c_2, \ldots, c_n > 0, \forall x \in X,$

$$|\varphi(x)| \le \sum_{i=1}^{n} c_i p_{\lambda_i}(x).$$

【証明】 (1) $\Longrightarrow$ (2) は自明である.

(2) $\Longrightarrow$ (3). φ が 0 で連続であれば，0 の近傍 $U(0; F, \varepsilon)$ が存在して任意の $y \in U(0; F, \varepsilon)$ に対して

$$|\varphi(y)| < 1$$

が成り立つ．ここで，$F = \{\lambda_1, \lambda_2, \ldots, \lambda_n\} \Subset \Lambda$ であり，$\varepsilon > 0$ である.

$$c_1 = c_2 = \cdots = c_n = \frac{2}{\varepsilon}$$

と置けば，任意の $x \in X$ に対して (3) が成り立つことを示す.

$1 \le \forall i \le n, \, p_{\lambda_i}(x) = 0$ であれば，任意の $t > 0$ に対して $tx \in U(0; F, \varepsilon)$ なので $|\varphi(tx)| < 1$ であり，$\varphi(x) = 0$ である．よって (3) が成り立つ.

$1 \le \exists i \le n, \, p_{\lambda_i}(x) \neq 0$ であれば，

$$\frac{\varepsilon}{2} \frac{1}{p_{\lambda_1}(x) + p_{\lambda_2(x)} + \cdots + p_{\lambda_n}(x)} x \in U(0; F, \varepsilon)$$

なので

$$\left| \varphi \left(\frac{\varepsilon}{2} \frac{1}{p_{\lambda_1}(x) + p_{\lambda_2(x)} + \cdots + p_{\lambda_n}(x)} x \right) \right| < 1$$

であり，やはり (3) が成り立つ.

(3) $\Longrightarrow$ (1). $F = \{\lambda_1, \lambda_2, \ldots, \lambda_n\}$, $\delta = \frac{\varepsilon}{2} \frac{1}{c_1 + c_2 + \cdots + c_n}$ と置くと，任意の $x \in U(0; F, \delta)$ に対して $|\varphi(x)| < \varepsilon$ が成り立ち，φ は 0 で連続である. □

この定理を具体的な空間に適用するためには，次の補題が有用である.

補題 5.2.2 X は線形空間，$\varphi_1, \varphi_2, \ldots, \varphi_n, \psi$ は X の線形汎関数とする．このとき，$\bigcap_{i=1}^{n} \ker \varphi_i \subset \ker \psi$ ならば，ψ は $\{\varphi_i\}_{i=1}^{n}$ の線形結合である.

【証明】 $1 \le i_1 < i_2 < \cdots < i_m \le n$ を $\{\varphi_{i_j}\}_{j=1}^m$ が $\mathrm{span}\{\varphi_i\}_{i=1}^n$ の基底である
ように選ぶと,

$$\bigcap_{j=1}^m \ker \varphi_{i_j} = \bigcap_{i=1}^n \ker \varphi_i \subset \ker \psi$$

が成り立つので, 最初から $\{\varphi_i\}_{i=1}^n$ は線形独立と仮定して証明する.

まず, $x_1, x_2, \ldots, x_n \in X$ で $\varphi_i(x_j) = \delta_{i,j}$ を満たすものが存在することを示
す. 線形写像 $T : X \to \mathbb{C}^n$ を $Tx = (\varphi_1(x), \varphi_2(x), \ldots, \varphi_n(x))$ と定め, T が全射
であることを示せばよい. TX は $\mathbb{C}^n$ の部分空間なので, もし $TX \ne \mathbb{C}^n$ であれ
ば, $(a_1, a_2, \ldots, a_n) \in \mathbb{C}^n \setminus \{0\}$ が存在して, 任意の $x \in X$ に対して

$$\sum_{i=1}^n a_i \varphi_i(x) = 0$$

となるが, これは $\{\varphi_i\}_{i=1}^n$ が線形独立であることに反する. よって T は全射で
ある.

任意の $x \in X$ に対して,

$$x - \sum_{j=1}^n \varphi_j(x) x_j \in \bigcap_{i=1}^n \ker \varphi_i \subset \ker \psi$$

であるから,

$$\psi(x) = \sum_{j=1}^n \psi(x_j) \varphi_j(x)$$

が成り立つ. これは, $\psi \in \mathrm{span}\{\varphi_i\}_{i=1}^n$ を示す.   □

定理 5.2.3 X と Y は線形空間とし, $b : X \times Y \to \mathbb{C}$ は非退化双一次形式とす
る. X の線形汎関数 φ に対して次の条件は同値である.

   (1) φ は位相 $\sigma(X, Y)$ について連続.

   (2) $\exists y \in Y, \forall x \in X, \varphi(x) = b(x, y)$.

【証明】 $y \in Y$ に対して, X のセミノルムを $p_y(x) = |b(x, y)|$ と定めると,
$\sigma(X, Y)$ はセミノルムの族 $\{p_y\}_{y \in Y}$ により与えられる X の局所凸位相であるこ
とに注意する.

   $(1) \Longrightarrow (2)$. 定理 5.2.1 より, $y_1, y_2, \ldots, y_n \in Y$ と $c_1, c_2, \ldots, c_n > 0$ が存在

して，任意の $x \in X$ に対して

$$|\varphi(x)| \leq c_1 p_{y_1}(x) + c_2 p_{y_2}(x) + \cdots + c_n p_{y_n}(x)$$

が成り立つ．$\varphi_i(x) = b(x, y_i)$ と定めると，$\bigcap_{i=1}^{n} \ker \varphi_i \subset \ker \varphi$ なので，φ は $\{\varphi_i\}_{i=1}^{n}$ の線形結合である．よって (2) が成り立つ．

(2) $\Longrightarrow$ (1)．$|\varphi(x)| = p_y(x)$ なので，定理 5.2.1 より φ は連続である． $\square$

系 5.2.4 X はノルム空間とする．

(1) X の線形汎関数 φ について，次の条件は同値である．

   (a) $\varphi \in X^*$.

   (b) φ は弱位相について連続である．

(2) X^* の線形汎関数 Φ について，次の条件は同値である．

   (a) $\Phi \in X$.

   (b) Φ は汎弱位相について連続である．

5.3 ハーン-バナッハの分離定理とその応用

5.3.1 ハーン-バナッハの分離定理

定理 5.3.1 （ハーン-バナッハの分離定理） X は局所凸空間，C は X の閉凸集合，$a \in X \setminus C$ とすると，X の連続線形汎関数 $\varphi : X \to \mathbb{C}$ で，

$$\mathrm{Re}\,\varphi(a) \lneqq \inf\{\mathrm{Re}\,\varphi(x);\ x \in C\}$$

を満たすものが存在する．

【証明】 (C, a) の代わりに $(C - a, 0)$ を考えることにより，$a = 0$ の場合に証明を与えればよい．このとき $0 \notin C$ である．C は閉集合なので，0 の凸近傍 U で $U \cap C = \emptyset$ であるものが存在する．$c_0 \in C$ を固定し，

$$V = c_0 + \bigcup_{\lambda \geq 1} \lambda(U - C)$$

と置く．ここで $U - C = \{u - c;\ u \in U,\ c \in C\}$ である．$V \supset c_0 + U - C \supset U$ より V は 0 の近傍である．V が凸集合であることを示す．実際，$\lambda, \mu \geq 1$,

$x, y \in C - U, 0 < t < 1$ とすると，$C - U$ が凸集合であることより，

$$t(c_0 + \lambda x) + (1-t)(c_0 + \mu y) = c_0 + t\lambda x + (1-t)\mu y$$

$$= c_0 + \{t\lambda + (1-t)\mu\} \left(\frac{t\lambda}{t\lambda + (1-t)\mu} x + \frac{(1-t)\mu}{t\lambda + (1-t)\mu} y \right) \in V$$

である．

$p_V : X \to [0, \infty)$ を V のミンコフスキー汎関数とする．$U \cap C = \emptyset$ より $0 \notin U - C$ であり，$c_0 \notin V$ なので，$p_V(c_0) \geq 1$ である．X の実1次元部分空間 $\mathbb{R}c_0$ の実線形汎関数 ψ_0 を $\psi_0(tc_0) = tp_V(c_0)$ により定めると，任意の $x_0 \in \mathbb{R}c_0$ に対して $\psi_0(x_0) \leq p_V(x_0)$ を満たす．よってハーン-バナッハの拡張定理より，X の実線形汎関数 ψ で ψ_0 の拡張であり，かつ任意の $x \in X$ に対して $\psi(x) \leq p_V(x)$ を満たすものが存在する．このとき ψ は連続である．実際，任意の $\varepsilon > 0$ に対して，$W = (\varepsilon V) \cap (-\varepsilon V)$ と置けば W は 0 の近傍であり，任意の $x \in W$ に対して $\psi(x) \leq p_V(x) \leq \varepsilon$ かつ $\psi(-x) \leq p_V(-x) \leq \varepsilon$ が成り立つので，$\psi(x) \in (-\varepsilon, \varepsilon)$ となるからである．$\varphi(x) = \psi(x) - i\psi(ix)$ と置けば φ は X の連続（複素）線形汎関数であり，$\mathrm{Re}\,\varphi(x) = \psi(x)$ である．

$u \in U, c \in C, \lambda \geq 1$ とすると，$\psi(c_0 + \lambda(u - c)) \leq p_V(c_0 + \lambda(u - c)) \leq 1$ が成り立つので，$\lambda(\psi(u) - \psi(c)) \leq 1 - \psi(c_0)$ である．これが任意の $\lambda \geq 1$ に対して成り立つので，$\psi(u) - \psi(c) \leq 0$ である．ψ は 0 でない連続実線形汎関数であり，U は 0 の近傍であるから，$0 < \psi(u_0)$ となる $u_0 \in U$ が存在する．よって $0 < \psi(u_0) \leq \inf\{\psi(c); c \in C\}$ が成り立つ． $\square$

注意 5.3.1 上で C が閉部分空間である場合，$\mathrm{Re}\,\varphi(C)$ が下に有界であるので $\{0\}$ となり，φ は C 上 0 となる．

系 5.3.2 ノルム空間 X の凸部分集合 C に対して，次の条件は同値である．
  (1) C は弱位相について閉である．
  (2) C はノルム位相について閉である．

【証明】 位相の強弱から $(1) \Longrightarrow (2)$ は自明なので，$(2) \Longrightarrow (1)$ を示す．$a \in X \backslash C$ とすると，ハーン-バナッハの分離定理より，$\varphi \in X^*$ が存在して，

$$\mathrm{Re}\,\varphi(a) \lneqq \inf\{\mathrm{Re}\,\varphi(x); x \in C\}$$

が成り立つ．右辺を α と書く．φ が弱位相について連続であることに注意する

と, $U = \{x \in X;\ \mathrm{Re}\,\varphi(x) < \alpha\}$ は a の弱位相での近傍で, $U \cap C = \emptyset$ を満た
す. よって, C は弱位相で閉である. $\square$

X が線形空間で, $x_1, x_2, \ldots, x_n \in X$ とする. y が,

$$y = \sum_{i=1}^{n} t_i x_i,\ t_1, t_2, \ldots, t_n \geq 0,\ \sum_{i=1}^{n} t_i = 1$$

と表されるとき, y は $x_1, x_2, \ldots, x_n$ の**凸結合** (convex combination) であると
言う. A が X の部分集合であるとき, A の元の凸結合全体を $\mathrm{conv}\,A$ と書いて,
A の**凸包** (convex span) と呼ぶ.

問題 5.2 位相線形空間 X の凸部分集合 C の閉包 $\overline{C}$ はまた凸集合であることを示せ.

以下, 特定の位相 σ についての閉包を $\overline{C}^{\sigma}$ と書く.

系 5.3.3 ノルム空間 X の点列 $\{x_n\}_{n=1}^{\infty}$ は $x \in X$ に弱収束しているとする.
このとき, $\forall \varepsilon > 0,\ \exists y \in \mathrm{conv}\{x_n\}_{n=1}^{\infty},\ \|x - y\| < \varepsilon$, が成り立つ.

【証明】 $C = \overline{\mathrm{conv}\{x_n\}_{n=1}^{\infty}}^{\|\cdot\|}$ と置くと, C は凸集合でノルム位相について閉
じているので, 系 5.3.2 より弱位相についても閉じている. よって $x \in C$ であ
る. $\square$

系 5.3.4 X はノルム空間とすると, X^{**} の汎弱位相 $\sigma(X^{**}, X^*)$ に関して B_X
は $B_{X^{**}}$ で稠密である.

【証明】 まず $\overline{B_X}^{\sigma(X^{**}, X^*)} \subset B_{X^{**}}$ に注意する. 実際 $x^{**} \in X^{**}$ が $\|x^{**}\| > 1$
を満たせば, $\varphi \in B_{X^*}$ で $|x^{**}(\varphi)| > 1$ であるものが存在するので, x^{**} と B_X
を汎弱位相に関する近傍で分離することができるからである.

以下 $y^{**} \in B_{X^{**}} \setminus \overline{B_X}^{\sigma(X^{**}, X^*)}$ が存在すると仮定して矛盾を導く. ハーン-
バナッハの分離定理と系 5.2.4 より, $\varphi \in X^*$ が存在して,

$$\sup\{\mathrm{Re}\,\varphi(x);\ x \in B_X\} \lneqq \mathrm{Re}\,y^{**}(\varphi)$$

となる. ここで左辺は $\|\varphi\|$ である一方で, 右辺は上から $\|\varphi\|$ で抑えられるので
矛盾である. よってこのような y^{**} は存在しない. $\square$

X はノルム空間とする．X の部分集合 Y に対して $Y^\perp$ を

$$Y^\perp = \{\varphi \in X^*;\ \forall y \in Y,\ \varphi(y) = 0\}$$

と定めたことを思い出そう．ここでは，X^* の部分集合 Z に対して，

$$Z_\perp = \{x \in X;\ \forall \varphi \in Z,\ \varphi(x) = 0\}$$

と定める．

問題 5.3 ノルム空間 X に対して次を示せ．
(1) Y が X の閉部分空間ならば $(Y^\perp)_\perp = Y$ である．
(2) Z が X^* の汎弱位相で閉である部分空間ならば $(Z_\perp)^\perp = Z$ である．

5.3.2 回帰的バナッハ空間

3 章で懸案になっていた，回帰的なバナッハ空間の特徴付けを完成しよう．

定理 5.3.5 バナッハ空間 X について，次の条件は同値である．
(1) X は回帰的である．
(2) B_X は弱位相でコンパクトである．

【証明】 (1) $\Longrightarrow$ (2) は既に系 3.3.2 で示したので，(2) $\Longrightarrow$ (1) を示す．X の弱位相 $\sigma(X, X^*)$ は X^{**} の汎弱位相 $\sigma(X^{**}, X^*)$ の相対位相であることに注意する．よって B_X は X^{**} の汎弱位相でコンパクトな部分集合であり，特に汎弱位相で閉である．一方系 5.3.4 より汎弱位相に関して B_X は $B_{X^{**}}$ で稠密なので，$B_X = B_{X^{**}}$ であり，$X = X^{**}$ である．   □

系 5.3.6 Y はバナッハ空間 X の閉部分空間とする．
(1) X が回帰的ならば，Y は回帰的である．
(2) X が回帰的ならば，X/Y は回帰的である．
(3) X^* が回帰的ならば，X は回帰的である．

【証明】 (1) 系 5.3.2 より，Y は X の弱位相に関して閉集合である．よって，$B_Y = B_X \cap Y$ より，B_Y は X の弱位相でコンパクトである．一方，ハーン-バナッハの拡張定理より，Y の弱位相は X の弱位相の相対位相であるので，B_Y は Y の弱位相でコンパクトであり，Y は回帰的である．

(3) X^* が回帰的であるので，X^{**} は回帰的である．X は X^{**} の閉部分空間なので，(1) より X は回帰的である．

(2) X が回帰的なので，X^* も回帰的であり，(1) より $Y^\perp$ も回帰的である．定理 3.1.6 より $(X/Y)^*$ は $Y^\perp$ と等長同型であり，(3) より X/Y も回帰的である． $\qquad\square$

系 5.3.7　X が回帰的バナッハ空間であれば，B_X は点列弱コンパクトである（つまり，B_X の任意の点列は弱収束する部分列を持つ）．

【証明】　$\{x_n\}_{n=1}^\infty$ は B_X の点列とする．Y を $\{x_n\}_{n=1}^\infty$ が生成する閉部分空間とすると，Y は可分かつ回帰的であり，B_Y は弱位相でコンパクトである．$Y = Y^{**}$ なので，補題 3.2.5 より Y^* は可分であり，問題 3.7 より弱位相は B_Y 上距離付け可能である．B_Y 上で弱位相はコンパクトかつ距離付け可能であるから，点列コンパクトである． $\qquad\square$

実は上の性質も回帰性の同値条件の一つであることが，次の一般的な定理から従う．証明については，例えば [9] を参照されたい．

定理 5.3.8　（**エーベルライン-シュムリアンの定理**）　バナッハ空間 X の部分集合 A に対して次の条件は同値である．

(1)　A は相対弱コンパクトである．

(2)　A は相対点列弱コンパクトである．

系 5.3.7 の応用として，ヒルベルト空間の射影定理を，$1 < p < \infty$ の場合の L^p 空間を含むあるクラスのバナッハ空間に一般化することができる．

定義 5.3.1　バナッハ空間 X が**狭義凸**（strictly convex）$:\overset{\text{定義}}{\Longleftrightarrow}$ $x, y \in X$，$\|x\| = \|y\| = \|\frac{1}{2}(x + y)\| = 1$ ならば $x = y$．

問題 5.4　$1 < p < \infty$ のとき，L^p 空間は狭義凸であることを示せ．

命題 5.3.9　X は回帰的バナッハ空間とし，C は X の閉凸部分集合とする．このとき，任意の $x \in X$ に対して，$\|x - x_0\| = d(x, C)$ を満たす $x_0 \in C$ が存在する．更に X が狭義凸であれば，x_0 は一意的である．

【証明】 C の点列 $\{y_n\}_{n=1}^\infty$ で，$\{\|x-y_n\|\}_{n=1}^\infty$ が $d(x,C)$ に収束するものを取る．このとき，$\{y_n\}_{n=1}^\infty$ は有界列で X は回帰的なので，弱収束する部分列 $\{y_{n_k}\}_{k=1}^\infty$ が存在する．$x_0 = \text{w-}\lim_{k\to\infty} y_{n_k}$ とすると，3 章演習 3 より，

$$\|x - x_0\| \le \liminf_{k\to\infty} \|x - y_{n_k}\| = d(x,C)$$

である．系 5.3.2 より C は弱位相に関して閉集合なので，$x_0 \in C$ であり $\|x-x_0\| = d(x_0, C)$ が成り立つ．

$x_0' \in C$ も条件を満たすとすると，C は凸集合なので $\frac{1}{2}(x_0 + x_0')$ も条件を満たす．これは

$$\|x - x_0\| = \|x - x_0'\| = \left\| \frac{1}{2}(x - x_0 + x - x_0') \right\|$$

を意味するので，X が狭義凸であれば $x_0 = x_0'$ である．　　　　　　　□

5.3.3　クレイン-ミルマンの定理

最後に，様々な分野に応用を持つクレイン-ミルマンの定理を証明してこの章を終わることにする．

定義 5.3.2　C は局所凸空間 X の凸部分集合とする．

(1)　$x \in C$ が C の**端点** (extreme point) $:\overset{\text{定義}}{\Longleftrightarrow}$ $y, z \in C, 0 < t < 1$, $x = ty + (1-t)z \in C$ ならば $y = z = x$.

　　C の端点全体を，$\text{ex}\, C$ と書く．

(2)　C の空でない閉凸部分集合 S が C の**面** (face) $:\overset{\text{定義}}{\Longleftrightarrow}$ $y, z \in C, 0 < t < 1$, $ty + (1-t)z \in S$ ならば $y, z \in S$.

　　$x \in C$ が端点であることと，1 点集合 $\{x\}$ が面であることは同値である．また S が C の面であるとき，S の端点は C の端点でもある．任意個の面の共通部分は，空集合でなければ面である．

補題 5.3.10　C は局所凸空間 X の空でないコンパクト凸部分集合とする．このとき $\text{ex}\, C \ne \emptyset$ である．

【証明】　$\mathcal{F}$ を C の面全体の集合とする．$C \in \mathcal{F}$ なので $\mathcal{F}$ は空集合ではない．$S_1, S_2 \in \mathcal{F}$ が $S_1 \subset S_2$ のときに，$S_2 \le S_1$ であると定めることにより，$\mathcal{F}$ は順序集合である．$\mathcal{F}$ が帰納的順序集合であることを示す．$\mathcal{F}'$ を $\mathcal{F}$ の任意の全順

序部分集合とする．このとき，任意の有限個の面 $S_1, S_2, \ldots, S_n \in \mathcal{F}'$ に対して，$\bigcap_{i=1}^{n} S_i = S_j$ となる j が存在するので，$\{S\}_{S\in\mathcal{F}'}$ は有限交叉性を持つ閉集合族である．C はコンパクトなので，$S' = \bigcap_{S\in\mathcal{F}'} S$ は空集合でなく面であり，$\mathcal{F}'$ の上界である．

ツォルンの補題より，$\mathcal{F}$ は極大元 S_0 を持つ．$a, b \in S_0$, $a \neq b$, と仮定して矛盾を導く．ハーン-バナッハの分離定理より，X の連続線形汎関数 φ が存在して $\mathrm{Re}\,\varphi(a) < \mathrm{Re}\,\varphi(b)$ を満たす．α を S_0 上の $\mathrm{Re}\,\varphi$ の最小値とし，$S_0' = \{x \in S_0;\ \mathrm{Re}\,\varphi(x) = \alpha\}$ と置くと，S_0 はコンパクトで φ は連続なので，S_0' は空集合ではなく面である．しかし $b \notin S_0'$ なので，S_0 の極大性に反する．よって S_0 は 1 点集合であり，S_0 の元は C の端点である． $\square$

定理 5.3.11（**クレイン-ミルマンの定理**）　C が局所凸空間 X のコンパクト凸部分集合とすると，$\overline{\mathrm{conv}(\mathrm{ex}\,C)} = C$ である．

【証明】　$C = \emptyset$ なら何も示すことはないので，$C \neq \emptyset$ とする．$C_0 = \overline{\mathrm{conv}(\mathrm{ex}\,C)}$ と置くと，C_0 は C の空でないコンパクト凸部分集合である．$a \in C \setminus C_0$ が存在すると仮定して矛盾を導く．ハーン-バナッハの分離定理より，X の連続線形汎関数 φ が存在して，

$$\mathrm{Re}\,\varphi(a) \lneqq \inf\{\mathrm{Re}\,\varphi(x);\ x \in C_0\}$$

が成り立つ．α を $\mathrm{Re}\,\varphi$ の C での最小値とし，$S = \{x \in C;\ \mathrm{Re}\,\varphi(x) = \alpha\}$ と置く．C はコンパクトで $\mathrm{Re}\,\varphi$ は連続なので，S は空集合ではなく，面である．よって $\mathrm{ex}\,C \supset \mathrm{ex}\,S \neq \emptyset$ であるが，これは $S \cap C_0 = \emptyset$ に反する．従って，$C = C_0$ である． $\square$

X がバナッハ空間のとき，バナッハ-アラオグルの定理より，B_{X^*} は汎弱位相でコンパクト凸集合である．よって B_{X^*} は十分沢山の端点を持つ．

系 5.3.12　$L^1[0,1]$ はいかなるバナッハ空間の双対空間とも等長同型ではない．

【証明】　$B_{L^1[0,1]}$ が端点を持たないことを示せばよい．$f \in B_{L^1[0,1]}$ とする．$\|f\|_1 < 1$ ならば f は端点ではないので，$\|f\|_1 = 1$ とする．

$$F(t) = \int_0^t |f(s)|ds$$

と置くと，F は $[0,1]$ で連続で $F(0) = 0$, $F(1) = 1$ である．よって，中間値の定理より，$F(c) = \frac{1}{2}$ となる $c \in (0,1)$ が存在する．$g = 2\chi_{[0,c]}f$, $h = 2\chi_{[c,1]}$ と置くと，$g, h \in B_{L^1[0,1]}$ で $f = \frac{1}{2}(g+h)$ である．$g \neq h$ なので，f は端点ではない． $\square$

●●●●●●●●●●●●●●●●●●● 演 習 問 題 ●●●●●●●●●●●●●●●●●●●

演習 1 局所凸空間 X の位相がセミノルムの族 $\{p_\lambda\}_{\lambda \in \Lambda}$ により与えられているとする．このとき，X の点列 $\{x_n\}_{n=1}^\infty$ が $x \in X$ に収束すること，任意の $\lambda \in \Lambda$ に対して $\{p_\lambda(x-x_n)\}_{n=1}^\infty$ が 0 に収束することは，同値であることを示せ．もしネットの定義を知っていれば（付録 A.1 節参照），この主張をネットの場合に一般化せよ．

演習 2 $t \in \mathbb{R}$ に対して $L^2(\mathbb{R})$ のユニタリ作用素 U_t を $U_t f(s) = f(s-t)$, $f \in L^2(\mathbb{R})$, と定める．次を示せ．

(1) $t \mapsto U_t$ は強作用素位相について連続である．

(2) $|t| \to \infty$ のとき，$\{U_t\}$ は弱作用素位相について 0 に収束する．

演習 3 コンパクトハウスドルフ空間 Ω 上の正則ボレル確率測度全体 $\mathbf{P}(\Omega)$ を $B_{C(\Omega)^*}$ の部分集合とみなす．

(1) $\mathbf{P}(\Omega)$ は汎弱位相に関してコンパクト凸集合であることを示せ．

(2) $\mathrm{ex}\,\mathbf{P}(\Omega) = \{\delta_\omega\}_{\omega \in \Omega}$ であることを示せ．ここで δ_ω はディラック測度 $\int_\Omega f d\delta_\omega = f(\omega)$ である．

演習 4 この問題では 3 章演習 4,(2) の記号を使う．$\mu \in \mathbf{P}_T(\Omega)$ について，次の条件は同値であることを示せ．

(1) $\mu \in \mathrm{ex}\,\mathbf{P}_T(\Omega)$.

(2) ボレル可測集合 $E \subset \Omega$ が

$$\mu(E \ominus TE) = 0$$

を満たせば，$\mu(E) = 0$ または $\mu(E) = 1$ である．ここで $E \ominus TE$ は対称差 $(E \setminus TE) \cup (TE \setminus E)$ である．

この同値条件を満たす μ を，T の**エルゴード測度**（ergodic measure）と呼ぶ．

第6章

有界作用素のスペクトル理論

　　線形代数学において固有値が中心的な役割を果たすのと同様に，作用素論では固有値全体の集合の一般化であるスペクトルが重要な役割を果たす．この章では，有界作用素（より一般にバナッハ環の元）のスペクトルを導入し，その基本的性質を導く．連続関数算法は，自己共役作用素やユニタリ作用素のスペクトル上の連続関数に，その作用素を代入することに対応する操作であり，本書の以後の多くの議論の基礎となる．

6.1　バナッハ環とその元のスペクトル

定義 6.1.1　$\mathcal{A}$ が環であると同時に $\mathbb{C}$ 上の線形空間で，積が双線形であるとき，$\mathcal{A}$ は $\mathbb{C}$ 上の**代数**であると言う．$\mathbb{C}$ 上の代数 $\mathcal{A}$ が同時にバナッハ空間であり，任意の $S, T \in \mathcal{A}$ に対して $\|ST\| \leq \|S\|\|T\|$（**ノルムの劣乗法性**）が成り立つとき，$\mathcal{A}$ を**バナッハ環**（Banach algebra）と呼ぶ．

例 6.1.1　X がバナッハ空間のとき，$\mathbf{B}(X)$ はバナッハ環である．

例 6.1.2　Ω がコンパクトハウスドルフ空間のとき，$C(\Omega)$ は各点ごとの演算とノルム $\|\cdot\|_\infty$ によりバナッハ環である．

　　一般のバナッハ環は（乗法の）単位元を持つとは限らないが，本章では $\mathcal{A}$ は単位元 $I_\mathcal{A}$ を持つバナッハ環で，$\|I_\mathcal{A}\| = 1$ を満たすと仮定する．$I_\mathcal{A}$ を単に I と書くことが多い．$\mathcal{A}$ の可逆元全体のなす（乗法）群を $\mathcal{A}^{-1}$ と書く．

定義 6.1.2　$T \in \mathcal{A}$ に対して次の集合を定める．
- $\sigma(T) = \{\lambda \in \mathbb{C}; \lambda I - T \notin \mathcal{A}^{-1}\}$ と定め，T の**スペクトル**（spectrum），またはスペクトル集合と呼ぶ．$\sigma(T)$ の元をスペクトルと呼ぶこともある．
- $\rho(T) = \mathbb{C} \setminus \sigma(T)$ と定め，T の**レゾルベント集合**（resolvent set）と呼ぶ．$\lambda \in \rho(T)$ のとき，$(\lambda I - T)^{-1}$ を**レゾルベント**（resolvent）と呼ぶ．

X がバナッハ空間で，$T \in \mathbf{B}(X)$ のときは，特に断らなければ $\mathcal{A} = \mathbf{B}(X)$ として上の用語を用いる.

注意 6.1.1　日本語のカタカナ語「スペクトル」はフランス語の spectre 由来の言葉であり，対応する英単語は spectrum とその複数形である spectra である.

$\lambda, \mu \in \rho(T)$ のとき，次の**レゾルベント等式**（resolvent identity）が成り立つ.

$$(\lambda I - T)^{-1} - (\mu I - T)^{-1} = (\lambda I - T)^{-1}\big((\mu I - T) - (\lambda I - T)\big)(\mu I - T)^{-1}$$
$$= (\mu - \lambda)(\lambda I - T)^{-1}(\mu I - T)^{-1}.$$

補題 6.1.1　$T \in \mathcal{A}$ が $\|T\| < 1$ を満たせば $I - T \in \mathcal{A}^{-1}$ であり，

$$(I - T)^{-1} = \sum_{n=0}^{\infty} T^n$$

が成り立つ（ここで $T^0 = I$ とする）. 右辺の級数を**ノイマン級数**（Neumann series）と呼ぶ.

【証明】　ノルムの劣乗法性より，任意の $n \in \mathbb{N}$ に対して $\|T^n\| \leq \|T\|^n$ が成り立つので，ノイマン級数は収束する. その和を S と置くと，積の連続性から $TS = ST = S - I$ が成り立つので，$S = (I - T)^{-1}$ である.　　　　□

補題 6.1.2　$\mathcal{A}^{-1}$ は $\mathcal{A}$ の開集合であり，$\mathcal{A}^{-1}$ 上で写像 $T \mapsto T^{-1}$ は連続である.

【証明】　$T_0 \in \mathcal{A}^{-1}$ とする. $T \in \mathcal{A}$ が $\|T - T_0\| < \frac{1}{\|T_0^{-1}\|}$ を満たすとき，
$$T = T_0 - (T_0 - T) = T_0\left(I - T_0^{-1}(T - T_0)\right)$$
であり，$\|T_0^{-1}(T - T_0)\| \leq \|T_0^{-1}\|\|T - T_0\| < 1$ なので，$T \in \mathcal{A}^{-1}$ である. よって $\mathcal{A}^{-1}$ は開集合である.

$$T^{-1} - T_0^{-1} = \left(\left(I - T_0^{-1}(T - T_0)\right)^{-1} - I\right) T_0^{-1}$$

なので，ノイマン級数を使うと，評価

$$\|T^{-1} - T_0^{-1}\| = \left\|\sum_{n=1}^{\infty} \left(T_0^{-1}(T_0 - T)\right)^n T_0^{-1}\right\|$$
$$\leq \sum_{n=1}^{\infty} \|T_0 - T\|^n \|T_0^{-1}\|^{n+1} = \frac{\|T_0 - T\|\|T_0^{-1}\|^2}{1 - \|T_0 - T\|\|T_0^{-1}\|}$$

が得られ，$T \mapsto T^{-1}$ が連続であることがわかる． $\square$

補題 6.1.3 $T \in \mathcal{A}$ とする．

(1) $\rho(T)$ は開集合であり，写像 $\rho(T) \to \mathcal{A}^{-1}$, $\lambda \mapsto (\lambda I - T)^{-1}$, は連続である．

(2) $\lambda \in \rho(T)$ ならば，

$$\lim_{\mu \to \lambda} \frac{1}{\mu - \lambda} \left((\mu I - T)^{-1} - (\lambda I - T)^{-1} \right) = -(\lambda I - T)^{-2}$$

が成り立つ．

(3) $\lambda \in \mathbb{C}$ が $|\lambda| > \|T\|$ を満たせば $\lambda \in \rho(T)$ であり，

$$\|(\lambda I - T)^{-1}\| \leq \frac{1}{|\lambda| - \|T\|}$$

が成り立つ．

【証明】 (1) 写像 $\mathbb{C} \to \mathcal{A}$, $\lambda \mapsto \lambda I - T$, は連続であり，$\rho(T)$ は $\mathcal{A}^{-1}$ のこの写像での引き戻しなので，$\rho(T)$ は $\mathbb{C}$ の開集合である．また $\mathcal{A}^{-1}$ 上 $T \mapsto T^{-1}$ は連続なので，$\rho(T)$ 上 $\lambda \mapsto (\lambda I - T)^{-1}$ は連続である．

(2) レゾルベント等式より

$$\frac{1}{\mu - \lambda} \left((\mu I - T)^{-1} - (\lambda I - T)^{-1} \right) = -(\mu I - T)^{-1}(\lambda I - T)^{-1}$$

であり，レゾルベントの連続性より主張が従う．

(3) $\lambda I - T = \lambda(I - \frac{1}{\lambda}T)$ で，$\|\frac{1}{\lambda}T\| < 1$ より $\lambda \in \rho(T)$ で，

$$(\lambda I - T)^{-1} = \frac{1}{\lambda}\left(I - \frac{1}{\lambda}T\right)^{-1} = \sum_{n=0}^{\infty} \frac{1}{\lambda^{n+1}}T^n$$

である．これから評価

$$\|(\lambda I - T)^{-1}\| \leq \sum_{n=0}^{\infty} \frac{\|T\|^n}{|\lambda|^{n+1}} = \frac{1}{|\lambda| - \|T\|}$$

が得られる． $\square$

定理 6.1.4　$T \in \mathcal{A}$ のスペクトル $\sigma(T)$ は空でないコンパクト集合である.

【証明】　上の補題より $\sigma(T)$ が $\mathbb{C}$ の有界閉集合であることは既にわかっているので, $\sigma(T)$ が空集合でないことを示せばよい. 以下, $\sigma(T) = \emptyset$ と仮定して矛盾を導く. $\varphi \in \mathcal{A}^*$ を取り, $z \in \rho(T) = \mathbb{C}$ に対して $f(z) = \rho((zI - T)^{-1})$ と定めると, 前補題 (2) より f は正則関数である. $|z| \geq 1 + \|T\|$ ならば $|f(z)| \leq \|\varphi\| \frac{1}{|z| - \|T\|} \leq \|\varphi\|$ なので, f は $\mathbb{C}$ 上有界であり, リウヴィルの定理より定数関数である. 更に $|z| \to \infty$ で $f(z) \to 0$ なので, $f(z) = 0$ である. $z \in \mathbb{C}$ を固定すると, 任意の $\varphi \in \mathcal{A}^*$ に対して $\varphi((zI - T)^{-1}) = 0$ なので, $(zI - T)^{-1} = 0$ となり矛盾である. よって $\sigma(T) \neq \emptyset$ である. □

補題 6.1.5　（**スペクトル写像定理**）　多項式 $f(z) = \displaystyle\sum_{n=0}^{N} c_n z^n$ と $T \in \mathcal{A}$ に対して $f(T) = \displaystyle\sum_{n=0}^{N} c_n T^n$ と定める. このとき, $\sigma(f(T)) = f(\sigma(T))$ が成り立つ.

【証明】　一般に, $S_1, S_2, \ldots, S_N \in \mathcal{A}$ が互いに交換するとき, 積 $S_1 S_2 \cdots S_N$ が可逆であることと, すべての S_i, $i = 1, 2, \ldots, N$, が可逆であることが同値であることに注意する.

$c_N \neq 0$ として証明してよい. $\lambda \in \mathbb{C}$ を固定し,

$$g(z) = f(z) - \lambda = c_N (z - \lambda_1)(z - \lambda_2) \cdots (z - \lambda_N)$$

と分解すると,

$$f(T) - \lambda I = c_N (T - \lambda_1 I)(T - \lambda_2 I) \cdots (T - \lambda_N I)$$

である. このとき,

$$\lambda \in \rho(f(T)) \iff f(T) - \lambda I \in \mathcal{A}^{-1} \iff \forall i,\, T - \lambda_i I \in \mathcal{A}^{-1}$$
$$\iff \forall i,\, \lambda_i \in \rho(T)$$

なので,

$$\lambda \in \sigma(f(T)) \iff \exists i,\, \lambda_i \in \sigma(T) \iff 0 \in g(\sigma(T)) \iff \lambda \in f(\sigma(T))$$

であり, $\sigma(f(T)) = f(\sigma(T))$ である. □

問題 6.1 $T \in \mathcal{A}^{-1}$ とローラン多項式 $f(z) = \sum_{n=-M}^{N} c_n z^n$ に対して, $f(T) = \sum_{n=-M}^{N} c_n T^n$ と定める. $\sigma(f(T)) = f(\sigma(T))$ を示せ.

定義 6.1.3 $T \in \mathcal{A}$ に対して, T の**スペクトル半径** (spectral radius) を $r(T) = \max_{\lambda \in \sigma(T)} |\lambda|$ と定める. $|\lambda| > \|T\|$ ならば $\lambda \in \rho(T)$ なので, $r(T) \le \|T\|$ が常に成り立つ.

定理 6.1.6 $T \in \mathcal{A}$ に対して,

$$r(T) = \lim_{n \to \infty} \|T^n\|^{\frac{1}{n}} = \inf_{n \in \mathbb{N}} \|T^n\|^{\frac{1}{n}}$$

が成り立つ.

【証明】 スペクトル写像定理より, $r(T)^n = r(T^n) \le \|T^n\|$ であり, $r(T) \le \inf_{n \in \mathbb{N}} \|T^n\|^{\frac{1}{n}}$ が成り立つ.

$z \in \mathbb{C}$, $|z| > \|T\|$ のとき, $(zI - T)^{-1} = \sum_{n=0}^{\infty} \frac{1}{z^{n+1}} T^n$ なので, 任意の $\varphi \in \mathcal{A}^*$ に対して,

$$\varphi((zI - T)^{-1}) = \sum_{n=0}^{\infty} \frac{1}{z^{n+1}} \varphi(T^n)$$

が成り立つ. ここで左辺は $|z| > r(T)$ で正則なので, ローラン級数展開の一意性より等号は $|z| > r(T)$ で成り立ち, 特に右辺の級数は収束する. よって $|z| > r(T)$ のとき, $\lim_{n \to \infty} \varphi\left(\frac{1}{z^n} T^n\right) = 0$ である. これが任意の φ について成り立つので, $\{\frac{1}{z^n} T^n\}_{n=1}^{\infty}$ は 0 に弱収束し, 一様有界性原理より定数 $M_z > 0$ が存在して任意の $n \in \mathbb{N}$ に対して $\|\frac{1}{z^n} T^n\| \le M_z$ が成り立つ. これから

$$\limsup_{n \to \infty} \|T^n\|^{\frac{1}{n}} \le |z|$$

がわかるが, $|z| > r(T)$ は任意なので,

$$r(T) \le \inf_{n \in \mathbb{N}} \|T^n\|^{\frac{1}{n}} \le \liminf_{n \to \infty} \|T^n\|^{\frac{1}{n}} \le \limsup_{n \to \infty} \|T^n\|^{\frac{1}{n}} \le r(T)$$

が成り立つ. □

問題 6.2　$V \in \mathbf{B}(C[0,1])$ を $Vf(t) = \int_0^t f(s)ds$ と定める.

(1)　$n \in \mathbb{N}$ に対して, $V^n f(t) = \frac{1}{(n-1)!} \int_0^t (t-s)^{n-1} f(s)ds$ が成り立つことを示せ.

(2)　V のスペクトル半径 $r(V)$ を求めよ.

(3)　V のスペクトル集合 $\sigma(V)$ を求めよ.

6.2　スペクトルの分類

この節では, X はバナッハ空間, $T \in \mathbf{B}(X)$ とし, $\lambda \in \mathbb{C}$ とする. $\lambda \in \rho(T)$ ならば $\lambda I - T \in \mathbf{B}(X)^{-1}$ なので, $\ker(\lambda I - T) = \{0\}$ かつ $\mathcal{R}(\lambda I - T) = \mathcal{H}$ である. 逆に $\ker(\lambda I - T) = \{0\}$ かつ $\mathcal{R}(\lambda I - T) = \mathcal{H}$ ならば, バナッハの逆写像定理より $\lambda I - T \in \mathbf{B}(X)^{-1}$ なので $\lambda \in \rho(T)$ である. よって,

$$\lambda \in \sigma(T) \iff \ker(\lambda I - T) \neq \{0\} \text{ または } \mathcal{R}(\lambda I - T) \neq \mathcal{H}$$

が成り立つ. この事実から, $\sigma(T)$ を次のように分類できる.

定義 6.2.1　$\sigma(T)$ は次の 3 つの互いに交わらない部分集合の和集合である.

- $\sigma_{\mathrm{p}}(T) = \{\lambda \in \mathbb{C};\ \ker(\lambda I - T) \neq \{0\}\}$ と定め, T の**点スペクトル** (point spectrum) と呼ぶ. $\lambda \in \sigma_{\mathrm{p}}(T)$ は T の固有値であり, $x \in \ker(\lambda I - T) \setminus \{0\}$ は固有ベクトルである.

- $\sigma_{\mathrm{c}}(T) = \{\lambda \in \mathbb{C};\ \ker(\lambda I - T) = \{0\},\ \mathcal{R}(\lambda I - T) \neq X,\ \overline{\mathcal{R}(\lambda I - T)} = X\}$ と定め, T の**連続スペクトル** (continuous spectrum) と呼ぶ.

- $\sigma_{\mathrm{r}}(T) = \{\lambda \in \mathbb{C};\ \ker(\lambda I - T) = \{0\},\ \overline{\mathcal{R}(\lambda I - T)} \neq X\}$ と定め, T の**剰余スペクトル** (residual spectrum) と呼ぶ.

X が有限次元であれば $\sigma(T) = \sigma_{\mathrm{p}}(T)$ であるが, 無限次元の場合は $\sigma_{\mathrm{p}}(T)$ が空集合となることもあるので, 一般に固有値や固有ベクトルにより T の解析を行うことはできない. しかしヒルベルト空間の正規作用素を扱うときなどは, 近似的な意味での固有ベクトルを使うことが有効である.

定義 6.2.2　T に対して $c > 0$ が存在して, 任意の $x \in X$ に対して $\|Tx\| \geq c\|x\|$ が成り立つとき, T は**下に有界** (bounded below) であると言う. $T \in \mathbf{B}(X)^{-1}$ ならば $\|x\| = \|T^{-1}Tx\| \leq \|T^{-1}\|\|Tx\|$ が成り立つので, T が下に有界であることは可逆であることの必要条件である.

定義 6.2.3 $\sigma_{\mathrm{ap}}(T) = \{\lambda \in \mathbb{C}; \ \lambda I - T$ は下に有界でない$\}$ と定め, T の**近似点スペクトル** (approximate point spectrum) と呼ぶ.

定義から, 複素数 λ が $\sigma_{\mathrm{ap}}(T)$ に属することと, X の単位ベクトルの列 $\{x_n\}_{n=1}^{\infty}$ が存在して, $\{\lambda x_n - Tx_n\}_{n=1}^{\infty}$ が 0 に収束することは同値である. 上のような $\{x_n\}_{n=1}^{\infty}$ を, **近似固有ベクトル**と呼ぶ. 特に $\sigma_{\mathrm{p}}(T) \subset \sigma_{\mathrm{ap}}(T)$ である.

次の補題は次章で頻繁に使うことになる.

補題 6.2.1 T が下に有界であれば, $\mathcal{R}(T)$ は閉である.

【証明】 仮定から, $c > 0$ が存在して, 任意の $x \in X$ に対して $\|Tx\| \geq c\|x\|$ を満たす. $y \in \overline{\mathcal{R}(T)}$ とすると, X の点列 $\{x_n\}_{n=1}^{\infty}$ が存在して, $\{Tx_n\}_{n=1}^{\infty}$ が y に収束する. このとき, $\|Tx_m - Tx_n\| \geq c\|x_m - x_n\|$ より, $\{x_n\}_{n=1}^{\infty}$ は X のコーシー列であり, X はバナッハ空間なので収束する. $\lim\limits_{n\to\infty} x_n = x$ と置くと, $Tx = y$ であり $y \in \mathcal{R}(T)$ である. $\square$

系 6.2.2 $\sigma_{\mathrm{p}}(T) \cup \sigma_{\mathrm{c}}(T) \subset \sigma_{\mathrm{ap}}(T)$.

命題 6.2.3 $\partial\sigma(T) \subset \sigma_{\mathrm{ap}}(T)$.

【証明】 $\lambda \in \partial\sigma(T)$ とすると, $\rho(T)$ の点列 $\{\lambda_n\}_{n=1}^{\infty}$ で λ に収束するものが存在する. 一方 $\partial\sigma(T) \subset \sigma(T)$ なので, $\lambda I - T$ は可逆ではない.

$$\lambda I - T = \lambda_n I - T - (\lambda_n - \lambda)I = \{I - (\lambda_n - \lambda)(\lambda_n I - T)^{-1}\}(\lambda_n I - T)$$

が可逆ではないので, $\|(\lambda_n - \lambda)(\lambda_n I - T)^{-1}\| \geq 1$ であり, $x_n \in X$ で $\|x_n\| = 1$ かつ,

$$\|(\lambda_n I - T)^{-1} x_n\| > \frac{1}{2|\lambda_n - \lambda|} \to \infty, \quad (n \to \infty)$$

を満たすものが存在する. $y_n = (\lambda_n I - T)^{-1} x_n$ と置くと,

$$\left\| (\lambda I - T)\frac{1}{\|y_n\|} y_n \right\| = \left\| (\lambda - \lambda_n)\frac{1}{\|y_n\|} y_n + (\lambda_n I - T)\frac{1}{\|y_n\|} y_n \right\|$$

$$\leq |\lambda_n - \lambda| + \frac{\|x_n\|}{\|y_n\|} \to 0, \quad (n \to \infty)$$

が成り立つので, $\lambda \in \sigma_{\mathrm{ap}}(T)$ である. $\square$

以後 $X = \mathcal{H}$ はヒルベルト空間とする．このとき，$S, T \in \mathbf{B}(\mathcal{H})$ に対して $(ST)^* = T^* S^*$ なので，$T \in \mathbf{B}(\mathcal{H})^{-1} \iff T^* \in \mathbf{B}(\mathcal{H})^{-1}$ であり，$(T^*)^{-1} = (T^{-1})^*$ が成り立つ．$(\lambda I - T)^* = \overline{\lambda} I - T^*$ なので，$\sigma(T^*) = \{\overline{\lambda} \in \mathbb{C};\ \lambda \in \sigma(T)\}$ である．

補題 6.2.4　$T \in \mathbf{B}(\mathcal{H})$ に対して次が成り立つ．

(1)　$\lambda \in \sigma_{\mathrm{r}}(T) \implies \overline{\lambda} \in \sigma_{\mathrm{p}}(T^*)$.

(2)　$\lambda \in \sigma_{\mathrm{p}}(T) \implies \overline{\lambda} \in \sigma_{\mathrm{p}}(T^*) \cup \sigma_{\mathrm{r}}(T^*)$.

(3)　$\lambda \in \sigma_{\mathrm{c}}(T) \iff \overline{\lambda} \in \sigma_{\mathrm{c}}(T^*)$.

【証明】　(1) は $\lambda \in \sigma_{\mathrm{r}}(T) \implies \{0\} \neq \mathcal{R}(\lambda I - T)^{\perp} = \ker((\lambda I - T)^*)$ より従う．

(2) は $\lambda \in \sigma_{\mathrm{p}}(T) \iff \{0\} \neq \ker(\lambda I - T) = \mathcal{R}((\lambda I - T)^*)^{\perp}$ より従う．

上の結果より，$\lambda \in \sigma_{\mathrm{p}}(T) \cup \sigma_{\mathrm{r}}(T) \implies \overline{\lambda} \in \sigma_{\mathrm{p}}(T^*) \cup \sigma_{\mathrm{r}}(T^*)$ なので，$\overline{\lambda} \in \sigma_{\mathrm{c}}(T^*) \implies \lambda \in \sigma_{\mathrm{c}}(T)$ が成り立つ．T と T^* の役割を入れ替えれば，(3) の主張を得る．　□

例 6.2.1　ℓ^2 の片側ずらし作用素 V のスペクトル集合を求めよう．V は等長なので，任意の $n \in \mathbb{N}$ に対して V^n も等長で，$\|V^n\| = 1$ である．よって，$r(V) = \lim_{n \to \infty} \|V^n\|^{\frac{1}{n}} = 1$ である．$x \in \ell^2$ と $\lambda \in \mathbb{C}$ が $V^* x = \lambda x$ を満たすとすると，$x_n = \lambda^n x_0$ であり，$x \in \ell^2$ より $|\lambda| < 1$ である．逆に $|\lambda| < 1$ のとき $x_n = \lambda^n$ と置くと，$x = (x_n)_{n=1}^{\infty} \in \ell^2$ であり $V^* x = \lambda x$ を満たす．よって $\sigma_{\mathrm{p}}(V^*) = \{\lambda \in \mathbb{C};\ |\lambda| < 1\} = \mathbb{D}$ である．$\sigma(V^*)$ はコンパクトで，$r(V^*) = r(V) = 1$ より $\sigma(V^*) = \overline{\mathbb{D}}$ である．$\sigma(V) = \{\overline{\lambda};\ \lambda \in \sigma(V^*)\}$ より，$\sigma(V) = \overline{\mathbb{D}}$ を得る．

問題 6.3　$\sigma_{\mathrm{i}}(V)$, $\sigma_{\mathrm{i}}(V^*)$, $\mathrm{i} = \mathrm{p, c, r, ap}$, をすべて求めよ．

以下正規作用素のスペクトルの性質を導く．

補題 6.2.5　$T \in \mathbf{B}(\mathcal{H})$ が正規作用素とする．

(1)　任意の $x \in \mathcal{H}$ に対して $\|Tx\| = \|T^* x\|$ が成り立つ．特に，$\lambda \in \mathbb{C}$ に対して，$\ker(\lambda I - T) = \ker(\overline{\lambda} I - T^*)$ が成り立つ．

(2)　$\lambda, \mu \in \sigma_{\mathrm{p}}(T)$, $\lambda \neq \mu$ ならば，$\ker(\lambda I - T) \perp \ker(\mu I - T)$ である．

【証明】　(1) 前半は，

$$\|Tx\|^2 = \langle T^*Tx, x \rangle = \langle TT^*x, x \rangle = \|T^*x\|^2$$

より従う. $\lambda I - T$ も正規作用素なので, 後半の主張が従う.

(2) $x \in \ker(\lambda I - T)$, $y \in \ker(\mu I - T)$ とすると,

$$\lambda \langle x, y \rangle = \langle Tx, y \rangle = \langle x, T^*y \rangle = \langle x, \overline{\mu} y \rangle = \mu \langle x, y \rangle$$

より $x \perp y$ である. $\qquad\qquad\square$

定理 6.2.6 T が正規作用素ならば, $\sigma(T) = \sigma_{\mathrm{ap}}(T)$, $\sigma_{\mathrm{r}}(T) = \emptyset$ である.

【証明】 一般に $\sigma_{\mathrm{p}}(T) \cup \sigma_{\mathrm{c}}(T) \subset \sigma_{\mathrm{ap}}(T)$ なので, $\sigma_{\mathrm{r}}(T) = \emptyset$ を示せば十分である. $\lambda \in \sigma_{\mathrm{r}}(T)$ と仮定すると, $\ker(\lambda I - T) = \{0\}$ かつ,

$$\{0\} \neq \mathcal{R}(\lambda I - T)^{\perp} = \ker(\overline{\lambda} I - T^*) = \ker(\lambda I - T)$$

となり矛盾である. よって, $\sigma_{\mathrm{r}}(T) = \emptyset$ である. $\qquad\qquad\square$

定理 6.2.7 $T \in \mathbf{B}(\mathcal{H})$ が正規作用素ならば, $r(T) = \|T\|$ である.

【証明】 命題 2.4.3,(2) を思い出す. $A = T^*T$ と置けば A は自己共役であり,

$$\|T^{2^n}\|^2 = \|(T^{2^n})^* T^{2^n}\| = \|A^{2^n}\| = \|(A^{2^{n-1}})^* A^{2^{n-1}}\| = \|A^{2^{n-1}}\|^2$$
$$= \cdots = \|A\|^{2^n} = \|T\|^{2^{n+1}}$$

が成り立つ. よって $r(T) = \lim_{n \to \infty} \|T^{2^n}\|^{\frac{1}{2^n}} = \|T\|$ である. $\qquad\qquad\square$

例 6.2.2 $f \in C[0,1]$ の掛け算作用素 $M_f \in \mathbf{B}(L^2[0,1])$ は正規作用素であり, $\|M_f\| = \|f\|_\infty$ であることは以前に見た. ここでは $\sigma(M_f) = f([0,1])$ を示そう. $\lambda \notin f([0,1])$ のとき $g(t) = \frac{1}{\lambda - f(t)}$ は $[0,1]$ 上連続であり, $(\lambda I - M_f)M_g = M_g(\lambda I - M_f) = I$ であるから $\lambda \in \rho(M_f)$ である. $\lambda \in f([0,1])$ とすると, $f(t_0) = \lambda$ を満たす $t_0 \in [0,1]$ が存在する. この t_0 に対して例 1.2.2 のように h_n を取ると, $\|h_n\|_2 = 1$ であり,

$$\|\lambda h_n - M_f h_n\|_2^2 = \frac{1}{|I_n|} \int_{I_n} |f(t_0) - f(t)|^2 dt$$
$$\leq \max_{t \in I_n} |f(t_0) - f(t)| \to 0, \quad (n \to \infty)$$

より, $\lambda \in \sigma_{\mathrm{ap}}(M_f)$ である.

6.3　連続関数算法

この節と次節では，$\mathcal{H}$ はヒルベルト空間とする．

補題 6.3.1　$A \in \mathbf{B}(\mathcal{H})_{\mathrm{sa}}$ ならば $\sigma(A) \subset \mathbb{R}$ である．

【証明】　A は正規なので，$\sigma(A) = \sigma_{\mathrm{ap}}(A)$ に注意する．$\lambda = \xi + i\eta$, $\xi, \eta \in \mathbb{R}$, $\eta \neq 0$ とし，$B = \xi I - A \in \mathbf{B}(\mathcal{H})_{\mathrm{sa}}$ と置く．$x \in \mathcal{H}$ に対して，

$$\|(\lambda I - A)x\|^2 = \|Bx + \eta i x\|^2 = \|Bx\|^2 - \eta i \langle Bx, x \rangle + \eta i \langle x, Bx \rangle + \eta^2 \|x\|^2$$
$$= \|Bx\|^2 + \eta^2 \|x\|^2 \geq \eta^2 \|x\|^2$$

より，$\lambda I - A$ は下に有界であり，$\lambda \notin \sigma_{\mathrm{ap}}(A)$ である．□

Ω が $\mathbb{R}$ のコンパクト集合であるとき，$C_p(\Omega)$ を多項式関数の Ω への制限全体とする．このとき $C_p(\Omega)$ は $C(\Omega)$ で稠密な部分代数である．これを見るためには，まず $\Omega \subset [a, b]$ となる有限閉区間 $[a, b]$ を取り，ティーツェの拡張定理を使って，Ω 上の連続関数を $[a, b]$ 上連続に拡張する．ワイエルシュトラスの多項式近似定理より，$[a, b]$ 上の連続関数は，多項式関数で一様近似できるので，主張を得る（あるいは直接ストーン-ワイエルシュトラスの定理（付録 A.4 節参照）を使ってもよい）．以下の議論では，多項式関数の Ω への制限を考えていることを強調するため，$C(\Omega)$ のノルム $\|\cdot\|_{\infty}$ を $\|\cdot\|_{C(\Omega)}$ と書く．

補題 6.3.2　$A \in \mathbf{B}(\mathcal{H})_{\mathrm{sa}}$ と（実係数）多項式 $f(t)$ に対して，$f(A)$ は（自己共役）正規作用素であり，$\|f(A)\| = \|f\|_{C(\sigma(A))}$ が成り立つ．

【証明】　前半の主張は簡単なので，後半のみを示す．$f(A)$ は正規なので，$\|f(A)\| = r(f(A))$ である．一方スペクトル写像定理より，

$$\sigma(f(A)) = f(\sigma(A))$$

なので，$r(f(A)) = \max_{t \in \sigma(A)} |f(t)|$ が成り立つ．□

以下の 2 つの定理の内容は，英語で continuous functional calculus と呼ばれるものであるが，その日本語訳は文献によりまちまちである．本書では，連続関数算法と呼ぶことにする．

定理 6.3.3 (**連続関数算法**) $A \in \mathbf{B}(\mathcal{H})_{\mathrm{sa}}$ に対して, $\mathbb{C}$ 上の代数としての準同型写像 $\Phi : C(\sigma(A)) \to \mathbf{B}(\mathcal{H})$ で次を満たすものが唯一つ存在する.

(1) $\Phi(1) = I$.

(2) $\Phi(t) = A$. ここで, $t : \sigma(A) \hookrightarrow \mathbb{R}$ は埋め込み写像である.

(3) Φ は等長.

【証明】 もし Φ が存在すれば, (1) と (2) より Φ は $C_p(\sigma(A))$ 上一意的であり, $C_p(\sigma(A))$ は $C(\sigma(A))$ で稠密なので (3) より Φ は一意的である.

Φ の存在性を示すため, まず多項式 $f(t)$ に対して $\Phi_0(f) = f(A)$ と定義したい. $f_1(t), f_2(t)$ が多項式で, $\sigma(A)$ 上 $f_1(t) = f_2(t)$ のとき, $g(t) = f_1(t) - f_2(t)$ と置けば,

$$\|f_1(A) - f_2(A)\| = \|g(A)\| = \|g\|_{C(\sigma(A))} = 0$$

より $f_1(A) = f_2(A)$ である. よって, $\mathbb{C}$ 上の代数として準同型 $\Phi_0 : C_p(\sigma(A)) \to \mathbf{B}(\mathcal{H})$ が定義でき, 前補題より等長である. 定理 1.2.3 より Φ_0 は等長写像 $\Phi : C(\sigma(A)) \to \mathbf{B}(\mathcal{H})$ に拡張される.

構成から Φ は線形写像であるので, Φ が積を保つことを示せば証明が終わる. 任意の $f, g \in C(\sigma(A))$ に対して, 多項式列 $\{f_n\}_{n=1}^{\infty}$ と $\{g_n\}_{n=1}^{\infty}$ で, $\sigma(A)$ 上それぞれ f と g に一様収束するものを取る. $h_n(t) = f_n(t)g_n(t)$ と置けば, $\sigma(A)$ 上 $\{h_n\}_{n=1}^{\infty}$ は fg に一様収束するので, 次が成り立つ.

$$\Phi(fg) = \lim_{n \to \infty} \Phi_0(f_n g_n) = \lim_{n \to \infty} \Phi_0(f_n)\Phi_0(g_n) = \Phi(f)\Phi(g). \qquad \square$$

$f \in C(\sigma(A))$ に対して上の $\Phi(f)$ を $f(A)$ と書く.

定理 6.3.4 $A \in \mathbf{B}(\mathcal{H})_{\mathrm{sa}}$ と $f \in C(\sigma(A))$ に対して次が成り立つ.

(1) $f(A)$ は正規作用素である.

(2) $f(A)^* = \overline{f}(A)$ が成り立つ. ここで $\overline{f}(t) = \overline{f(t)}$ である. 特に f が実数値関数ならば $f(A) \in \mathbf{B}(\mathcal{H})_{\mathrm{sa}}$ である.

(3) $\{x_n\}_{n=1}^{\infty}$ が $\lambda \in \sigma(A)$ に対する A の近似固有ベクトルであれば, $\{x_n\}_{n=1}^{\infty}$ は $f(\lambda)$ に対する $f(A)$ の近似固有ベクトルである. 特に, $Ax = \lambda x$ ならば $f(A)x = f(\lambda)x$ が成り立つ.

(4) $\sigma(f(A)) = f(\sigma(A))$ が成り立つ (**スペクトル写像定理**).

(5) $T \in \mathbf{B}(\mathcal{H})$ が $AT = TA$ を満たすならば, $f(A)T = Tf(A)$ が成り立つ.

【証明】 多項式列 $\{f_n\}_{n=1}^{\infty}$ で, $\sigma(A)$ 上 f に一様収束するものを取る.

(1) 各 $f_n(A)$ は正規作用素で, $\{f_n(A)\}_{n=1}^{\infty}$ は $f(A)$ にノルム収束するので $f(A)$ は正規である.

(2) $f_n(A)^* = \overline{f_n}(A)$ であり, $\{\overline{f_n}\}_{n=1}^{\infty}$ が $\sigma(A)$ 上 $\overline{f}$ に一様収束するので,

$$f(A)^* = \lim_{n \to \infty} f_n(A)^* = \lim_{n \to \infty} \overline{f_n}(A) = \overline{f}(A)$$

が成り立つ.

(3) $k \in \mathbb{N}$ に対して,

$$\|(A^{k+1} - \lambda^{k+1}I)x_n\| = \|A(A^k - \lambda^k I)x_n + \lambda^k(A - \lambda I)x_n\|$$
$$\leq \|A\|\|(A^k - \lambda^k I)x_n\| + |\lambda|^k\|(A - \lambda I)x_n\|$$

が成り立つので, 数学的帰納法により f が単項式のときに主張が成り立ち, 更に多項式のときにも主張が成り立つ. $\{f_m\}_{m=1}^{\infty}$ が $\sigma(A)$ 上 f に一様収束するので, $\forall \varepsilon > 0$, $\exists M \in \mathbb{N}$, $\forall m \geq M$, $\|f - f_m\|_{C(\sigma(A))} < \varepsilon$. また, $\exists N \in \mathbb{N}$, $\forall n \geq N$, $\|(f_M(A) - f_M(\lambda))x_n\| < \varepsilon$ なので, $n \geq N$ ならば,

$$\|(f(A) - f(\lambda))x_n\|$$
$$\leq \|(f(A) - f_M(A))x_n\| + \|(f_M(A) - f_M(\lambda))x_n\| + \|(f_M(\lambda) - f(\lambda))x_n\|$$
$$\leq \|f(A) - f_M(A)\| + \varepsilon + |f_M(\lambda) - f(\lambda)|$$
$$\leq 3\varepsilon$$

が成り立つ. よって $\{(f(A) - f(\lambda))x_n\}_{n=1}^{\infty}$ は 0 に収束する.

(4) $\sigma(A) = \sigma_{\mathrm{ap}}(A)$, $\sigma(f(A)) = \sigma_{\mathrm{ap}}(f(A))$ に注意すると, (3) より $f(\sigma(A)) \subset \sigma(f(A))$ が成り立つことがわかる. $\lambda \in \mathbb{C} \setminus f(\sigma(A))$ とすると, $g(t) = \frac{1}{\lambda - f(t)}$ は $\sigma(A)$ 上連続であり, $(\lambda - f(t))g(t) = 1$ なので,

$$(\lambda I - f(A))g(A) = g(A)(\lambda I - f(A)) = I$$

である. よって $\lambda \in \rho(f(A))$ が成り立つ.

(5) $f_n(A)T = Tf_n(A)$ より $f(A)T = Tf(A)$ が成り立つ. $\qquad\qquad\square$

例 6.3.1 $\mathcal{H} = L^2[0,1]$, $Af(t) = tf(t)$ とすると，$\sigma(A) = [0,1]$ であることは例 6.2.2 に見た．$f \in C(\sigma(A)) = C[0,1]$ に対して $f(A)$ は f の掛け算作用素 M_f に他ならない．

ユニタリ作用素に対しても連続関数算法を適用できる．

補題 6.3.5 $U \in \mathcal{U}(\mathcal{H})$ ならば $\sigma(U) \subset S^1 = \{z \in \mathbb{C};\ |z| = 1\}$ である．

【証明】 $\|U\| \le 1$ より $\sigma(U) \subset \overline{\mathbb{D}}$ であり，$\sigma(U^*) \subset \overline{\mathbb{D}}$ である．問題 6.1 より $\sigma(U^{-1}) = \{\frac{1}{\lambda} \in \mathbb{C};\ \lambda \in \sigma(U)\}$ であり，$U^{-1} = U^*$ なので，$\sigma(U) \subset S^1$ である． □

問題 6.1 と，S^1 上の連続関数の三角多項式近似を使えば，自己共役作用素のときと全く同様に次の定理を得る．

定理 6.3.6（連続関数算法） $U \in \mathcal{U}(\mathcal{H})$ に対して，$\mathbb{C}$ 上の代数としての準同型写像 $\Psi : C(\sigma(U)) \to \mathbf{B}(\mathcal{H})$ で次を満たすものが唯一つ存在する．

(1) $\Psi(1) = I$.

(2) $\Psi(z) = U$. ここで，$z : \sigma(U) \hookrightarrow S^1$ は埋め込み写像である．

(3) Ψ は等長．

$f \in C(\sigma(U))$ のとき，$\Psi(f)$ を $f(U)$ と書く．定理 6.3.4 に対応する性質も同様に導くことができる．

6.4 連続関数算法の応用

6.4.1 正 作 用 素

定義 6.4.1 $A \in \mathbf{B}(\mathcal{H})_{\mathrm{sa}}$ が**正作用素** (positive operator) $:\overset{\text{定義}}{\Longleftrightarrow}$ $\sigma(A) \subset [0,\infty)$. $\mathcal{H}$ の正作用素全体を，$\mathbf{B}(\mathcal{H})_+$ と書く．

定理 6.4.1 任意の $A \in \mathbf{B}(\mathcal{H})_+$ に対して，$A = B^2$ を満たす $B \in \mathbf{B}(\mathcal{H})_+$ が唯一つ存在する．

【証明】 $f(t) = \sqrt{t}$ は $\sigma(A)$ 上連続なので，$B = f(A)$ と置くと $A = B^2$ を満たす．$f(\sigma(A)) \subset [0,\infty)$ なので，スペクトル写像定理から $B \in \mathbf{B}(\mathcal{H})_+$ で

ある．$B_1 \in \mathbf{B}(\mathcal{H})_+$ も $A = B_1^2$ を満たすとすると，スペクトル写像定理から $\sigma(A) = \{\lambda^2; \ \lambda \in \sigma(B_1)\}$ なので，$\sigma(B_1) \subset [0, \sqrt{r(A)}]$ である．実係数の多項式列 $\{f_n(t)\}_{n=1}^{\infty}$ で $[0, \|A\|]$ 上 $\sqrt{t}$ に一様収束するものを取り，$g_n(t) = f_n(t^2)$ と置くと，$\{g_n(t)\}_{n=1}^{\infty}$ は $[0, \sqrt{\|A\|}]$ 上 t に一様収束する．よって，$\lim_{n\to\infty} \|g_n(B_1) - B_1\|$ である．一方，$g_n(B_1) = f_n(A)$ より，$B = B_1$ である．　　　　□

　上の B を $\sqrt{A}$, $A^{\frac{1}{2}}$ などと書いて，A の（正の）**平方根作用素**（square root operator）と呼ぶ．

定理 6.4.2　$A \in \mathbf{B}(\mathcal{H})_{\mathrm{sa}}$ について次の条件は同値である．

 (1)　$A \in \mathbf{B}(\mathcal{H})_+$.

 (2)　$T \in \mathbf{B}(\mathcal{H})$ が存在して $A = T^*T$.

 (3)　任意の $x \in \mathcal{H}$ に対して $\langle Ax, x \rangle \geq 0$.

【証明】　(1) $\Longrightarrow$ (2) は既に示した．

　(2) $\Longrightarrow$ (3)．$\langle Ax, x \rangle = \langle T^*Tx, x \rangle = \|Tx\|^2 \geq 0$.

　(3) $\Longrightarrow$ (1)．$\lambda \in \sigma(A)$ とする．$\sigma(A) = \sigma_{\mathrm{ap}}(A)$ なので，λ に対する A の近似固有ベクトル $\{x_n\}_{n=1}^{\infty}$ を取ると，$|\langle \lambda x_n - Ax_n, x_n \rangle| \leq \|\lambda x_n - Ax_n\|\|x_n\| \to 0$ である．よって $\lambda = \lim_{n\to\infty} \langle Ax_n, x_n \rangle \geq 0$ である．　　　　□

　(3) は最も判定しやすい条件であり，これを正作用素の定義とすることも多い．この場合，前提条件の $A \in \mathbf{B}(\mathcal{H})_{\mathrm{sa}}$ を $A \in \mathbf{B}(\mathcal{H})$ と弱めてよい．(3) から $A, B \in \mathbf{B}(\mathcal{H})_+$ ならば $A + B \in \mathbf{B}(\mathcal{H})_+$ であることがわかる．

　$A, B \in \mathbf{B}(\mathcal{H})_{\mathrm{sa}}$ が $B - A \in \mathbf{B}(\mathcal{H})_+$ を満たすとき，$A \leq B$ と定めることにより，$(\mathbf{B}(\mathcal{H})_{\mathrm{sa}}, \leq)$ は順序集合である．実際，$A \leq B$ かつ $B \leq A$ ならば，$A - B \in \mathbf{B}(\mathcal{H})_{\mathrm{sa}}$ かつ $\sigma(A - B) = \{0\}$ なので，$\|A - B\| = r(A - B) = 0$ である．また，$A \leq B$ かつ $B \leq C$ ならば，$C - A = (C - B) + (B - A) \in \mathbf{B}(\mathcal{H})_+$ であり，$A \leq C$ である．

系 6.4.3　$A \in \mathbf{B}(\mathcal{H})_{\mathrm{sa}}$ に対して，$M = \max \sigma(A)$, $m = \min \sigma(A)$ とすると，

$$M = \sup_{\|x\|=1} \langle Ax, x \rangle, \quad m = \inf_{\|x\|=1} \langle Ax, x \rangle$$

が成り立つ．特に，$\|A\| = \sup_{\|x\|=1} |\langle Ax, x \rangle|$ である．

【証明】 スペクトル写像定理より $MI - A \in \mathbf{B}(\mathcal{H})_+$ なので，任意の $x \in \mathcal{H}$ に対して，$\langle (MI - A)x, x \rangle \geq 0$ であり，特に $\|x\| = 1$ ならば $\langle Ax, x \rangle \leq M$ が成り立つ．一方，$M \in \sigma(A) = \sigma_{\mathrm{ap}}(A)$ なので，M に対する A の近似固有ベクトル $\{x_n\}_{n=1}^{\infty}$ が存在し，$\langle Ax_n, x_n \rangle \to M$ である．m についても同様である．

　後半の主張は，$\|A\| = r(A) = \max\{|m|, |M|\}$ より従う．　　$\square$

系 6.4.4 $A, B \in \mathbf{B}(\mathcal{H})_+$ が $A \leq B$ を満たせば $\|A\| \leq \|B\|$ が成り立つ．

6.4.2 作用素の極分解

　$\mathcal{H}_1, \mathcal{H}_2$ をヒルベルト空間とする．$T \in \mathbf{B}(\mathcal{H}_1, \mathcal{H}_2)$ に対して，$|T| = (T^*T)^{\frac{1}{2}}$ と定めて，T の**絶対値作用素**（absolute value operator）と呼ぶ．以下 T が極分解されることを示す．

定義 6.4.2 $W \in \mathbf{B}(\mathcal{H}_1, \mathcal{H}_2)$ が**部分等長作用素**（partial isometry）：$\overset{\text{定義}}{\Longleftrightarrow}$
$\forall x \in \ker W^{\perp}, \|Wx\| = \|x\|$.

　一般に，$T \in \mathbf{B}(\mathcal{H}_1, \mathcal{H}_2)$ に対して $\ker T = \ker T^*T$ が成り立つことに注意する．実際，$\ker T \subset \ker T^*T$ は自明であり，$x \in \ker T^*T$ ならば，

$$0 = \langle T^*Tx, x \rangle = \langle Tx, Tx \rangle = \|Tx\|^2$$

が成り立つからである．

補題 6.4.5 $W \in \mathbf{B}(\mathcal{H}_1, \mathcal{H}_2)$ に対して次の条件は同値である．

(1)　W は部分等長．　　(1′) W^* は部分等長．

(2)　$W^*W \in \mathcal{P}(\mathcal{H}_1)$.　　(2′) $WW^* \in \mathcal{P}(\mathcal{H}_2)$.

(3)　$W = WW^*W$.　　(3′) $W^* = W^*WW^*$.

【証明】 以下 (1), (2), (3) の同値性を示す．(1′), (2′), (3′) の同値性は同様に示すことができ，(3) と (3′) の同値性は両辺の共役を取ればわかる．$P = W^*W$，$Q = P_{\ker W^{\perp}}$ と置く．

　(1) $\Longrightarrow$ (2). $x \in \mathcal{H}_1$ を，$x = x_1 + x_2$, $x_1 \in \ker W$, $x_2 \in \ker W^{\perp}$, と分解すると，

$$\langle Px, x \rangle = \|Wx\|^2 = \|Wx_2\|^2 = \|x_2\|^2 = \langle Qx, x \rangle$$

が成り立つので，$P = Q \in \mathcal{P}(\mathcal{H}_1)$ である.

(2) $\Longrightarrow$ (1). P と Q は射影であり，

$$\ker P = \ker W^*W = \ker W = \ker Q$$

が成り立つので $P = Q$ である. よって $x \in \ker W^\perp$ に対して，

$$\|Wx\|^2 = \langle Px, x \rangle = \langle Qx, x \rangle = \|x\|^2$$

が成り立つ.

(2) $\Longrightarrow$ (3). $T = W - WW^*W = W(I - P)$ と置く. $\mathbf{C}^*$ 条件 (命題 2.4.3,(2)) を使うと，

$$\|T\|^2 = \|T^*T\| = \|(I - P)P(I - P)\| = 0$$

より (3) が成り立つ.

(3) $\Longrightarrow$ (2). $0 = W^*(W - WW^*W) = P - P^2$ より，P は射影である. $\square$

W が部分等長作用素であるとき，W の $\ker W^\perp$ への制限は等長なので，

$$\mathcal{R}(W) = W(\ker W^\perp)$$

は閉部分空間であり，$\ker W^{*\perp}$ と一致することに注意する. $W^*W = P_{\ker W^\perp} = P_{\mathcal{R}(W^*)}$ を W の**初期射影** (initial projection)，$WW^* = P_{\mathcal{R}(W)} = P_{\ker W^{*\perp}}$ を W の**終射影** (final projection) と呼ぶ.

定理 6.4.6　任意の $T \in \mathbf{B}(\mathcal{H}_1, \mathcal{H}_2)$ に対して，部分等長作用素 $W \in \mathbf{B}(\mathcal{H}_1, \mathcal{H}_2)$ で $\ker T = \ker W$ かつ $T = W|T|$ を満たすものが唯一つ存在する. 更に，$W^*T = |T|$, $|T^*| = W|T|W^*$ が成り立つ.

【証明】　任意の $x \in \mathcal{H}_1$ に対して，

$$\|Tx\|^2 = \langle T^*Tx, x \rangle = \langle |T|^2 x, x \rangle = \||T|x\|^2$$

であることに注意する. 特に $\ker T = \ker |T|$ である. $Q : \mathcal{H}_1 \to \mathcal{H}_1 / \ker T = \mathcal{H}_1 / \ker |T|$ を商写像とすると，準同型定理より，全単射である線形写像 $\widetilde{T} : \mathcal{H}_1 / \ker T \to \mathcal{R}(T)$ と $\widetilde{|T|} : \mathcal{H}_1 / \ker T \to \mathcal{R}(|T|)$ が存在して，$T = \widetilde{T} \circ Q$ と $|T| = \widetilde{|T|} \circ Q$ が成り立つ.

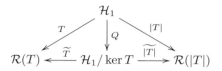

$W_0 = \widetilde{T} \circ \widetilde{|T|}^{-1} : \mathcal{R}(|T|) \to \mathcal{R}(T)$ と定めると, $T = W_0|T|$ が成り立つ.
また, 任意の $x \in \mathcal{H}_1$ に対して $\|Tx\| = \||T|x\|$ より, W_0 は等長である.
$\overline{\mathcal{R}(|T|)} = \ker |T|^\perp = \ker T^\perp$ であることに注意する. $W_1 : \overline{\mathcal{R}(|T|)} \to \overline{\mathcal{R}(T)}$
を W_0 の等長な拡張とし, $W = W_1 P_{\ker T^\perp}$ と置けば, W は条件を満たす部分等
長作用素である. W は $\mathcal{R}(|T|)$ 上一意的に定まり, $\mathcal{R}(|T|)$ は $\ker T^\perp$ で稠密なの
で, W は一意的である.

　$\mathcal{R}(|T|) \subset \ker T^\perp$ なので $|T| = W^*W|T| = W^*T$ が成り立つ. $W|T|W^*$ は正
作用素で,

$$(W|T|W^*)^2 = W|T|W^*W|T|W^* = W|T|^2W^* = TT^*$$

なので $W|T|W^* = |T^*|$ が成り立つ. □

　上の分解 $T = W|T|$ を T の**極分解**（polar decomposition）と呼ぶ.

$$T^* = |T|W^* = W^*W|T|W^* = W^*|T^*|$$

であり, W^* の初期射影は $P_{\overline{\mathcal{R}(T)}} = P_{\ker T^{*\perp}}$ なので, $T^* = W^*|T^*|$ が T^* の極
分解である.

6.4.3　スペクトル分解（スペクトルの集積点が 0 のみの場合）

　まず, 射影作用素の基本的な性質についてまとめる. $P \in \mathcal{P}(\mathcal{H})$ のとき
$0 \le P \le I$ であり, 特に $\mathcal{P}(\mathcal{H}) \subset \mathbf{B}(\mathcal{H})_+$ であることに注意する. また P
は $\mathcal{R}(P)$ への直交射影であるから, $\|x\|^2 = \langle Px, x \rangle \iff x \in \mathcal{R}(P)$ である.

命題 6.4.7　$P \in \mathbf{B}(\mathcal{H})_{\mathrm{sa}}$ に対して,

$$P \in \mathcal{P}(\mathcal{H}) \iff \sigma(P) \subset \{0, 1\}.$$

【証明】　$f(t) = t^2 - t$ と置くと, スペクトル写像定理から,

$$\sigma(P) \subset \{0,1\} \iff f(P) = 0 \iff P \in \mathcal{P}(\mathcal{H})$$

である。　　　　　　　　　　　　　　　　　　　　　　　　　　　□

補題 6.4.8　$P, Q \in \mathcal{P}(\mathcal{H})$ とすると，次の条件は同値である．

(1)　$\mathcal{R}(P) \perp \mathcal{R}(Q)$.

(2)　$PQ = 0$.

(3)　$QP = 0$.

(4)　$P + Q \in \mathcal{P}(\mathcal{H})$.

【証明】　$(PQ)^* = QP$ より (2) $\iff$ (3) が，

$$\mathcal{R}(P) \perp \mathcal{R}(Q) \iff \mathcal{R}(Q) \subset \mathcal{R}(P)^\perp \iff \mathcal{R}(Q) \subset \ker P \iff PQ = 0$$

より (2) $\iff$ (1) がわかる．

(2) $\implies$ (4)．$P + Q \in \mathbf{B}(\mathcal{H})_{\mathrm{sa}}$ であり，

$$(P + Q)^2 = P^2 + PQ + QP + Q^2 = P + Q$$

より $P + Q \in \mathcal{P}(\mathcal{H})$ である．

(4) $\implies$ (2)．$(P + Q)^2 = P + Q$ より $PQ + QP = 0$ である．$0 = (PQ + QP)P = P(PQ + QP)$ より $PQ = QP$ であるので，$PQ = 0$ である．　　　　　　　　　　　　　　　　　　　　　　　　□

$P, Q \in \mathcal{P}(\mathcal{H})$ が上の同値条件を満たすとき，P と Q は直交すると言い，$P \perp Q$ と書く．

補題 6.4.9　$P, Q \in \mathcal{P}(\mathcal{H})$ に対して次の条件は同値である．

(1)　$\mathcal{R}(P) \subset \mathcal{R}(Q)$.

(2)　$QP = P$.

(3)　$PQ = P$.

(4)　$P \leq Q$.

【証明】　(1) $\implies$ (2)．任意の $x \in \mathcal{H}$ に対して，$Px \in \mathcal{R}(Q)$ より $QPx = Px$ が成り立つ．

(2) $\iff$ (3) は $(QP)^* = PQ$ より従う．

(3) $\Longrightarrow$ (4). 任意の $x \in \mathcal{H}$ に対して,

$$\langle Px, x \rangle = \|Px\|^2 = \|PQx\|^2 \le \|P\|^2 \|Qx\|^2 = \langle Qx, x \rangle$$

より $P \le Q$ である.

(4) $\Longrightarrow$ (1). $x \in \mathcal{R}(P)$ とすると,

$$\|x\|^2 = \langle Px, x \rangle \le \langle Qx, x \rangle \le \|x\|^2$$

より $\langle Qx, x \rangle = \|x\|^2$ となり, $x \in \mathcal{R}(Q)$ である. $\qquad \square$

$A \in \mathbf{B}(\mathcal{H})_{\mathrm{sa}}$ で, $\lambda \in \sigma(A)$ が孤立点のとき, 1 点集合 $\{\lambda\}$ の特性関数 $\chi_{\{\lambda\}}$ は $\sigma(A)$ 上連続なので, $P_\lambda = \chi_{\{\lambda\}}(A)$ が定義できる. $\chi_{\{\lambda\}} = \chi_{\{\lambda\}}^2 = \overline{\chi_{\{\lambda\}}}$ なので P_λ は射影である. $\mu \in \sigma(A)$ も孤立点で, $\lambda \ne \mu$ ならば, $\chi_{\{\lambda\}}\chi_{\{\mu\}} = 0$ なので, $P_\lambda \perp P_\mu$ である.

補題 6.4.10 P_λ は固有空間 $\ker(\lambda I - A)$ への射影である.

【証明】 $t\chi_{\{\lambda\}}(t) = \lambda\chi_{\{\lambda\}}(t)$ より $AP_\lambda = \lambda P_\lambda$ であり, $\mathcal{R}(P_\lambda) \subset \ker(\lambda I - A)$ である. 一方, 定理 6.3.4,(3) より $x \in \ker(\lambda I - A)$ ならば $P_\lambda x = x$ であり, 逆の包含関係が成り立つ. $\qquad \square$

命題 6.4.11 $A \in \mathbf{B}(\mathcal{H})_{\mathrm{sa}}$ で, $\sigma(A)$ が有限集合 $\{\lambda_1, \lambda_2, \ldots, \lambda_n\}$ ならば, $P_{\lambda_1}, P_{\lambda_2}, \ldots, P_{\lambda_n}$ は互いに直交する射影で,

$$I = \sum_{i=1}^n P_{\lambda_i}, \quad A = \sum_{i=1}^n \lambda_i P_{\lambda_i}$$

が成り立つ.

【証明】 $\sigma(A)$ 上 $1 = \sum_{i=1}^n \chi_{\{\lambda_i\}}(t)$ と $t = \sum_{i=1}^n \lambda_i \chi_{\{\lambda_i\}}(t)$ が成り立つことから主張が従う. $\qquad \square$

次の定理はコンパクト自己共役作用素のスペクトル分解を導く.

定理 6.4.12 $A \in \mathbf{B}(\mathcal{H})_{\mathrm{sa}}$ とし, $\sigma(A)$ は無限集合で集積点は 0 のみとする. このとき, $\sigma(A) = \{\lambda_n\}_{n=1}^\infty \cup \{0\}$ と表され, 更に $\{|\lambda_n|\}_{n=1}^\infty$ は単調減少で 0 に収

束するようにできて,

$$A = \sum_{n=1}^{\infty} \lambda_n P_{\lambda_n}$$

はノルム収束する.

【証明】 任意の $n \in \mathbb{N}$ に対して, $\{\lambda \in \sigma(A); \ |\lambda| \geq \frac{1}{n}\}$ は集積点を持たないコンパクト集合なので有限集合である. よって $\sigma(A)$ は主張のような可算集合である.

$$\max_{t \in \sigma(A)} \left| t - \sum_{n=1}^{N} \lambda_n \chi_{\{\lambda_n\}}(t) \right| = |\lambda_{N+1}|$$

より,

$$\left\| A - \sum_{n=1}^{N} \lambda_n P_{\lambda_n} \right\| = |\lambda_{N+1}| \to 0, \quad (N \to \infty)$$

が成り立つ. □

演 習 問 題

演習 1 U を $\ell^2(\mathbb{Z})$ の両側ずらし作用素とし, $A = \frac{1}{2}(U + U^*)$ とする. $\sigma(A)$ を求め, $z \in \rho(A)$ に対して, $\langle (zI - A)^{-1}\delta_0, \delta_0 \rangle$ を計算せよ.

演習 2 正作用素 A, B で, $A \leq B$ であるが $A^2 \leq B^2$ でないものの例を挙げよ.

演習 3 $\mathbb{C}^2$ を標準内積によりヒルベルト空間とみなし, $\mathbf{B}(\mathbb{C}^2)$ を行列環 $\mathbf{M}_2(\mathbb{C})$ と同一視する. 次の行列の極分解を求めよ.

$$\begin{pmatrix} -1 & -2 \\ 2 & 1 \end{pmatrix}, \quad \begin{pmatrix} 1 & 0 \\ 1 & 0 \end{pmatrix}.$$

演習 4 問題 2.3 の作用素 W_α の極分解を求めよ.

演習 5 Ω はコンパクトハウスドルフ空間とする. バナッハ環 $C(\Omega)$ について次を示せ.

(1) $C(\Omega)^{-1} = \{f \in C(\Omega); \ 0 \notin f(\Omega)\}$.

(2) $f \in C(\Omega)$ ならば $\sigma(f) = f(\Omega)$.

演習 6 1 章演習 5 の $A(\mathbb{D})$ を**ディスク代数** (disk algebra) と呼ぶ. $A(\mathbb{D})$ は制限写像 $f \mapsto f|_{\partial\mathbb{D}}$ により, $C(\partial\mathbb{D})$ の閉部分代数とみなすことができる. 一般に, $f \in A(\mathbb{D})$ の $A(\mathbb{D})$ の元としてのスペクトルと, $C(\partial\mathbb{D})$ の元としてのスペクトルは異なることを示せ.

第7章

バナッハ空間の
コンパクト作用素

　　本章では，まず有界作用素の中で特に有用性の高いコンパクト作用素を導入
し，その基本的な性質を導く．次にフレドホルム指数の理論を展開し，その応
用としてコンパクト作用素のスペクトルの性質を導く．フレドホルム作用素の
指数は，無限次元空間から取り出される不変量の典型例であり，数学の多くの
分野で重要な役割を果たす．

7.1　コンパクト作用素の基本的性質

　最初に，距離空間のコンパクト性について復習しよう．距離空間 (X, d) につ
いて，次の条件は同値である．

- X はコンパクトである．
- X は点列コンパクトである．
- X は全有界かつ完備である．

　(X, d) が距離空間であるとき，X の部分集合 Y が全有界であるとは，$\forall \varepsilon > 0$,
$\exists y_1, y_2, \ldots, y_n \in Y$, $Y \subset \bigcup_{i=1}^{n} B(y_i, \varepsilon)$, が成り立つことである．$Y$ が全有界であ
ればその閉包も全有界である．よって (X, d) が完備であれば，Y が相対コンパ
クトであることと全有界であることは同値である．

定理 7.1.1　（**アスコリ-アルツェラの定理**）　Ω はコンパクトハウスドルフ空間
とする．このとき，$C(\Omega)$ の部分集合 K について次の条件は同値である．

(1)　K はノルム $\|\cdot\|_\infty$ の定める位相に関して相対コンパクトである．

(2)　次の2条件が成り立つ．

　(a)　任意の $\omega \in \Omega$ に対して，$\{f(\omega)\}_{f \in K}$ は有界である．

　(b)　任意の $\varepsilon > 0$ と任意の $\omega \in \Omega$ に対して，ω の近傍 U_ω が存在して，

任意の $f \in K$ と任意の $\xi \in U_\omega$ に対して，$|f(\omega) - f(\xi)| < \varepsilon$ が成り立つ（**同程度連続性**）．

【証明】 (1) $\implies$ (2)．$\overline{K}^{\|\cdot\|_\infty}$ はコンパクトで，ノルムは連続関数なので，$\{\|f\|_\infty\}_{f \in K}$ は有界である．よって (a) が成り立つ．

K は全有界であるから，任意の $\varepsilon > 0$ に対して $f_1, f_2, \ldots, f_n \in K$ が存在して，$K \subset \bigcup_{i=1}^{n} B\left(f_i, \frac{\varepsilon}{3}\right)$ が成り立つ．$\omega \in \Omega$ に対して，

$$U_\omega = \bigcap_{i=1}^{n} \left\{ \xi \in \Omega;\ |f_i(\omega) - f_i(\xi)| < \frac{\varepsilon}{3} \right\}$$

と置くと，U_ω は ω の近傍である．任意の $f \in K$ に対して $\|f - f_i\|_\infty < \frac{\varepsilon}{3}$ を満たす $1 \leq i \leq n$ を取れば，任意の $\xi \in U_\omega$ に対して

$$|f(\omega) - f(\xi)| \leq |f(\omega) - f_i(\omega)| + |f_i(\omega) - f_i(\xi)| + |f_i(\xi) - f(\xi)| < \varepsilon$$

なので，(b) が成り立つ．

(2) $\implies$ (1)．$\varepsilon > 0$ とし，$\frac{\varepsilon}{3}$ に対して (b) の条件を満たす $\omega \in \Omega$ の近傍 U_ω を取る．$\bigcup_{\omega \in \Omega} U_\omega$ は Ω の開被覆で Ω はコンパクトなので，$\omega_1, \omega_2, \ldots, \omega_m \in \Omega$ が存在して，$\bigcup_{j=1}^{m} U_{\omega_j} = \Omega$ が成り立つ．線形写像 $\Phi : C(\Omega) \to \mathbb{C}^m$ を $\Phi(f) = (f(\omega_1), f(\omega_2), \ldots, f(\omega_m))$ と定めると，(a) より $\Phi(K)$ は $\mathbb{C}^m$ の有界集合である．$\overline{\Phi(K)}$ はコンパクトなので全有界であり，$f_1, f_2, \ldots, f_n \in K$ が存在して，$\Phi(K) \subset \bigcup_{i=1}^{n} B\left(\Phi(f_i), \frac{\varepsilon}{3}\right)$ が成り立つ．ここで，$\mathbb{C}^m$ の距離は $\|\cdot\|_\infty$ で与えられているとする．よって，任意の $f \in K$ に対して，$1 \leq i \leq n$ が存在して，$\|\Phi(f) - \Phi(f_i)\|_\infty < \frac{\varepsilon}{3}$ が成り立つ．任意の $\omega \in \Omega$ に対して，$\omega \in U_{\omega_j}$ となる $1 \leq j \leq m$ を取ると，

$$|f(\omega) - f_i(\omega)| \leq |f(\omega) - f(\omega_j)| + |f(\omega_j) - f_i(\omega_j)| + |f_i(\omega_j) - f_i(\omega)| < \varepsilon$$

が成り立ち，$\|f - f_i\|_\infty < \varepsilon$ である．よって K は全有界である． $\qquad\square$

注意 7.1.1 条件 (b) の存在下では，条件 (a) は $\{\|f\|_\infty\}_{f \in K}$ が有界であることと同値である．

以後この章では，X, Y, Z はバナッハ空間とする.

定義 7.1.1 $T \in \mathbf{B}(X,Y)$ が**コンパクト作用素**（compact operator）$: \overset{定義}{\Longleftrightarrow} TB_X$ は相対コンパクト. この条件は，次のいずれの条件とも同値である.

- $B \subset X$ が有界集合ならば，TB は相対コンパクト.
- $\{x_n\}_{n=1}^{\infty}$ が X の有界点列ならば，$\{Tx_n\}_{n=1}^{\infty}$ は収束する部分列を持つ.

X から Y へのコンパクト作用素全体を $\mathbf{K}(X,Y)$ と書き，$\mathbf{K}(X) = \mathbf{K}(X,X)$ と書く. 2番目の条件より，$\mathbf{K}(X,Y)$ は $\mathbf{B}(X,Y)$ の部分空間であることがわかる.

補題 7.1.2 $S \in \mathbf{B}(X,Y), T \in \mathbf{B}(Y,Z)$ とする.

(1) $S \in \mathbf{K}(X,Y)$ ならば $TS \in \mathbf{K}(X,Z)$.
(2) $T \in \mathbf{K}(Y,Z)$ ならば $TS \in \mathbf{K}(X,Z)$.

【証明】 (1) SB_X は相対コンパクトで T は連続なので，TSB_X は相対コンパクトである.

(2) SB_X は有界で $T \in \mathbf{K}(X,Y)$ なので，TSB_X は相対コンパクトである. □

例 7.1.1 $X = L^1[0,1], Y = C[0,1]$ とし，$k \in C[0,1]^2$ とする. $f \in X$ に対して，$A_k f(s) = \int_0^1 k(s,t) f(t) dt$ と置くと，$A_k f \in Y$ である.

$$|A_k f(s)| \leq \int_0^1 |k(s,t)||f(t)| dt \leq \|k\|_{C[0,1]^2} \int_0^1 |f(t)| dt$$

より $A_k \in \mathbf{B}(X,Y)$ であり，$\|A_k\| \leq \|k\|_{C[0,1]^2}$ である.

アスコリ-アルツェラの定理を使って $A_k \in \mathbf{K}(X,Y)$ を示そう. $f \in B_X$ ならば $\|A_k f\|_\infty \leq \|k\|_{C[0,1]^2}$ である. k は $[0,1]^2$ 上一様連続なので，任意の $\varepsilon > 0$ に対して $\delta > 0$ が存在して，$(s,t),(s',t') \in [0,1]^2$ が $|s-s'| + |t-t'| < \delta$ を満たせば $|f(s,t) - f(s',t')| < \varepsilon$ が成り立つ. 特に $|s-s'| < \delta$ なら，

$$|A_k f(s) - A_k f(s')| \leq \int_0^1 |k(s,t) - k(s',t)||f(t)| dt \leq \varepsilon \int_0^1 |f(t)| dt \leq \varepsilon \|f\|_1$$

が成り立ち，$A_k B_X$ は同程度連続である. よって，$A_k B_X$ は相対コンパクトであり，$A_k \in \mathbf{K}(X,Y)$ である.

$1 \leq p \leq \infty$ のとき，埋め込み写像 $C[0,1] \hookrightarrow L^p[0,1] \hookrightarrow L^1[0,1]$ は連続であることに注意する. よって，$1 \leq p,q \leq \infty$ ならば，A_k と以下のいずれの埋め込み

写像との合成も，コンパクト作用素である.

$$C[0,1] \hookrightarrow L^p[0,1] \hookrightarrow L^1[0,1] \overset{A_k}{\Rightarrow} C[0,1] \hookrightarrow L^q[0,1].$$

補題 7.1.3　$\mathbf{K}(X,Y)$ は $\mathbf{B}(X,Y)$ の閉部分空間である.

【証明】　$\mathbf{K}(X,Y)$ の点列 $\{T_n\}_{n=1}^{\infty}$ が $T \in \mathbf{B}(X,Y)$ に作用素ノルムで収束すると，$\forall \varepsilon > 0, \exists N \in \mathbb{N}, \forall n \geq N, \|T_n - T\| < \frac{\varepsilon}{3}$, が成り立つ. $T_N B_X$ は全有界なので，$x_1, x_2, \ldots, x_m \in B_X$ が存在して，$T_N B_X \subset \bigcup_{i=1}^{m} B\left(T_N x_i, \frac{\varepsilon}{3}\right)$ となる. 任意の $x \in B_X$ に対して，$\|T_N x - T_N x_i\| < \frac{\varepsilon}{3}$ となる $1 \leq i \leq m$ が存在するので，

$$\|Tx - Tx_i\| \leq \|Tx - T_N x\| + \|T_N x - T_N x_i\| + \|T_N x_i - Tx_i\| < \varepsilon$$

となり，TB_X は全有界である.　　　　　　　　　　　　　　□

系 7.1.4　$\mathbf{K}(X)$ は $\mathbf{B}(X)$ の両側閉イデアルである. 特に，$\mathbf{K}(X)$ はバナッハ環である.

定理 1.3.8 より，$I \in \mathbf{K}(X) \Longleftrightarrow \dim X < \infty$ であることに注意する.

系 7.1.5　$\mathbf{K}(X) \cap \mathbf{B}(X)^{-1} \neq \emptyset \Longleftrightarrow \dim X < \infty.$

定義 7.1.2　$T \in \mathbf{B}(X,Y)$ が**有限階作用素**（finite rank operator）$:\overset{定義}{\Longleftrightarrow}$ $\dim \mathcal{R}(T) < \infty.$

X から Y への有限階作用素全体を $\mathbf{F}(X,Y)$ と書き，$\mathbf{F}(X) = \mathbf{F}(X,X)$ と書く. $T \in \mathbf{F}(X,Y)$ に対して，T の階数（rank）を $\operatorname{rank} T = \dim \mathcal{R}(T)$ と定める.

$T \in \mathbf{F}(X,Y)$ のとき，TB_X は有限次元空間 $\mathcal{R}(T)$ の有界集合であるから，相対コンパクトである. よって，$\mathbf{F}(X,Y)$ は $\mathbf{K}(X,Y)$ の部分空間である. また，$\mathbf{F}(X)$ は $\mathbf{K}(X)$ や $\mathbf{B}(X)$ の両側イデアルである.

定理 7.1.6　$T \in \mathbf{B}(X,Y)$ に対して次の 2 つの条件を考える.

(1)　$T \in \mathbf{K}(X,Y).$

(2)　X の点列 $\{x_n\}_{n=1}^{\infty}$ が $x \in X$ に弱収束すれば，$\{Tx_n\}_{n=1}^{\infty}$ は Tx にノルム収束する.

一般に (1) $\Longrightarrow$ (2) が成り立ち，X が回帰的であれば (2) $\Longrightarrow$ (1) が成り立つ.

【証明】　$T \in \mathbf{K}(X,Y)$ とし，X の点列 $\{x_n\}_{n=1}^\infty$ が $x \in X$ に弱収束するとする．一様有界性原理より $\{x_n\}_{n=1}^\infty$ は有界列であることに注意する．(2) が成り立たないと仮定すると，$\varepsilon > 0$ と部分列 $\{x_{n_k}\}_{k=1}^\infty$ が存在して，任意の $k \in \mathbb{N}$ に対して $\|Tx_{n_k} - Tx\| \geq \varepsilon$ が成り立つ．$T \in \mathbf{K}(X,Y)$ なので，$\{Tx_{n_k}\}_{k=1}^\infty$ はノルム収束する部分列を持つので，最初から $\{Tx_{n_k}\}_{k=1}^\infty$ がノルム収束するとしてよい．$y = \lim_{k \to \infty} Tx_{n_k}$ と置く．任意の $\varphi \in Y^*$ に対して $\varphi \circ T \in X^*$ なので，$\lim_{k \to \infty} \varphi \circ T(x_{n_k}) = \varphi \circ T(x)$ が成り立ち，$\varphi(y) = \varphi(Tx)$ である．これが任意の $\varphi \in Y^*$ に対して成り立つので，$y = Tx$ となるが，これは $\|Tx_{n_k} - Tx\| \geq \varepsilon$ と矛盾する．よって (2) が成り立つ．

X が回帰的であり (2) が成り立つとする．$\{x_n\}_{n=1}^\infty$ が X の有界点列とすると，系 5.3.7 より弱収束する部分列 $\{x_{n_k}\}_{k=1}^\infty$ が存在する．(2) より $\{Tx_{n_k}\}_{k=1}^\infty$ はノルム収束し，$T \in \mathbf{K}(X,Y)$ である．　　□

条件 (2) を満たす T を，**完全連続作用素**（completely continuous operator）と呼ぶ．

$T \in \mathbf{B}(X,Y)$ に対して，$T' \in \mathbf{B}(Y^*, X^*)$ を $T'\varphi = \varphi \circ T$ と定める．

定理 7.1.7　（**シャウダーの定理**）　$T \in \mathbf{B}(X,Y)$ に対して次 2 つの条件は同値である．

(1)　$T \in \mathbf{K}(X,Y)$.

(2)　$T' \in \mathbf{K}(Y^*, X^*)$.

【証明】　(1) $\Longrightarrow$ (2)．$\Omega = \overline{TB_X}$ と置くと Ω はコンパクトである．$\varphi \in Y^*$ の Ω への制限を $\widehat{\varphi} \in C(\Omega)$ と書く．$\varphi, \psi \in B_{Y^*}$ に対して，

$$\|T'\varphi - T'\psi\| = \sup_{x \in B_X} |\varphi(Tx) - \psi(Tx)| = \sup_{y \in \Omega} |\widehat{\varphi}(y) - \widehat{\psi}(y)| = \|\widehat{\varphi} - \widehat{\psi}\|_\infty$$

が成り立つので，$\{T'\varphi\}_{\varphi \in B_{Y^*}}$ が全有界であることを示すためには，$\{\widehat{\varphi}\}_{\varphi \in B_{Y^*}}$ が $C(\Omega)$ で全有界であることを示せばよい．$\varphi \in B_{Y^*}$ ならば $\|\widehat{\varphi}\|_\infty \leq \|T\|$ である．$\varphi \in B_{Y^*}$, $y_1, y_2 \in \Omega$ ならば，$|\widehat{\varphi}(y_1) - \widehat{\varphi}(y_2)| \leq \|y_1 - y_2\|$ なので，$\{\widehat{\varphi}\}_{\varphi \in B_{Y^*}}$ は同程度連続である．よってアスコリ-アルツェラの定理より，$\{\widehat{\varphi}\}_{\varphi \in B_{Y^*}}$ は全有界である．

(2) $\Longrightarrow$ (1)．上で示したことより，$T'' \in \mathbf{K}(X^{**}, Y^{**})$ であり，$T = T''|_X \in \mathbf{K}(X,Y)$ である．　　□

7.2　フレドホルム作用素 ♯

この節では X はバナッハ空間とする．$T \in \mathbf{B}(X)$ に対して，$\operatorname{coker} T = X/\mathcal{R}(T)$ と定める．

定義 7.2.1　$T \in \mathbf{B}(X)$ が**フレドホルム作用素**（Fredholm operator）:$\overset{\text{定義}}{\Longleftrightarrow}$
$\dim \ker T < \infty$ かつ $\dim \operatorname{coker} T < \infty$.

T がフレドホルム作用素のとき，その**指数**（index）を

$$\operatorname{ind} T = \dim \ker T - \dim \operatorname{coker} T$$

と定める．X のフレドホルム作用素全体を $\operatorname{FR}(X)$，指数 n のフレドホルム作用素全体を $\operatorname{FR}_n(X)$ と書く．

例 7.2.1　$\dim X < \infty$ であれば，$\mathbf{B}(X) = \operatorname{FR}(X) = \operatorname{FR}_0(X)$ である．2 番目の等号は次元定理より従う．

例 7.2.2　V を ℓ^2 の片側ずらし作用素とすると，V はフレドホルム作用素で，$\operatorname{ind} V = \dim \ker V - \dim \operatorname{coker} V = 0 - 1 = -1$ である．

問題 7.1　$\mathbf{B}(X)^{-1} \subset \operatorname{FR}_0(X)$,
$$\mathbf{B}(X)^{-1} \operatorname{FR}_n(X) = \operatorname{FR}_n(X) \mathbf{B}(X)^{-1} = \operatorname{FR}_n(X)$$
を示せ．

この節の目的は次の定理を示すことである．

定理 7.2.1　X はバナッハ空間とする．

(1)　$\operatorname{FR}(X)$ は $\mathbf{B}(X)$ の開集合であり，写像 $\operatorname{ind} : \operatorname{FR}(X) \to \mathbb{Z}$ は連続である．　　　　　　　　　　　　　　　　　　　　　　　　（指数の連続性）

(2)　$T \in \operatorname{FR}(X)$, $K \in \mathbf{K}(X)$ ならば $T + K \in \operatorname{FR}(X)$ であり，$\operatorname{ind}(T+K) = \operatorname{ind}(T)$ である．　　　　　　　　　　　　　　　　　　（指数の安定性）

(3)　$S, T \in \operatorname{FR}(X)$ ならば $ST \in \operatorname{FR}(X)$ であり，$\operatorname{ind}(ST) = \operatorname{ind} S + \operatorname{ind} T$ である．　　　　　　　　　　　　　　　　　　　　　　（指数の加法性）

証明は何段階かに分けて行うが，以下の議論は [10] のヒルベルト空間の場合の短い証明を改良したものである．この定理のコンパクト作用素のスペクトル

に対する応用については，定理を証明後に議論する．

X の閉部分空間 M に対して，X の閉部分空間 N で $M \cap N = \{0\}$ かつ $M + N = X$ を満たすものが存在するとき，M は補空間を持つと言い，N を M の補空間と呼ぶ．このとき例 4.2.1 より，写像 $M \oplus_1 N \to X, (m,n) \mapsto m+n,$ はバナッハ空間としての同型である．一般に M は補空間を持つとは限らないし，補空間が存在しても一意的ではない．

問題 7.2 X の閉部分空間 M に対して次を示せ．
(1) $\dim M < \infty$ ならば M は補空間を持つ．
(2) $\dim X/M < \infty$ ならば M は補空間を持つ．

補題 7.2.2 $T \in \mathrm{FR}(X)$ ならば $\mathcal{R}(T)$ は閉である．

【証明】 $\dim \ker T < \infty$ なので，$\ker T$ の補空間 M を取る．$\dim X/\mathcal{R}(T) < \infty$ なので，$X/\mathcal{R}(T)$ の基底 $\{a_i\}_{i=1}^n$ を取り，$x_i + \mathcal{R}(T) = a_i$ となる $x_i \in X$ を選ぶ．$N = \mathrm{span}\{x_i\}_{i=1}^n$ と置けば，N は有限次元なので閉であり，$\mathcal{R}(T) \cap N = \{0\}$ かつ $\mathcal{R}(T) + N = X$ である．写像 $T_1 : M \oplus_1 N \to X$ を $(m,n) \mapsto Tm+n$ と定めると，

$$\|T_1(m,n)\| \le \|Tm\| + \|n\| \le \max\{\|T\|, 1\}\|(m,n)\|_1$$

なので $T_1 \in \mathbf{B}(M \oplus_1 N, X)$ であり，T_1 は全単射である．よってバナッハの逆写像定理から T_1^{-1} も連続である．$M \oplus_1 \{0\}$ が $M \oplus_1 N$ の閉部分空間なので，$T_1(M \oplus_1 \{0\}) = \mathcal{R}(T)$ は X の閉部分空間である． $\square$

補題 7.2.3 $\lambda \in \mathbb{C} \setminus \{0\}$ と $K \in \mathbf{K}(X)$ に対して，$\lambda I - K \in \mathrm{FR}(X)$ である．

【証明】 $KB_{\ker(\lambda I - K)} = \lambda B_{\ker(\lambda I - T)}$ であり $K \in \mathbf{K}(X)$ なので，$\dim(\lambda I - K) < \infty$ である．

$T = \lambda I - K$ と置く．$\ker T$ の補空間 M を取り，$T_1 = T|_M : M \to X$ を T の M への制限とすると，T_1 は下に有界である．実際，下に有界でないと仮定すると，M の点列 $\{x_n\}_{n=1}^\infty$ で $\|x_n\| = 1$ かつ $\|T_1 x_n\| \to 0$ となるものが存在する．$K \in \mathbf{K}(X)$ より部分列 $\{x_{n_k}\}_{k=1}^\infty$ で $\{Kx_{n_k}\}_{k=1}^\infty$ が収束するものが存在する．$\{\lambda x_{n_k} - Kx_k\}_{k=1}^\infty$ が 0 に収束し $\lambda \ne 0$ なので，$\{x_{n_k}\}_{k=1}^\infty$ も収束する．その極限を x と書くと，$x \in M$, $\|x\| = 1$, かつ $x \in \ker(\lambda I - K)$ となり矛盾であ

る．よって T_1 は下に有界である．

T_1 が下に有界であるので，補題 6.2.1 より，$\mathcal{R}(T) = \mathcal{R}(T_1)$ は閉である．定理 3.1.6,(2) より，

$$(X/\mathcal{R}(T))^* = \mathcal{R}(T)^\perp = \ker T' = \ker(\lambda I_{X^*} - K')$$

であり，シャウダーの定理より $K' \in \mathbf{K}(X^*)$ なので，$\dim(X/\mathcal{R}(T))^* < \infty$ である．よって $\dim(X/\mathcal{R}(T)) < \infty$ である．　　　　　　　　　　$\square$

補題 7.2.4　任意の $T \in \mathrm{FR}(X)$ に対して次が成り立つ．

(1)　$S \in FR(X)$ で $I - ST, I - TS \in \mathbf{F}(X)$ となるものが存在する．

(2)　$T \in \mathrm{FR}_0(X)$ ならば，$R \in \mathbf{F}(X)$ で $T + R \in \mathbf{B}(X)^{-1}$ となるものが存在する．

【証明】　$\ker T$ の補空間 M と $\mathcal{R}(T)$ の補空間 N と取ると，

$$X \cong \ker T \oplus_1 M \cong N \oplus_1 \mathcal{R}(T)$$

である．

(1) $T_1 \in \mathbf{B}(M, \mathcal{R}(T))$ を T の M への制限とすると，バナッハの逆写像定理より可逆である．$n \in N$ と $y \in \mathcal{R}(T)$ に対して $S(n + y) = T_1^{-1} y$ と定めると，$S \in \mathrm{FR}(X)$ であり，$TS(n + y) = y$ が成り立つ．また $x \in \ker T$ と $m \in M$ に対して $ST(x + m) = m$ が成り立つ．よって，$I - ST, I - TS \in \mathbf{F}(X)$ である．

(2) $\mathrm{ind}\, T = 0$ ならば，

$$\dim \ker T = \dim \mathrm{coker}\, T = \dim N$$

である．$\ker T$ と N は同じ次元の有限次元空間であるから同型 $R_0 : \ker T \to N$ が存在する．$x \in \ker T$ と $m \in M$ に対して $R(x + m) = R_0 x$ と定めると，$R \in \mathbf{F}(X)$ であり，バナッハの逆写像定理より，$R + T \in \mathbf{B}(X)^{-1}$ である．　　$\square$

問題 7.3　$\mathcal{I}$ がバナッハ環 $\mathcal{A}$ の閉両側イデアルであるとき，$\mathcal{A}/\mathcal{I}$ は商ノルムによりバナッハ環であることを示せ．

　$\mathbf{K}(X)$ は $\mathbf{B}(X)$ の閉両側イデアルであることに注意する．$\mathbf{Q}(X) = \mathbf{B}(X)/\mathbf{K}(X)$ を**カルキン環**（Calkin algebra）と呼ぶ．$\mathbf{Q}(X)$ はバナッハ環である．$\pi : \mathbf{B}(X) \to \mathbf{Q}(X)$ を商写像とする．

定理 7.2.5（アトキンソンの定理） $T \in \mathbf{B}(X)$ に対して次の条件は同値である.

(1) $T \in \mathrm{FR}(X)$.

(2) $\pi(T) \in \mathbf{Q}(X)^{-1}$.

【証明】 (1) $\Longrightarrow$ (2). $S \in \mathbf{B}(X)$ で $I - ST, I - TS \in \mathbf{F}(X)$ を満たすものが存在するので $\pi(S) = \pi(T)^{-1}$ である.

(2) $\Longrightarrow$ (1). $S \in \mathbf{B}(X)$ で $\pi(S) = \pi(T)^{-1}$ となるものを取り, $K_1 = I - ST$, $K_2 = I - TS$ と置くと, $K_1, K_2 \in \mathbf{K}(X)$ である.

$$\dim \ker T \le \dim \ker(ST) = \dim \ker(I - K_1) < \infty,$$

$$\dim \mathrm{coker}\, T \le \dim \mathrm{coker}(TS) = \dim \mathrm{coker}(I - K_2) < \infty$$

より, $T \in \mathrm{FR}(X)$ である. □

$\mathbf{Q}(X)^{-1}$ は $\mathbf{Q}(X)$ の開集合であり, 群であることに注意する. 商写像 $\pi : \mathbf{B}(X) \to \mathbf{Q}(X)$ の連続性から次が従う.

系 7.2.6 $\mathrm{FR}(X)$ は $\mathbf{B}(X)$ の開集合であり, $\mathrm{FR}(X)\mathrm{FR}(X) \subset \mathrm{FR}(X)$ が成り立つ.

2つのバナッハ空間 X_1, X_2 と, $T_i \in \mathbf{B}(X_i)$, $i = 1, 2$, に対して, $T_1 \oplus T_2 \in \mathbf{B}(X_1 \oplus_1 X_2)$ を $(T_1 \oplus T_2)(x_1, x_2) = (T_1 x_1, T_2 x_2)$ と定める. このとき, $T_1 \oplus T_2 \in \mathrm{FR}(X_1 \oplus_1 X_2) \iff T_1 \in \mathrm{FR}(X_1)$ かつ $T_2 \in \mathrm{FR}(X_2)$ であり, この条件が成り立つとき, $\mathrm{ind}(T_1 \oplus T_2) = \mathrm{ind}\, T_1 + \mathrm{ind}\, T_2$ が成り立つ.

補題 7.2.7 $\mathrm{FR}_0(X) = \mathbf{B}(X)^{-1} + \mathbf{F}(X)$ である.

【証明】 $\mathrm{FR}_0(X) \subset \mathbf{B}(X)^{-1} + \mathbf{F}(X)$ は補題 7.2.4,(2) で既に示しているので, 逆の包含関係を示す. 任意の $W \in \mathbf{B}(X)^{-1}$ と $F \in \mathbf{F}(X)$ に対して, $W + F \in \mathrm{FR}_0(X)$ を示すべきだが, $W + F = W(I + W^{-1}F)$ で $W^{-1}F \in \mathbf{F}(X)$ なので, $W = I$ のときに示せばよい.

$\mathcal{R}(F)$ の基底 $\{y_i\}_{i=1}^n$ を取り, その双対基底 $\{y_i^*\}_{i=1}^n \subset \mathcal{R}(F)^*$ を取る. $y_i = F x_i$ となる $x_i \in X$ を取り, $\varphi_i = y_i^* \circ F \in X^*$ と置くと, $\varphi_j(x_i) = \delta_{i,j}$ が成り立つ. $\ker F = \bigcap_{i=1}^n \ker \varphi_i$ なので, $M = \mathrm{span}\{x_i\}_{i=1}^n$ は $\ker F$ の補空間である. $y_i = a_i + m_i$, $a_i \in \ker F$, $m_i \in M$, と分解し, $N_0 = \mathrm{span}\{a_i\}_{i=1}^n$ と置く.

N_0 は $\ker F$ の有限次元部分空間であるから, 補空間 $N_1 \subset \ker F$ が存在する. $M_1 = M + N_0$ と置くと有限次元で, $X = M_1 + N_1$, $M_1 \cap N_1 = \{0\}$ である. 構成の仕方から, $N_1 \subset \ker F$ かつ $\mathcal{R}(F) \subset M_1$ である. よって,

$$\mathrm{ind}(I + F) = \mathrm{ind}(I + F)|_{M_1} + \mathrm{ind}(I + F)|_{N_1} = 0 + \mathrm{ind}\, dI_{N_1} = 0$$

である. □

$\mathbf{B}(X)^{-1}$ が $\mathbf{B}(X)$ の開集合であり, 群であることから次が従う.

系 7.2.8　$\mathrm{FR}_0(X)$ は $\mathbf{B}(X)$ の開集合であり, $\mathrm{FR}_0(X)\,\mathrm{FR}_0(X) \subset \mathrm{FR}_0(X)$ が成り立つ.

次の問題の主張は, 定理 7.2.1 の証明に使うので, 指数の定義のみを使って解答すること.

問題 7.4　V を ℓ^2 の片側ずらし作用素とする. $n \in \mathbb{Z}$ に対して,

$$V^{(n)} = \begin{cases} V^n, & n > 0 \\ I, & n = 0 \\ V^{*-n}, & n < 0 \end{cases}$$

と定める. このとき, $m, n \in \mathbb{Z}$ に対して $\mathrm{ind}(V^{(m)} V^{(n)}) = -(m + n)$ が成り立つことを示せ.

【定理 7.2.1 の証明】　(1) $\mathrm{FR}(X)$ が $\mathbf{B}(X)$ の開集合であることは既に示した. 指数の連続性を示すためには, $\mathrm{FR}_n(X)$ が開集合であることを示せばよい. $T \in \mathrm{FR}_n(X)$ とすると, $T \oplus V^{(n)} \in \mathrm{FR}_0(X \oplus_1 \ell^2)$ である. $\mathrm{FR}_0(X \oplus_1 \ell^2)$ は $\mathbf{B}(X \oplus_1 \ell^2)$ の開集合であるので, ある $\varepsilon > 0$ が存在して, $R \in \mathbf{B}(X \oplus_1 \ell^2)$, $\|R - (S \oplus V^{(n)})\| < \varepsilon$ ならば, $R \in \mathrm{FR}_0(X \oplus_1 \ell^2)$ である. 特に, $S \in \mathbf{B}(X)$, $\|S - T\| < \varepsilon$ ならば, $S \oplus V^{(n)} \in \mathrm{FR}_0(X \oplus_1 \ell^2)$ であり, $S \in \mathrm{FR}_n(X)$ である. よって, $\mathrm{FR}_n(X)$ は開集合である.

(2) $T \in \mathrm{FR}(X)$, $K \in \mathbf{K}(X)$ とすると, アトキンソンの定理より $T + K \in \mathrm{FR}(X)$ である. $[0, 1] \ni t \mapsto T + tK \in \mathrm{FR}(X)$ は連続なので, 指数の連続性より $\mathrm{ind}(T + K) = \mathrm{ind}\, T$ である.

(3) $S \in \mathrm{FR}_m(X)$, $T \in \mathrm{FR}_n(X)$ とすると, $ST \in \mathrm{FR}(X)$ であることはアトキンソンの定理からわかっている. $S' = S \oplus V^{(m)}$, $T' = T \oplus V^{(n)}$ と置くと,

$S', T' \in \mathrm{FR}_0(X \oplus_1 \ell^2)$ であり,

$$S'T' = ST \oplus V^{(m)}V^{(n)} \in \mathrm{FR}_0(X \oplus_1 \ell^2)$$

である. $\mathrm{ind}(V^{(m)}V^{(n)}) = -(m+n)$ より, $\mathrm{ind}(ST) = m+n$ である. □

$K \in \mathbf{K}(X)$, $\lambda \in \mathbb{C} \setminus \{0\}$ のとき, $\lambda I - K$ は指数 0 のフレドホルム作用素であることから, **フレドホルムの交代定理** (Fredoholm alternative), **択一定理**, あるいは**リース-シャウダーの定理**と呼ばれる次の結果が得られる.

系 7.2.9 $K \in \mathbf{K}(X)$ ならば, $\sigma(K) \setminus \{0\} = \sigma_\mathrm{p}(K) \setminus \{0\}$ である. $\lambda \in \sigma_\mathrm{p}(K) \setminus \{0\}$ のとき,

$$\dim \ker(\lambda I - K) = \dim \mathrm{coker}(\lambda I - T) < \infty$$

である.

【証明】 $\lambda \in \mathbb{C} \setminus \{0\}$ が K の固有値でないとすると, $\ker(\lambda I - K) = \{0\}$ より $\lambda I - T$ は全射である. よってバナッハの逆写像定理より $\lambda I - T$ は可逆であり, $\lambda \notin \sigma(K)$ である. □

$\dim X = \infty$ なら, $K \in \mathbf{K}(X)$ は可逆ではないので, $0 \in \sigma(K)$ であることに注意する.

定理 7.2.10 $K \in \mathbf{K}(X)$ のとき, $\sigma(K)$ は高々可算集合であり, 集積点が存在すれば 0 のみである.

【証明】 $\lambda \in \sigma(K) \setminus \{0\}$ が $\sigma(K)$ の集積点であると仮定して矛盾を導く. $\sigma(K) \setminus \{0\}$ の点列 $\{\lambda_n\}_{n=1}^\infty$ で, $m \neq n$ ならば $\lambda_m \neq \lambda_n$ を満たし, λ に収束するものを取る. $L = \inf_{n \in \mathbb{N}} |\lambda_n|$ と置くと $L > 0$ である. $\lambda_n \in \sigma_\mathrm{p}(K)$ なので, $x_n \in \ker(\lambda_n I - K)$ で $\|x_n\| = 1$ を満たすものが存在する. $\{\lambda_n\}_{n=1}^\infty$ がすべて異なるので, $\{x_n\}_{n=1}^\infty$ は線形独立であり, $X_n = \mathrm{span}\{x_k\}_{k=1}^n$ と置くと, $X_{n-1} \subsetneq X_n$ である. よって補題 1.3.7 より $y_n \in X_n$ で $\|y_n\| = 1$ かつ $d(y_n, X_{n-1}) \geq \frac{1}{2}$ を満たすものが存在する. $KX_n \subset X_n$ に注意する. $n < m$ とする. $y_m = z_{m-1} + c_m x_m$, $z_{m-1} \in X_{m-1}, c_m \in \mathbb{C}$, と一意的に分解するので,

$$Ky_m = Kz_{m-1} + c_m \lambda_m x_m = Kz_{m-1} - \lambda_m z_{m-1} + \lambda_m y_m$$

となり,

$$\|Ky_n - Ky_m\| = \|Ky_n - Kz_{m-1} + \lambda_m z_{m-1} - \lambda_m y_m\| \geq \frac{|\lambda_m|}{2} \geq \frac{L}{2}$$

が成り立つ. これは, $\{Ky_n\}_{n=1}^{\infty}$ が収束する部分列を持たないことを示し, $K \in \mathbf{K}(X)$ であることに矛盾する. よって $\sigma(K)$ の集積点は, 存在すれば 0 のみである.

　上で示したことから, 任意の $n \in \mathbb{N}$ に対して

$$\left\{\lambda \in \sigma(K);\ |\lambda| \geq \frac{1}{n}\right\}$$

は集積点を持たないコンパクト集合であるから有限集合である. よって $\sigma(K)$ は高々可算集合である. □

演 習 問 題

演習 1　ヒルベルト立方体（Hilbert cube）

$$C = \left\{(a_n)_{n=1}^{\infty} \in \ell^2;\ \forall n \in \mathbb{N},\ |a_n| \leq \frac{1}{n}\right\}$$

はコンパクトであることを示せ.

演習 2　$[0, \infty)$ 上の連続関数で無限遠で 0 に収束するもの全体 $C_0[0, \infty)$ は, ノルム $\|f\|_\infty = \sup\limits_{t \in [0, \infty)} |f(t)|$ によりバナッハ空間である.

(1)　$f \in L^2[0, \infty)$ に対して $Tf(s) = \frac{1}{1+s}\int_0^s f(t)dt$ と定める.

$$|Tf(s)| \leq \frac{\sqrt{s}\|f\|_2}{1+s}$$

　　が成り立つことを示せ.

(2)　$T \in \mathbf{K}(L^2[0, \infty), C_0[0, \infty))$ であることを示せ.

演習 3　以下の問題では, 例 2.4.5 と 2 章演習 1 の記号を使う.

(1)　$f \in C(\mathbb{T})$ ならば, $[M_f, P_+] = M_f P_+ - P_+ M_f \in \mathbf{K}(L^2(\mathbb{T}))$ であることを示せ.

(2)　$f \in C(\mathbb{T}), g \in L^\infty(\mathbb{T})$ のとき, $T_{fg} - T_f T_g \in \mathbf{K}(H^2(\mathbb{T}))$ であることを示せ.

(3)　$f \in C(\mathbb{T})^{-1}$ ならば, $T_f \in \mathrm{FR}(H^2(\mathbb{T}))$ であることを示せ.

演習 4　$f \in C(\mathbb{T}) \setminus C(\mathbb{T})^{-1}$ のとき，$T_f \notin \mathrm{FR}(H^2(\mathbb{T}))$ であることを，以下の手順で示せ．まず，$f(t_0) = 0$ となる $0 \le t_0 < 2\pi$ が存在することに注意する．

(1)　$0 < r < 1$ に対して，$h_r \in H^2(\mathbb{T})$ を，

$$h_r(t) = \sqrt{1 - r^2} \sum_{n=0}^{\infty} r^n e^{in(t - t_0)} = \frac{\sqrt{1 - r^2}}{1 - re^{i(t - t_0)}}$$

と定める．$\|h_r\|_2 = 1$ かつ w-$\lim_{r \to 1-0} h_r = 0$ が成り立つことを示せ．

(2)　$\lim_{r \to 1-0} \|T_f h_r\|_2 = 0$ を示せ．

(3)　$T_f \in \mathrm{FR}(H^2(\mathbb{T}))$ と仮定して矛盾を導け．

演習 5　$f \in C(\mathbb{T})^{-1}$ の**回転数**（winding number）を $w(f)$ としたときに，**指数公式** $\mathrm{ind}\, T_f = -w(f)$ が成り立つことを，以下の手順で示せ．

(1)　連続関数 $\theta : \mathbb{R} \to \mathbb{R}$ で $f(t) = |f(t)| e^{i\theta(t)}$ を満たすものが存在することを示せ．θ は $2\pi\mathbb{Z}$ の元を加える自由度を除いて一意的であることを示せ．

(2)　f の回転数を $w(f) = \frac{\theta(2\pi) - \theta(0)}{2\pi} \in \mathbb{Z}$ と定める．$C(\mathbb{T})^{-1}$ の中で連続的に f を $e_{w(f)}(t) = e^{iw(f)t}$ に変形できることを示せ．

(3)　任意の $n \in \mathbb{Z}$ に対して $\mathrm{ind}\, T_{e_n} = -n$ が成り立つことを示せ．

(4)　$\mathrm{ind}\, T_f = -w(f)$ を示せ．

演習 6　$\pi : \mathbf{B}(X) \to \mathbf{B}(X)/\mathbf{K}(X) = \mathbf{Q}(X)$ を商写像とする．$T \in \mathbf{B}(X)$ に対して，$\sigma(\pi(T))$ を $\sigma_{\mathrm{e}}(T)$ と書いて，T の**本質的スペクトル**（essential spectrum）と呼ぶ．$\lambda I - T$ が可逆であれば $\pi(\lambda I - T)$ も可逆なので，$\sigma_{\mathrm{e}}(T) \subset \sigma(T)$ である．

$$\sigma_{\mathrm{w}}(T) = \bigcap_{K \in \mathbf{K}(X)} \sigma(T + K)$$

を T の**ワイルスペクトル**（Weyl spectrum）と呼ぶ．$\pi(T + K) = \pi(T)$ より，一般に $\sigma_{\mathrm{e}}(T) \subset \sigma_{\mathrm{w}}(T)$ が成り立つ．

(1)　V が ℓ^2 の片側ずらし作用素のとき，$\sigma_{\mathrm{e}}(V) = S^1$ を示せ．

(2)　$\sigma_{\mathrm{w}}(V) = \overline{\mathbb{D}}$ を示せ．

第8章

ヒルベルト空間の
コンパクト作用素詳論

本章ではヒルベルト空間のコンパクト作用素の詳しい解析を行う．コンパクト自己共役作用素は固有ベクトルからなる完全正規直交系を持ち，作用素の極分解により任意のコンパクト作用素がシュミット展開される．ヒルベルト-シュミットクラスとトレースクラスは応用上特に重要なコンパクト作用素のクラスである．

8.1 コンパクト自己共役作用素

この章では，$\mathcal{H}$ はヒルベルト空間とし，記号

$$\mathbf{K}(\mathcal{H})_{\mathrm{sa}} = \mathbf{K}(\mathcal{H}) \cap \mathbf{B}(\mathcal{H})_{\mathrm{sa}}, \quad \mathbf{K}(\mathcal{H})_+ = \mathbf{K}(\mathcal{H}) \cap \mathbf{B}(\mathcal{H})_+$$

を用いる．

$T \in \mathbf{K}(\mathcal{H})$ が正規作用素のとき，系 7.2.9 と定理 7.2.10 を，簡単かつより直接的に証明できるので，まずそれを行う．

【系 7.2.9 の証明】 T が正規であるから $\sigma(T) = \sigma_{\mathrm{ap}}(T)$ なので，任意の $\lambda \in \sigma(T) \setminus \{0\}$ に対して，近似固有ベクトル $\{x_n\}_{n=1}^{\infty}$ が存在する．T はコンパクト作用素なので，部分列を取ることにより，更に $\{Tx_n\}_{n=1}^{\infty}$ は収束するとしてよい．$\{\lambda x_n - Tx_n\}_{n=1}^{\infty}$ が 0 に収束するので，$\{x_n\}_{n=1}^{\infty}$ も収束し，その極限を x とすると，$x \in \ker(\lambda I - T) \setminus \{0\}$ である．よって $\sigma(T) \setminus \{0\} = \sigma_{\mathrm{p}}(T) \setminus \{0\}$ である．$\lambda \in \sigma_{\mathrm{p}}(T) \setminus \{0\}$ とすると，$TB_{\ker(\lambda I - T)} = \lambda B_{\ker(\lambda - T)}$ は相対コンパクトなので，$\dim \ker(\lambda I - T) < \infty$ である． $\square$

【定理 7.2.1 の証明】 $\{\lambda_n\}_{n=1}^{\infty} \subset \sigma(T) \setminus \{0\}$ とする．$e_n \in \ker(\lambda_n I - T)$ を $\|e_n\| = 1$ となるように取ると，補題 6.2.5,(2) より $\{e_n\}_{n=1}^{\infty}$ は ONS なので，ベッ

セル不等式より 0 に弱収束する．コンパクト作用素の完全連続性より，$\{Te_n\}_{n=1}^{\infty}$ は 0 に収束し，$\|Te_n\| = |\lambda_n| \to 0$ である．よって，$\sigma(T)$ の集積点は存在すれば 0 のみである． $\square$

定理 6.4.12，系 7.2.9 と定理 7.2.10 を合わせると，次のコンパクト自己共役作用素のスペクトル分解定理が得られる．

定理 8.1.1 （**スペクトル分解**） $A \in \mathbf{K}(\mathcal{H})_{\mathrm{sa}}$ とすると，$\sigma(A) \setminus \{0\}$ は高々可算集合 $\{\lambda_n\}_{n=1}^{N} \subset \mathbb{R}$，$N \in \mathbb{N}_0 \cup \{\infty\}$，であり，$\{|\lambda_n|\}_{n=1}^{N}$ は単調減少に取ることができ，$N = \infty$ ならば 0 に収束する．P_n を固有空間 $\ker(\lambda_n I - A)$ への射影とすると，$P_n \in \mathbf{F}(\mathcal{H})$ であり，

$$A = \sum_{n=1}^{N} \lambda_n P_n$$

は，作用素ノルムで収束する．

系 8.1.2 $A \in \mathbf{K}(\mathcal{H})_{\mathrm{sa}}$ が $\sigma(A) \cap (0, \infty) \neq \emptyset$ を満たせば，

$$\sup_{\|x\|=1} \langle Ax, x \rangle = \max_{\|x\|=1} \langle Ax, x \rangle = A \text{ の最大固有値}$$

が成り立つ．

$T \in \mathbf{K}(\mathcal{H})$ ならば，

$$\|T\| = \max_{\|x\|=1} \|Tx\|$$

であり，これは T^*T の最大固有値の平方根と一致する．

【証明】 $\sigma(A) \setminus \{0\} = \sigma_{\mathrm{p}}(A) \setminus \{0\}$ かつ $\sigma(A) \cap (0, \infty) \neq \emptyset$ なので，A の最大固有値 M が存在する．$x \in \mathcal{H}$, $\|x\| = 1$ とすると，ベッセル不等式より，

$$\langle Ax, x \rangle = \sum_{n=1}^{N} \lambda_n \langle P_n x, x \rangle \leq M \sum_{n=1}^{N} \langle P_n x, x \rangle \leq M \|x\|^2 = M$$

が成り立ち，等号は x が M に対する固有ベクトルのときに成立する．

後半の主張は，$\|Tx\|^2 = \langle T^*Tx, x \rangle$ から従う． $\square$

定義 8.1.1 $T \in \mathbf{B}(\mathcal{H})$ の固有ベクトルからなる $\mathcal{H}$ の CONS が存在するとき，T を**対角作用素**（diagonal operator）と呼ぶ．

系 8.1.3　任意の $A \in \mathbf{K}(\mathcal{H})_{\mathrm{sa}}$ は対角作用素である.

【証明】　$\mathcal{H} = \ker A \oplus \overline{\mathcal{R}(A)}$ であり, スペクトル分解から,

$$\overline{\mathcal{R}(A)} = \mathrm{span} \bigcup_{n=1}^{N} \ker(\lambda_n I - A)$$

がわかるので, A の各固有空間から CONS を選べば, その合併は $\mathcal{H}$ の CONS である.　　　　　　　　　　　　　　　　　　　　　　　　　　$\square$

命題 8.1.4　$T \in \mathbf{B}(\mathcal{H})$ は対角作用素, $\{e_i\}_{i \in I}$ は T の固有ベクトルからなる $\mathcal{H}$ の CONS とし, $Te_i = \lambda_i e_i$ とする. このとき次の条件は同値である.

(1) $T \in \mathbf{K}(\mathcal{H})$.

(2) $\{\lambda_i\}_{i \in I}$ は無限遠で 0 に収束する, つまり, $\forall \varepsilon > 0, \exists F \Subset I, \forall i \in I \setminus F,$ $|\lambda_i| < \varepsilon,$ が成り立つ.

【証明】　(1) $\Longrightarrow$ (2). (2) が成り立たないと仮定すると, $\varepsilon > 0$ と可算部分集合 $\{i_n\}_{n=1}^{\infty} \subset I$ が存在して, 任意の $n \in \mathbb{N}$ に対して $|\lambda_n| \geq \varepsilon$ が成り立つ. このとき $\{e_{i_n}\}_{n=1}^{\infty}$ は 0 に弱収束するが, $\|Te_{i_n}\| = |\lambda_{i_n}|$ は 0 に収束しない. よって T はコンパクト作用素ではない.

(2) $\Longrightarrow$ (1). $n \in \mathbb{N}$ に対して, $F_n = \{i \in I; |\lambda_i| \geq \frac{1}{n}\}$ と定めると, F_n は有限集合である. E_n を $\mathrm{span}\{e_i\}_{i \in F_n}$ への射影とすると, $E_n \in \mathbf{F}(\mathcal{H})$ である. 任意の $x \in \mathcal{H}$ に対して,

$$\|(T - TE_n)x\|^2 = \left\| T \sum_{i \in I \setminus F_n} \langle x, e_i \rangle e_i \right\|^2 = \sum_{i \in I \setminus F_n} |\lambda_i|^2 |\langle x, e_i \rangle|^2$$
$$\leq \frac{1}{n^2} \sum_{i \in I \setminus F_n} |\langle x, e_i \rangle|^2 \leq \frac{1}{n^2} \|x\|^2$$

が成り立つので, $\|T - E_n T\| \leq \frac{1}{n}$ であり, $\{TE_n\}_{n=1}^{\infty}$ は作用素ノルムで T に収束する. $TE_n \in \mathbf{F}(\mathcal{H}) \subset \mathbf{K}(\mathcal{H})$ なので, $T \in \mathbf{K}(\mathcal{H})$ である.　　$\square$

補題 8.1.5　$T \in \mathbf{B}(\mathcal{H})$ に対して次が成り立つ.

$$T \in \mathbf{K}(\mathcal{H}) \iff |T| \in \mathbf{K}(\mathcal{H}) \iff T^* \in \mathbf{K}(\mathcal{H}).$$

【証明】　$T = W|T|$ を極分解とすると, 主張は $|T| = W^*T = T^*W, T^* = |T|W^*$ より従う.　　　　　　　　　　　　　　　　　　　　　　　　　　　$\square$

系 8.1.6 $\mathbf{K}(\mathcal{H}) = \overline{\mathbf{F}(\mathcal{H})}^{\|\cdot\|}$ が成り立つ.

【証明】 $\mathbf{K}(\mathcal{H}) \supset \overline{\mathbf{F}(\mathcal{H})}^{\|\cdot\|}$ は既にわかっているので逆の包含関係を示す. $T \in \mathbf{K}(\mathcal{H})$ とし, $T = W|T|$ を極分解とする. このとき $|T| \in \mathbf{K}(\mathcal{H})_+$ であるので, $|T| = \displaystyle\sum_{n=1}^{N} \lambda_n P_n$ とスペクトル分解される. $N < \infty$ ならば $|T| \in \mathbf{F}(\mathcal{H})$ であり $T \in \mathbf{F}(\mathcal{H})$ である. $N = \infty$ のときは, 任意の $m \in \mathbb{N}$ に対して

$$\left\| T - W \sum_{n=1}^{m} \lambda_n P_n \right\| \le \|W\| \left\| |T| - \sum_{n=1}^{m} \lambda_n P_n \right\| = \lambda_{m+1}$$

で, $\{\lambda_m\}_{m=1}^{\infty}$ は 0 に収束するので, $T \in \overline{\mathbf{F}(\mathcal{H})}^{\|\cdot\|}$ である. □

定義 8.1.2 $x, y \in \mathcal{H}$ に対して $x \otimes y^* \in \mathbf{F}(\mathcal{H})$ を, $(x \otimes y^*)z = \langle z, y \rangle x$ と定め, **シャッテン形式** (Schatten form) と呼ぶ.

定義から, 次が成り立つ.

- $(x \otimes y^*)(z \otimes w^*) = \langle z, y \rangle x \otimes w^*$.
- $(x \otimes y^*)^* = y \otimes x^*$.
- $\|x \otimes y^*\| = \|x\| \|y\|$.
- $\mathcal{K}$ が $\mathcal{H}$ の有限次元部分空間で, $\{e_i\}_{i=1}^{n}$ が $\mathcal{K}$ の CONS のとき, $\displaystyle\sum_{i=1}^{n} e_i \otimes e_i^*$ は $\mathcal{K}$ への射影である.

定義 8.1.3 $T = W|T|$ を $T \in \mathbf{K}(\mathcal{H})$ の極分解とする. $|T|$ の固有値を重複度を込めて大きい順に並べたものを $\{s_n(T)\}_{n=1}^{N}$, $N \in \mathbb{N}_0 \cup \{\infty\}$, と書いて, T の **特異値** (singular values) と呼ぶ. このとき, $\ker T^{\perp} = \ker |T|^{\perp} = \ker W^{\perp}$ の CONS $\{e_n\}_{n=1}^{N}$ で $|T|e_n = s_n(T)e_n$ を満たすものを取ることができる. $f_n = We_n$ と置けば, $\{f_n\}_{n=1}^{N}$ は $\overline{\mathcal{R}(T)} = \mathcal{R}(W)$ の CONS で,

$$T = \sum_{n=1}^{N} s_n(T) f_n \otimes e_n^*$$

は作用素ノルムで収束する. これを T の **シュミット展開** (Schmidt expansion) と呼ぶ.

注意 8.1.1　シュミット展開は一意的ではない. $\{e_n\}_{n=1}^N$ の選び方には不定性があるからである.

系 8.1.2 より $s_1(T) = \|T\|$ である.

$$|T^*|^2 = TT^* = \sum_{n=1}^N s_n(T)^2 f_n \otimes f_n^*$$

から $s_n(T) = s_n(T^*)$ が成り立つ.

以後, $N < \infty$ のときは $n > N$ に対して $s_n(T) = 0$ と定め, 混乱の恐れがないときには N が有限か無限かを区別せずに議論する.

次の特異値の特徴付けは, 特異値の詳しい性質を導くためにとても有用である.

定理 8.1.7　$T \in \mathbf{K}(\mathcal{H})$ と $n \in \mathbb{N}$ に対して, 次が成り立つ.

$$s_n(T) = \min\{\|T - F\|;\ F \in \mathbf{F}(\mathcal{H}),\ \mathrm{rank}\, F \leq n - 1\}.$$

【証明】　$T = \displaystyle\sum_{n=1}^N s_n(T) f_n \otimes e_n^*$ を T のシュミット展開とし, $n \leq N$ のときに主張を示す. $F \in \mathbf{F}(\mathcal{H})$ のランクが $n - 1$ 以下とし, $\mathcal{K} = \mathrm{span}\{e_k\}_{k=1}^n$ と置くと, $x \in \ker F \cap \mathcal{K}$, $\|x\| = 1$, を満たすものが存在する. 実際, $F|_{\mathcal{K}} : \mathcal{K} \to \mathcal{R}(\mathcal{H})$ のランクが $n - 1$ 以下で $\dim \mathcal{K} = n$ なので, $\ker F|_{\mathcal{K}} \neq \{0\}$ である.

$$\|(T - F)x\|^2 = \left\|\sum_{k=1}^n s_k(T)\langle x, e_k\rangle f_k\right\|^2 = \sum_{k=1}^n s_k(T)^2 |\langle x, e_k\rangle|^2$$
$$\geq s_n(T)^2 \sum_{k=1}^n |\langle x, e_k\rangle|^2 = s_n(T)^2 \|x\|^2$$

より $\|T - F\| \geq s_n(T)$ である. 一方, $T_{n-1} = \displaystyle\sum_{k=1}^{n-1} s_k(T) f_k \otimes e_k^*$ と置けば, $\mathrm{rank}\, T_{n-1} = n - 1$ であり, 等号 $\|T - T_{n-1}\| = s_n(T)$ が成り立つ.　　　□

命題 8.1.8　$S, T \in \mathbf{K}(\mathcal{H})$, $V \in \mathbf{B}(\mathcal{H})$, $m, n \in \mathbb{N}$, に対して次が成り立つ.
  (1) $s_n(VT) \leq \|V\| s_n(T)$, $s_n(TV) \leq \|V\| s_n(T)$.
  (2) $s_{m+n-1}(S + T) \leq s_m(S) + s_n(T)$.

【証明】 (1) $F \in \mathbf{F}(\mathcal{H})$, $\mathrm{rank}\, F \leq n-1$ で $s_n(T) = \|T - F\|$ を満たすものを取る. このとき $\mathrm{rank}\, VF \leq n-1$ なので,

$$s_n(VT) \leq \|VT - VF\| \leq \|V\|\|T - F\| = \|V\|s_n(T)$$

が成り立つ. 同様に 2 番目の不等式も成り立つ.

(2) $F' \in \mathbf{F}(\mathcal{H})$, $\mathrm{rank}\, F' \leq m-1$, $s_m(S) = \|S - F'\|$ を満たすものを取る. このとき $\mathrm{rank}(F' + F) \leq m+n-2$ なので,

$$s_{m+n-1}(S+T) \leq \|S + T - (F' + F)\| \leq \|S - F'\| + \|T - F\|$$
$$= s_m(S) + s_n(T)$$

が成り立つ. □

問題 8.1 次の**ミニ・マックス原理** (mini-max principle) が成り立つことを示せ. ここで, $\mathcal{K}$ は $\mathcal{H}$ の $n-1$ 次元部分空間を動くものとする.

(1) $T \in \mathbf{K}(\mathcal{H})$ に対して,

$$s_n(T) = \min_{\dim \mathcal{K} = n-1} \max_{x \in \mathcal{K}^\perp,\, \|x\|=1} \|Tx\|.$$

(2) $A \in \mathbf{K}(\mathcal{H})_+$ に対して,

$$s_n(A) = \min_{\dim \mathcal{K} = n-1} \max_{x \in \mathcal{K}^\perp,\, \|x\|=1} \langle Ax, x \rangle.$$

8.2 トレースクラスとヒルベルト-シュミットクラス

この節では, 便宜上 $\mathcal{H}$ は可分無限次元ヒルベルト空間と仮定するが, 可分性の仮定は本質的ではない.

定義 8.2.1 $1 \leq p < \infty$ に対して, $\mathbf{S}_p(\mathcal{H}) = \left\{ T \in \mathbf{K}(\mathcal{H}); \sum_{n=1}^{\infty} s_n(T)^p < \infty \right\}$ と定め, シャッテン p-クラスと呼ぶ. $T \in \mathbf{S}_p(\mathcal{H})$ に対して, $\|T\|_p = \left(\sum_{n=1}^{\infty} s_n(T)^p \right)^{\frac{1}{p}}$ と定め, シャッテン p-ノルムと呼ぶ.

$\mathbf{S}_1(\mathcal{H})$ を**トレースクラス** (trace class) と呼び, $\|\cdot\|_{\mathrm{Tr}} = \|\cdot\|_1$ と書く.

$\mathbf{S}_2(\mathcal{H})$ を**ヒルベルト-シュミットクラス** (Hilbert-Schmidt class) と呼び, $\|\cdot\|_{\mathrm{HS}} = \|\cdot\|_2$ と書く.

補題 8.2.1　$\mathbf{S}_p(\mathcal{H})$ は $\mathbf{B}(\mathcal{H})$ や $\mathbf{K}(\mathcal{H})$ の両側イデアルであり, 任意の $T \in \mathbf{S}_p(\mathcal{H})$ と $V \in \mathbf{B}(\mathcal{H})$ に対して

$$\|VT\|_p \leq \|V\|\|T\|_p, \quad \|TV\|_p \leq \|T\|_p\|V\|$$

が成り立つ. また, $T \in \mathbf{S}_p(\mathcal{H}) \iff T^* \in \mathbf{S}_p(\mathcal{H})$ である.

【証明】　特異値列は単調減少なので, 前半の主張は命題 8.1.8 から従う. $s_n(T) = s_n(T^*)$ より後半の主張が従う. □

　シャッテンノルム $\|\cdot\|_p$ が三角不等式を満たすことを, 命題 8.1.8 のみから示すことはできない（証明については [4] を参照されたい）. 応用上 $p = 1, 2$ の場合が特に重要なので, 本書ではこの 2 つの場合についてのみこの事実を示す. どちらのクラスも $\mathbf{B}(\mathcal{H})$ のトレースとの関係が重要である.

　まず, 正作用素に対してトレースを導入する.

補題 8.2.2　$A \in \mathbf{B}(\mathcal{H})_+$, $T \in \mathbf{B}(\mathcal{H})$ とする.

(1)　$\mathcal{H}$ の CONS $\{e_n\}_{n=1}^{\infty}$ を選び, A のトレースを $\mathrm{Tr}\, A = \sum_{n=1}^{\infty} \langle Ae_n, e_n \rangle \in [0, \infty]$ と定める. このとき, $\mathrm{Tr}\, A$ は $\{e_n\}_{n=1}^{\infty}$ の選び方によらずに定まる.

(2)　$\mathrm{Tr}(T^*T) = \mathrm{Tr}(TT^*) \geq \|T\|^2$ が成り立つ.

【証明】　$\{f_n\}_{n=1}^{\infty}$ も $\mathcal{H}$ の CONS とすると, パーセヴァル等式より,

$$\sum_{n=1}^{\infty} \langle T^*Te_n, e_n \rangle = \sum_{n=1}^{\infty} \|Te_n\|^2 = \sum_{n=1}^{\infty} \sum_{m=1}^{\infty} |\langle Te_n, f_m \rangle|^2$$
$$= \sum_{m=1}^{\infty} \sum_{n=1}^{\infty} |\langle e_n, T^*f_m \rangle|^2 = \sum_{m=1}^{\infty} \|T^*f_m\|^2$$
$$= \sum_{m=1}^{\infty} \langle TT^*f_m, f_m \rangle$$

が成り立つ. よって $T = |A|^{\frac{1}{2}}$ と置けば (1) が, $e_n = f_n$ と置けば, (2) の前半が得られる.

　任意のノルムが 1 の $x \in \mathcal{H}$ に対して, $e_1 = x$ である $\mathcal{H}$ の CONS $\{e_n\}_{n=1}^{\infty}$ が存在するので, $\mathrm{Tr}(T^*T) \geq \langle T^*Tx, x \rangle = \|Tx\|^2$ であり, $\mathrm{Tr}(T^*T) \geq \|T\|^2$ が成り立つ. □

補題 8.2.3 $\mathrm{Tr}(T^*T) < \infty \Longrightarrow T \in \mathbf{K}(\mathcal{H})$.

【証明】 $\mathcal{H}$ の CONS $\{e_n\}_{n=1}^{\infty}$ を取り，E_n を $\mathrm{span}\{e_k\}_{k=1}^{n}$ への射影とする．このとき，

$$\|T(I - E_n)\|^2 \leq \mathrm{Tr}((I - E_n)T^*T(I - E_n)) = \sum_{k=n+1}^{\infty} \langle T^*Te_k, e_k \rangle$$

より，$\lim_{n\to\infty} \|T - TE_n\| = 0$ である．$TE_n \in \mathbf{F}(\mathcal{H})$ より，$T \in \mathbf{K}(\mathcal{H})$ である． $\square$

定理 8.2.4 $T \in \mathbf{B}(\mathcal{H})$ について次の条件は同値である．

(1) $\mathrm{Tr}(T^*T) < \infty$.

(2) $T \in \mathbf{S}_2(\mathcal{H})$.

T が上の同値条件を満たすとき，$\mathrm{Tr}(T^*T) = \|T\|_{\mathrm{HS}}^2$ である．

【証明】 (1) $\Longrightarrow$ (2)．$\mathrm{Tr}(T^*T) < \infty$ なので，$T \in \mathbf{K}(\mathcal{H})$ である．$T = \sum_{n=1}^{N} s_n(T)f_n \otimes e_n^*$ を T のシュミット展開とする．$\ker T$ の CONS$\{e_i'\}_{i\in I}$ を取ると $\{e_n\}_{n=1}^{N} \cup \{e_i'\}_{i\in I}$ は $\mathcal{H}$ の CONS なので，

$$\mathrm{Tr}(T^*T) = \sum_{n=1}^{N} \|Te_n\|^2 + \sum_{i\in I} \|Te_i'\|^2 = \sum_{n=1}^{N} s_n(T)^2$$

となり，$T \in \mathbf{S}_2(\mathcal{H})$ である．(2) $\Longrightarrow$ (1) も同じ計算から従う． $\square$

注意 8.2.1 補題 8.2.2 の証明と上の定理より，$\{e_n\}_{n=1}^{\infty}$ が $\mathcal{H}$ の CONS のとき，

$$\|T\|_{\mathrm{HS}} = \left(\sum_{m,n=1}^{\infty} |\langle Te_n, e_m \rangle|^2 \right)^{\frac{1}{2}}$$

であることがわかる．これは，T の行列要素の ℓ^2 ノルムに他ならない．

次に，トレースの定義域を広げよう．

定理 8.2.5 $S, T \in \mathbf{S}_2(\mathcal{H})$ と $\mathcal{H}$ の CONS $\{e_n\}_{n=1}^{\infty}$ に対して，

$$\sum_{n=1}^{\infty} \langle STe_n, e_n \rangle$$

は絶対収束し，その値は $\{e_n\}_{n=1}^{\infty}$ の選び方によらない．これを $\mathrm{Tr}(ST)$ と書いて ST の**トレース**と呼ぶ．$\mathrm{Tr}(ST) = \mathrm{Tr}(TS)$ が成り立つ．

【証明】　極化等式同様に，等式

$$ST = \frac{1}{4} \sum_{k=0}^{3} i^k (S + i^k T^*)(S + i^k T^*)^*$$

が成り立つことに注意する．$V_k = S + i^k T^*$ と置くと，$V_k \in \mathbf{S}_2(\mathcal{H})$ である．
$|\langle ST e_n, e_n \rangle| \le \dfrac{1}{4} \displaystyle\sum_{k=0}^{3} \langle V_k V_k^* e_n, e_n \rangle$ より，

$$\sum_{n=1}^{\infty} |\langle ST e_n, e_n \rangle| \le \frac{1}{4} \sum_{k=0}^{3} \mathrm{Tr}(V_k V_k^*) < \infty$$

である．等式 $TS = \dfrac{1}{4} \displaystyle\sum_{k=0}^{3} i^k V_k^* V_k$ を使うと，

$$\mathrm{Tr}(ST) = \frac{1}{4} \sum_{k=0}^{3} i^k \mathrm{Tr}(V_k V_k^*) = \frac{1}{4} \sum_{k=0}^{3} i^k \mathrm{Tr}(V_k^* V_k) = \mathrm{Tr}(TS)$$

が得られる．　　　　　　　　　　　　　　　　　　　　　　　　□

補題 8.2.6　$T \in \mathbf{K}(\mathcal{H})$ に対して次の条件は同値である．

(1)　$S_1, S_2 \in \mathbf{S}_2(\mathcal{H})$ が存在して，$T = S_1 S_2$.

(2)　$T \in \mathbf{S}_1(\mathcal{H})$.

T が上の同値条件を満たすとき，$|\mathrm{Tr}\, T| \le \|T\|_{\mathrm{Tr}}$ が成り立つ．

【証明】　$T = \displaystyle\sum_{n=1}^{N} s_n(T) f_n \otimes e_n^*$ をシュミット展開とする．$\ker T$ の CONS $\{e_i'\}_{i \in I}$ を取ると，$\{e_n\}_{n=1}^{N} \cup \{e_i'\}_{i \in I}$ は $\mathcal{H}$ の CONS である．以後トレースの計算はこの CONS を使って行う．

(1) $\implies$ (2).　$T = W|T|$ を T の極分解とする．$|T| = W^* S_1 S_2$，$W^* S_1, S_2 \in \mathbf{S}_2(\mathcal{H})$，より，$\mathrm{Tr}\,|T|$ は収束する．$|T| = \displaystyle\sum_{n=1}^{N} s_n(T) e_n \otimes e_n^*$ なので，
$\mathrm{Tr}\,|T| = \displaystyle\sum_{n=1}^{N} s_n(T) = \|T\|_{\mathrm{Tr}}$ となり，$T \in \mathbf{S}_1(\mathcal{H})$ である．

$(2) \Longrightarrow (1).$

$$S_1 = \sum_{n=1}^{N} s_n(T)^{\frac{1}{2}} f_n \otimes e_n^*, \quad S_2 = \sum_{n=1}^{N} s_n(T)^{\frac{1}{2}} e_n \otimes e_n^*$$

と置けば, $S_1, S_2 \in \mathbf{S}_2(\mathcal{H})$, $T = S_1 S_2$ である.

T がこの同値条件を満たすとき, $\operatorname{Tr} T = \sum_{n=1}^{N} s_n(T)\langle f_n, e_n \rangle$ なので, $|\operatorname{Tr} T| \leq \|T\|_{\operatorname{Tr}}$ である. □

定理 8.2.7 $T \in \mathbf{S}_1(\mathcal{H})$ とする.

(1) 任意の $V \in \mathbf{B}(\mathcal{H})$ に対して $\operatorname{Tr}(VT) = \operatorname{Tr}(TV)$ が成り立つ.

(2) 次が成り立つ.

$$\|T\|_{\operatorname{Tr}} = \max_{V \in \mathbf{B}(\mathcal{H}), \|V\| \leq 1} |\operatorname{Tr}(VT)| = \sup_{V \in \mathbf{K}(\mathcal{H}), \|V\| \leq 1} |\operatorname{Tr}(VT)|.$$

【証明】 (1) $T = S_1 S_2$, $S_1, S_2 \in \mathbf{S}_2(\mathcal{H})$, と分解すると,

$$\operatorname{Tr}(VT) = \operatorname{Tr}((VS_1)S_2) = \operatorname{Tr}(S_2(VS_1)) = \operatorname{Tr}((S_2 V)S_1) = \operatorname{Tr}(S_1(S_2 V))$$
$$= \operatorname{Tr}(TV)$$

が成り立つ.

(2) 補題 8.2.1 より $\|VT\|_{\operatorname{Tr}} \leq \|V\| \|T\|_{\operatorname{Tr}}$ が成り立つので, $\|V\| \leq 1$ ならば, $|\operatorname{Tr}(VT)| \leq \|VT\|_{\operatorname{Tr}} \leq \|T\|_{\operatorname{Tr}}$ である. $T = W|T|$ を極分解とすると, $\|W\| \leq 1$ であり $\operatorname{Tr}(W^*T) = \operatorname{Tr}(|T|) = \|T\|_{\operatorname{Tr}}$ が成り立つので, 一つ目の等号が成り立つ. $T = \sum_{n=1}^{N} s_n(T) f_n \otimes e_n^*$, $N \in \mathbb{N}_0 \cup \{\infty\}$, をシュミット展開とする. $N < \infty$ のとき, $W \in \mathbf{F}(\mathcal{H})$ なので, 2つ目の等号も成り立つ. $N = \infty$ のとき, E_n を $\operatorname{span}\{e_k\}_{k=1}^{n}$ への射影とし, $V_n = E_n W^*$ と置くと, $V_n \in \mathbf{F}(\mathcal{H})$, $\|V_n\| = 1$, である.

$$\operatorname{Tr}(V_n T) = \operatorname{Tr}(E_n|T|) = \sum_{k=1}^{n} s_k(T) \to \|T\|_{\operatorname{Tr}}, \quad (n \to \infty)$$

より, 2つ目の等号が成り立つ. □

上の定理より, $T \in \mathbf{S}_1(\mathcal{H})$ と $K \in \mathbf{K}(\mathcal{H})$ に対して $\varphi_T(K) = \operatorname{Tr}(KT)$ と定めると, $\varphi_T \in \mathbf{K}(\mathcal{H})^*$ であり $\|\varphi_T\| = \|T\|_{\operatorname{Tr}}$ である. これから, $(\mathbf{S}_1(\mathcal{H}), \|\cdot\|_{\operatorname{Tr}})$ はノルム空間であることがわかる.

命題 8.2.8　写像 $\Phi : \mathbf{S}_1(\mathcal{H}) \to \mathbf{K}(\mathcal{H})^*$, $T \mapsto \varphi_T$, は等長同型である．特に，$(\mathbf{S}_1(\mathcal{H}), \|\cdot\|_{\mathrm{Tr}})$ はバナッハ空間である．

【証明】　Φ が全射であることを示せばよい．$\varphi \in \mathbf{K}(\mathcal{H})^*$ とし，$x, y \in \mathcal{H}$ に対して，$b_\varphi(x, y) = \varphi(x \otimes y^*)$ と定めると，b_φ は半双線形形式である．

$$|b_\varphi(x, y)| \leq \|\varphi\|\|x \otimes y^*\| = \|\varphi\|\|x\|\|y\|$$

より，b_φ は有界であり，$T \in \mathbf{B}(\mathcal{H})$ が存在して，任意の $x, y \in \mathcal{H}$ に対して $\varphi(x \otimes y^*) = \langle Tx, y \rangle$ が成り立つ．$T = W|T|$ を極分解とする．$\{e_n\}_{n=1}^\infty$ を $\mathcal{H}$ の CONS とすると，

$$\varphi\left(\sum_{k=1}^n (e_k \otimes e_k^*)W^*\right) = \varphi\left(\sum_{k=1}^n e_k \otimes (We_k)^*\right) = \sum_{k=1}^n \langle Te_k, We_k \rangle$$
$$= \sum_{k=1}^n \langle |T|e_k, e_k \rangle$$

なので，

$$\sum_{k=1}^n \langle |T|e_k, e_k \rangle \leq \|\varphi\| \left\|\sum_{k=1}^n (e_k \otimes e_k^*)W^*\right\| \leq \|\varphi\|$$

が成り立つ．n は任意なので，$T \in \mathbf{S}_1(\mathcal{H})$ であり $\|T\|_{\mathrm{Tr}} \leq \|\varphi\|$ が成り立つ．

$$\varphi_T(x \otimes y^*) = \sum_{n=1}^\infty \langle (x \otimes y^*)Te_n, e_n \rangle = \sum_{n=1}^\infty \langle Te_n, y \rangle\langle x, e_n \rangle$$
$$= \sum_{n=1}^\infty \langle x, e_n \rangle\langle e_n, T^*y \rangle = \langle x, T^*y \rangle = \langle Tx, y \rangle$$
$$= \varphi(x \otimes y^*)$$

より $\varphi|_{\mathbf{F}(\mathcal{H})} = \varphi_T|_{\mathbf{F}(\mathcal{H})}$ が成り立つ．$\mathbf{F}(\mathcal{H})$ は $\mathbf{K}(\mathcal{H})$ で稠密なので，$\varphi = \varphi_T$ が成り立つ．　　　　　　　　　　　　　　　　□

問題 8.2　$V \in \mathbf{B}(\mathcal{H})$ と $T \in \mathbf{S}_1(\mathcal{H})$ に対して，$\psi_V(T) = \mathrm{Tr}(VT)$ と定める．このとき，写像 $\Psi : \mathbf{B}(\mathcal{H}) \to \mathbf{S}_1(\mathcal{H})^*$, $V \mapsto \psi_V$, は等長同型であることを示せ．

命題 8.2.9　$S, T \in \mathbf{S}_2(\mathcal{H})$ に対して，$\langle S, T \rangle_{\mathrm{HS}} = \mathrm{Tr}(T^*S)$ と定める．このとき，$(\mathbf{S}_2(\mathcal{H}), \langle\cdot, \cdot\rangle_{\mathrm{HS}})$ はヒルベルト空間である．

【証明】 $\langle\cdot,\cdot\rangle_{\mathrm{HS}}$ が内積の公理を満たすことを示すのは読者に委ね，$\mathbf{S}_2(\mathcal{H})$ の完備性のみを示す．$\langle T,T\rangle_{\mathrm{HS}} = \|T\|_{\mathrm{HS}}^2$ に注意する．$\{T_n\}_{n=1}^{\infty}$ を $(\mathbf{S}_2(\mathcal{H}),\|\cdot\|_{\mathrm{HS}})$ のコーシー列とすると，$\|T_m - T_n\|_{\mathrm{HS}} \geq \|T_m - T_n\|$ より，$\{T_n\}_{n=1}^{\infty}$ は作用素ノルムについてもコーシー列である．よって $T \in \mathbf{B}(\mathcal{H})$ が存在して $\lim_{n\to\infty}\|T_n - T\| = 0$ が成り立つ．

$\{e_k\}_{k=1}^{\infty}$ を $\mathcal{H}$ の CONS とする．$\{T_n\}_{n=1}^{\infty}$ が $(\mathbf{S}_2(\mathcal{H}),\|\cdot\|_{\mathrm{HS}})$ のコーシー列だから，

$$\forall \varepsilon > 0,\ \exists N \in \mathbb{N},\ \forall m > \forall n \geq N,\ \|T_m - T_n\|_{\mathrm{HS}} < \varepsilon$$

が成り立つ．よって，上の ε, m, n と任意の $l \in \mathbb{N}$ に対して，

$$\sum_{k=1}^{l}\|(T_m - T_n)e_k\|^2 < \varepsilon^2$$

が成り立つ．ここで $m \to \infty$ の極限を取ると，

$$\sum_{k=1}^{l}\|(T - T_n)e_k\|^2 \leq \varepsilon^2$$

であり，l は任意より，$\|T - T_n\|_{\mathrm{HS}} \leq \varepsilon$ が成り立つ．よって，$T = T - T_n + T_n \in \mathbf{S}_2(\mathcal{H})$ であり，$\lim_{n\to\infty}\|T - T_n\|_{\mathrm{HS}} = 0$ が成り立つ．　　　□

系 8.2.10　任意の $S, T \in \mathbf{S}_2(\mathcal{H})$ に対して，$\|ST\|_{\mathrm{Tr}} \leq \|S\|_{\mathrm{HS}}\|T\|_{\mathrm{HS}}$ が成り立つ．

【証明】　$ST = W|ST|$ を極分解とすると，コーシー-シュヴァルツの不等式から

$$\|ST\|_{\mathrm{Tr}} = \mathrm{Tr}(W^*ST) = \langle T, WS^*\rangle_{\mathrm{HS}} \leq \|T\|_{\mathrm{HS}}\|WS^*\|_{\mathrm{HS}}$$
$$\leq \|T\|_{\mathrm{HS}}\|W\|\|T^*\|_{\mathrm{HS}} \leq \|S\|_{\mathrm{HS}}\|T\|_{\mathrm{HS}}$$

が成り立つ．　　　□

8.3　ヒルベルト-シュミット積分作用素

この節では，(Ω,μ) は σ-有限測度空間で，$\mathcal{H} = L^2(\Omega,\mu)$ は可分であると仮定する．Ω 上の可測関数 f, g に対して，$(f \otimes g)(\xi,\eta) = f(\xi)g(\eta)$ とする．

$k \in L^2(\Omega^2,\mu\otimes\mu)$ とすると，$\int_{\Omega}\int_{\Omega}|k(\xi,\eta)|^2 d\mu(\eta)d\mu(\xi) < \infty$ なので，フビニ

の定理より，$\Omega_0 = \{\int_\Omega |k(\omega,\eta)|^2 d\mu(\eta) < \infty\}$ は $\mu(\Omega \setminus \Omega_0) = 0$ を満たす．$\xi \in \Omega_0$ と $f \in \mathcal{H}$ に対して，

$$A_k f(\xi) = \int_\Omega k(\xi,\eta) f(\eta) d\mu(\eta)$$

は意味を持つ．

補題 8.3.1　$A_k \in \mathbf{B}(\mathcal{H})$ であり $\|A_\xi\| \le \|k\|_2$ が成り立つ．

【証明】　μ は σ-有限なので，測度有限の可測集合の上昇列 $\{E_n\}_{n=1}^\infty$ で $\bigcup_{n=1}^\infty E_n = \Omega$ であるものが存在する．$f \in \mathcal{H}$ とすると，$k(\chi_{E_n} \otimes f)$ は Ω^2 上可積分なので，フビニの定理より，

$$\Omega_0 \ni \xi \mapsto \int_\Omega k(\xi,\eta) \chi_{E_m}(\xi) f(\eta) d\mu(\eta) = \chi_{E_n}(\xi) A_k f(\xi)$$

は可測である．$\lim_{n \to \infty} \chi_{E_n}(\xi) A_k f(\xi) = A_k f(\xi)$ より，$A_k f(\xi)$ は可測関数である．コーシー-シュヴァルツの不等式より，

$$|A_k f(\xi)|^2 = \left| \int_\Omega k(\xi,\eta) f(\eta) d\mu(\eta) \right|^2 \le \int_\Omega |k(\xi,\eta)|^2 d\mu(\eta) \|f\|_2^2$$

なので，$\int_\Omega |A_k f(\xi)|^2 d\mu(\xi) \le \|k\|_2^2 \|f\|_2^2$ が成り立つ．　　　□

定義 8.3.1　A_k を **ヒルベルト-シュミット積分作用素**（Hilbert-Schmidt integral operator）と呼び，k をその **積分核** と呼ぶ．k の **共役核** を $k^*(\xi,\eta) = \overline{k(\eta,\xi)}$ と定めると，${A_k}^* = A_{k^*}$ が成り立つ．

定理 8.3.2　$A_k \in \mathbf{S}_2(\mathcal{H})$ であり，$\|A_k\|_{\mathrm{HS}} = \|k\|_2$ が成り立つ．

【証明】　$\{e_n\}_{n=1}^\infty$ は $\mathcal{H}$ の CONS とすると，$\{\overline{e_n}\}_{n=1}^\infty$ も CONS である．パーセヴァル等式より，$\xi \in \Omega_0$ に対して，

$$\int_\Omega |k(\xi,\eta)|^2 d\mu(\eta) = \sum_{n=1}^\infty |\langle k(\xi,\cdot), \overline{e_n} \rangle|^2 = \sum_{n=1}^\infty \left| \int_\Omega k(\xi,\eta) e_n(\eta) d\mu(\eta) \right|^2$$

$$= \sum_{n=1}^\infty |A_\xi e_n(\xi)|^2$$

が成り立つ. よって, フビニの定理より,

$$\|k\|_2^2 = \int_\Omega \int_\Omega |k(\xi,\eta)|^2 d\mu(\eta)d\mu(\xi) = \sum_{n=1}^\infty \int_\Omega |A_k e_n(\xi)|^2 d\mu(\xi)$$

$$= \sum_{n=1}^\infty \|A_k e_n\|_2^2 = \|A_k\|_{\mathrm{HS}}^2$$

が成り立つ. □

上の定理より $A_k \in \mathbf{S}_2(\mathcal{H})$ なので, A_k はシュミット展開される.

定理 8.3.3 $A_k = \displaystyle\sum_{n=1}^N s_n(A_k) f_n \otimes e_n^*$ をシュミット展開とすると,

$$k = \sum_{n=1}^N s_n(A_k) f_n \otimes \overline{e_n}$$

が $L^2(\Omega^2, \mu \otimes \mu)$ で収束する.

【証明】 $\{f_n \otimes \overline{e_n}\}_{n=1}^N$ は $L^2(\Omega^2, \mu \otimes \mu)$ の ONS であることに注意する. 前定理より, $\displaystyle\sum_{n=1}^N s_n(A_k)^2 = \|A_k\|^2 = \|k\|_2^2 < \infty$ なので, $k' = \displaystyle\sum_{n=1}^N s_n(A_k) f_n \otimes \overline{e_n}$ は $L^2(\Omega^2, \mu \otimes \mu)$ で収束する.

$$\|k - k'\|_2^2 = \|k\|_2^2 - 2\operatorname{Re}\langle k, k'\rangle + \|k'\|_2^2$$

$$= 2\sum_{n=1}^N s_n(A_k)^2 - 2\operatorname{Re}\sum_{n=1}^N s_n(A_k)\langle k, f_n \otimes \overline{e_n}\rangle$$

であるが,

$$\langle k, f_n \otimes \overline{e_n}\rangle = \int_\Omega \int_\Omega k(\xi,\eta)\overline{f_n(\xi)}e_n(\eta)d\mu(\eta)d\mu(\xi) = \langle A_k e_n, f_n\rangle = s_n(A_k)$$

より $k = k' \in L^2(\Omega^2, \mu \otimes \mu)$ である. □

注意 8.3.1 上の証明より, 任意の $T \in \mathbf{S}_2(L^2(\Omega,\mu))$ はヒルベルト-シュミット積分作用素であることがわかる. 実際, T のシュミット展開より積分核 k が構成でき, $T = A_k$ を示すことができる.

<u>例 8.3.1</u>　$\Omega = [0,1]$，μ はルベーグ測度とし，$k(s,t) = \min\{s,t\}$ とする．この
とき $k^* = k$ なので，$A_k \in \mathbf{S}_2(L^2[0,1])$ は自己共役作用素である．$\lambda \in \mathbb{R} \setminus \{0\}$
と $f \in L^2[0,1] \setminus \{0\}$ が $A_k f = \lambda f$ を満たすとする．このとき，

$$\lambda f(s) = \int_0^s tf(t)dt + s \int_s^1 f(t)dt$$

である．右辺は連続なので左辺もそうであり，f は連続である．よって右辺は
C^1 級であるので左辺もそうで，f は C^1 級である．この議論を繰り返すと，f が
C^∞ 級であることがわかる．両辺を微分すると $\lambda f'(s) = \int_s^1 f(t)dt$ であり，上の
積分方程式はこの条件かつ境界条件 $f(0) = 0$ と同値となる．更に微分すると，
元の積分方程式は，

$$\lambda f''(s) = -f(s), \quad f(0) = f'(1) = 0$$

と同値であることがわかる．これを解くと，$s_n(A_k) = \frac{4}{(2n-1)^2\pi^2}$，$e_n(t) =$
$\sqrt{2}\sin(n - \frac{1}{2})\pi t$ により，シュミット展開 $A_k = \sum_{n=1}^\infty s_n(A_k)e_n \otimes e_n^*$ が得られる．
特に A_k は正作用素であり，$\|A_k\| = \frac{4}{\pi^2}$ であることがわかる．

問題 8.3　ヴォルテラ作用素（Volterra operator）$V \in \mathbf{B}(L^2[0,1])$ を $Vf(s) =$
$\int_0^s f(t)dt$ と定める．V は積分核，

$$k(s,t) = \begin{cases} 1, & s \geq t \\ 0, & s < t \end{cases}$$

を持つ，ヒルベルト-シュミット積分作用素である．V のシュミット展開を具体的に決
定せよ．また $\|V\|$ を求めよ．

8.4　マーサーの定理 ♯

もし，定理 8.3.3 の等式が Ω^2 の対角集合上でも成り立ち，項別積分すること
が許され，更に $A_k \in \mathbf{S}_1(\mathcal{H})$ ならば，

$$\int_\Omega k(\xi, \xi)d\mu(\xi) = \sum_{n=1}^N s_n(A_k)\langle f_n, e_n \rangle = \operatorname{Tr} A_k$$

を得る．勿論一般の k に対してこの議論を正当化することはできないし，また

Ω が位相空間で k が連続であっても A_k がトレースクラスに入るとは限らない（演習 4 を参照）．k が正定値核のときにこの議論を正当化するのが，**マーサーの定理**（Mercer's theorem）である．作用素のトレースを計算する具体的な方法を与える定理として，その有用性は高い．

以後，Ω はコンパクト距離空間とし，μ は Ω 上の有限ボレル測度とする．このとき μ は正則で，$C(\Omega)$ は $\mathcal{H} = L^2(\Omega, \mu)$ は稠密であり，$\mathcal{H}$ は可分である（付録 A.5 節参照）．更に $\operatorname{supp} \mu = \Omega$ と $k \in C(\Omega^2)$ を仮定する．このとき，$\mathcal{R}(A_k), \mathcal{R}(A_{k^*}) \subset C(\Omega)$ である．$A_k = \sum_{n=1}^{N} s_n(A_k) f_n \otimes e_n^*$ をシュミット展開とすると，$A_k e_n = s_n(A_k) f_n$, $A_{k^*} f_n = s_n(A_k) e_n$ より，$e_n, f_n \in C(\Omega)$ である．以後簡単のため，混乱の恐れがないときは $s_n(A_k)$ を単に s_n と書く．

定理 8.4.1（**シュミットの定理**）　$k \in C(\Omega^2)$ とし，$A_k = \sum_{n=1}^{N} s_n(A_k) f_n \otimes e_n^*$ をシュミット展開とする．このとき，任意の $g \in L^2(\Omega, \mu)$ に対して，

$$A_k g = \sum_{n=1}^{N} s_n(A_k) \langle g, e_n \rangle f_n$$

は絶対かつ一様収束にする．

【証明】　$N = \infty$ の場合に定理を示す．次を示せばよい：$\forall \varepsilon > 0, \exists L \in \mathbb{N}$, $\forall m > \forall l \geq L, \forall \xi \in \Omega, \sum_{n=l}^{m} |\langle g, e_n \rangle s_n f_n(\xi)| < \varepsilon$.

$\{\overline{e_n}\}_{n=1}^{\infty}$ は $\mathcal{H}$ の ONS なので，ベッセル不等式から

$$\sum_{n=1}^{\infty} |\langle k(\xi, \cdot), \overline{e_n} \rangle|^2 \leq \int_{\Omega} |k(\xi, \eta)|^2 d\mu(\eta) \leq \|k\|_{\infty}^2 \mu(\Omega)$$

が成り立つ．ここで，

$$\langle k(\xi, \cdot), \overline{e_n} \rangle = \int_{\Omega} k(\xi, \eta) e_n(\eta) d\mu(\eta) = A_k e_n(\xi) = s_n f_n(\xi)$$

なので，$\sum_{n=1}^{\infty} s_n^2 |f_n(\xi)|^2 \leq \|k\|_{\infty}^2 \mu(\Omega)$ である．$1 \leq l < m$ に対して，

$$\sum_{n=l}^{m} |\langle g, e_n \rangle s_n f_n(\xi)| \leq \left(\sum_{n=l}^{m} |\langle g, e_n \rangle|^2 \right)^{\frac{1}{2}} \left(\sum_{n=l}^{m} s_n^2 |f_n(\xi)|^2 \right)^{\frac{1}{2}}$$

$$\leq \left(\sum_{n=l}^{m} |\langle g, e_n \rangle|^2 \right)^{\frac{1}{2}} \|k\|_\infty \sqrt{\mu(\Omega)}$$

が成り立つ. ベッセル不等式より $\displaystyle\sum_{n=1}^{\infty} |\langle g, e_n \rangle|^2$ は収束するので, 主張が成り立つ. $\qquad\qquad\qquad\qquad\qquad\qquad\qquad\qquad\qquad\qquad\qquad\qquad\square$

定義 8.4.1　$k \in C(\Omega^2)$ が**正定値核** (positive definite kernel) $:\overset{\text{定義}}{\Longleftrightarrow}$ 任意の $n \in \mathbb{N}$ と, 任意の相異なる n 点 $\omega_1, \omega_2, \ldots, \omega_n \in \Omega$ と, 任意の $c_1, c_2, \ldots, c_n \in \mathbb{C}$ に対して, $\displaystyle\sum_{i,j=1}^{n} k(\omega_i, \omega_j) c_i \overline{c_j} \geq 0$ が成り立つ.

　k が正定値核のとき, 定義からすぐに次がわかる.

- $n = 1$ のときの条件から, 任意の $\omega \in \Omega$ に対して, $k(\omega, \omega) \geq 0$ である.
- 命題 2.4.4 より, $(k(\omega_i, \omega_j))_{i,j}$ はエルミート行列であり, $k = k^*$ が成り立つ. 特に A_k は自己共役である.

例 8.4.1　$\Omega = [0,1]$ のとき, $k(s,t) = \min\{s,t\}$ は正定値核である. これは, $\min\{s,t\} = \langle \chi_{[0,s]}, \chi_{[0,t]} \rangle$ から示すことができる.

補題 8.4.2　$k \in C(\Omega^2)$ に対して次の条件は同値である.

(1)　k は正定値核である.

(2)　A_k は正作用素である.

【証明】　(1) $\Longrightarrow$ (2). k は Ω^2 上一様連続であるので, 任意の $\varepsilon > 0$ に対して, $\delta > 0$ が存在して, $(\xi, \eta), (\xi', \eta') \in \Omega^2$ が $d(\xi, \xi') < \delta$ かつ $d(\eta, \eta') < \delta$ を満たせば, $|k(\xi, \eta) - k(\xi', \eta')| < \varepsilon$ が成り立つ. Ω はコンパクトなので, $\omega_1, \omega_2, \ldots, \omega_n \in \Omega$ が存在して, $\Omega = \displaystyle\bigcup_{i=1}^{n} B(\omega_i, \delta)$ が成り立つ. この Ω の開被覆に従属する 1 の分割 $\{h_i\}_{i=1}^{n}$ を取る ([8], 2.14 節参照). つまり, $h_i \in C(\Omega)$ は $0 \leq h_i \leq 1$, $\displaystyle\sum_{i=1}^{n} h_i = 1$, $\mathrm{supp}\, h_i \subset B(\omega_i, \delta)$ を満たすものである. $f \in \mathcal{H}$ に対

して,$c_i = \int_\Omega h_i(\omega) f(\omega) d\mu(\omega)$ と置くと,

$$\left| \langle A_k f, f \rangle - \sum_{i,j=1}^{n} k(\omega_i, \omega_j) c_i \overline{c_j} \right|$$

$$= \left| \sum_{i,j=1}^{n} \int_{\Omega^2} (k(\xi, \eta) - k(\omega_i, \omega_j)) h_i(\xi) f(\xi) \overline{h_j(\eta) f(\eta)} d\mu(\xi) d\mu(\eta) \right|$$

$$\leq \varepsilon \sum_{i,j=1}^{n} \int_{\Omega^2} h_i(\xi) h_j(\eta) |f(\xi) f(\eta)| d\mu(\xi) d\mu(\eta)$$

$$= \varepsilon \|f\|_1^2$$

が成り立つ. よって,

$$\langle A_k f, f \rangle \geq \sum_{i,j=1}^{n} k(\omega_i, \omega_j) c_i \overline{c_j} - \varepsilon \mu(\Omega) \|f\|_2^2 \geq -\varepsilon \mu(\Omega) \|f\|_2^2$$

が成り立つ. $\varepsilon > 0$ は任意より, $\langle A_k f, f \rangle \geq 0$ である.

(2) $\Longrightarrow$ (1). $\omega_1, \omega_2, \ldots, \omega_n$ を Ω の相異なる n 個の点とし, $c_1, c_2, \ldots, c_n \in \mathbb{C}$ とする. 任意の $\varepsilon > 0$ に対して, $f_1, f_2, \ldots, f_n \in C(\Omega)$ で, $0 \leq f_i$, $\mathrm{supp}\, f_i \subset B(\omega_i, \varepsilon)$, かつ $\int_\Omega f_i d\mu = 1$ を満たすものを取る. $f = \sum_{i=1}^{n} c_i f_i$ と置くと,

$$0 \leq \langle A_k f, f \rangle = \sum_{i,j=1}^{n} c_i \overline{c_j} \int_{\Omega^2} k(\xi, \eta) f_i(\xi) f_j(\eta) d\mu(\xi) d\mu(\eta)$$

である. $\varepsilon \downarrow 0$ のとき, 右辺は $\sum_{i,j=1}^{n} k(\omega_i, \omega_j) c_i \overline{c_j}$ に近づくので, k は正定値核である. $\square$

定理 8.4.3 (マーサーの定理) $k \in C(\Omega^2)$ は正定値核とし, $A_k = \sum_{n=1}^{N} s_n(A_k) e_n \otimes e_n^*$ をシュミット展開とする. このとき,

$$k(\omega, \omega) = \sum_{n=1}^{N} s_n(A_k) |e_n(\omega)|^2$$

は Ω 上一様収束する. $A_k \in \mathbf{S}_1(\mathcal{H})_+$ であり, $\mathrm{Tr}\, A_k = \int_\Omega k(\omega, \omega) d\mu(\omega)$ が成り立つ.

【証明】 $N = \infty$ のときに示す. $m \in \mathbb{N}$ に対して,

$$k_m(\xi, \eta) = \sum_{n=1}^{m} s_n e_n(\xi) \overline{e_n(\eta)}$$

と置く. このとき,

$$A_{k-k_m} = A_k - A_{k_m} = \sum_{n=m+1}^{\infty} s_n e_n \otimes e_n^*$$

は正作用素なので, $k - k_m$ は正定値核である. よって, 各 $\xi \in \Omega$ に対して, $k(\xi, \xi) - k_m(\xi, \xi) \geq 0$ であり, $\displaystyle\sum_{n=1}^{m} s_n |e_n(\xi)|^2 \leq k(\xi, \xi)$ である. m は任意なので, $\displaystyle\sum_{n=1}^{\infty} s_n |e_n(\xi)|^2 \leq k(\xi, \xi)$ である. これから, $\forall \varepsilon > 0$, $\forall \xi \in \Omega$, $\exists L \in \mathbb{N}$, $\forall m > \forall l \geq L$, $\displaystyle\sum_{n=l}^{m} s_n |e_n(\xi)|^2 < \varepsilon$ が成り立つ. この評価から, 固定した $\xi \in \Omega$ に対して,

$$k'(\xi, \eta) = \sum_{n=1}^{\infty} s_n e_n(\xi) \overline{e_n(\eta)}$$

が $\eta \in \Omega$ に対して一様収束することがわかる. 実際,

$$\left| \sum_{n=l}^{m} s_n e_n(\xi) \overline{e_n(\eta)} \right| \leq \left(\sum_{n=l}^{m} s_n |e_n(\xi)|^2 \right)^{\frac{1}{2}} \left(\sum_{n=l}^{m} s_n |e_n(\eta)|^2 \right)^{\frac{1}{2}} \leq (\varepsilon \|k\|_{\infty})^{\frac{1}{2}}$$

が成り立つからである.

これから, $\Omega \ni \eta \mapsto k'(\xi, \eta)$ は連続で, 任意の $g \in C(\Omega)$ に対して,

$$\int_{\Omega} k'(\xi, \eta) g(\eta) d\mu(\eta) = \sum_{n=1}^{\infty} s_n e_n(\xi) \int_{\Omega} g(\eta) \overline{e_n(\eta)} d\mu(\eta)$$

$$= \sum_{n=1}^{\infty} \langle g, e_n \rangle s_n e_n(\xi)$$

が成り立つ. 右辺は $\xi \in \Omega$ に関して一様に $A_k g(\xi) = \int_{\Omega} k(\xi, \eta) g(\eta) d\mu(\eta)$ に収束するので, $k(\xi, \eta) = k'(\xi, \eta)$ が任意の $(\xi, \eta) \in \Omega^2$ に対して成り立つ. 特に, $k(\omega, \omega) = \displaystyle\sum_{n=1}^{\infty} s_n |e_n(\omega)|^2$ が各点収束する. 左辺は ω の連続関数であり $|e_n(\omega)|^2$

も連続なので，ディニの定理より収束は Ω 上一様である．両辺を積分すると，

$$\int_\Omega k(\omega,\omega)d\mu(\omega) = \sum_{n=1}^\infty s_n \int_\Omega |e_n(\omega)|^2 d\mu(\omega) = \sum_{n=1}^\infty s_n = \operatorname{Tr} A_k$$

が得られる．　　　　　　　　　　　　　　　　　　　　　　　　　　　　□

問題 8.4　例 8.3.1 の作用素のトレースを二通りの方法で計算することにより，等式
$\displaystyle\sum_{n=1}^\infty \frac{1}{(2n-1)^2} = \frac{\pi^2}{8}$ を示せ．

●●●●●●●●●●●●●●●●●●●●　**演　習　問　題**　●●●●●●●●●●●●●●●●●●●●

演習 1　コンパクト正規作用素 T は対角作用素であることを，以下の手順で示せ．

(1)　$T = W|T|$ を極分解とすると，W と $|T|$ は交換することを示せ．

(2)　$|T| = \displaystyle\sum_{n=1}^N \lambda_n P_n,\ N \in \mathbb{N}_0 \cup \{\infty\}$，をスペクトル分解とすると，$W$ と P_n は交換することを示せ．

(3)　T は対角作用素であることを示せ．

演習 2　$\{T_n\}_{n=1}^\infty$ は $\mathbf{B}(\mathcal{H})$ に属する作用素の列とし，$T \in \mathbf{B}(\mathcal{H})$, $K \in \mathbf{K}(\mathcal{H})$ とする．次を示せ．

(1)　$\{T_n\}_{n=1}^\infty$ が T に弱収束すれば，$\{KT_n\}_{n=1}^\infty$ は KT に強収束する．

(2)　$\{T_n\}_{n=1}^\infty$ が T に強収束すれば，$\{T_n K\}_{n=1}^\infty$ は TK に作用素ノルムで収束する．

演習 3　ヴォルテラ作用素 V と $0 < \theta < \pi$ に対して，$B_\theta = e^{i\theta}V + e^{-i\theta}V^*$ と定める．
$\displaystyle\max_{\|f\|_2 = 1} \langle B_\theta f, f \rangle$ を求めよ．

演習 4　以下の問題では，フーリエ級数に関して例 2.4.5 の記号を使う．$f \in L^2(\mathbb{T})$ に対して積分核 $k \in L^2(\mathbb{T}^2)$ を $k(s,t) = f(s-t)$ と定める．

(1)　積分作用素 A_k は対角作用素であることを示せ．

(2)　$A_k \notin \mathbf{S}_1(L^2(\mathbb{T}))$ であるような $f \in C(\mathbb{T})$ が存在することを示せ．

演習 5　$s \geq 0$ に対して，

$$W^{s,2}(\mathbb{T}) = \left\{ f \in L^2(\mathbb{T});\ \sum_{n \in \mathbb{Z}} (1+n^2)^s |\widehat{f}(n)|^2 < \infty \right\}$$

と定め，**ソボレフ空間**（Sobolev space）と呼ぶ．$W^{s,2}(\mathbb{T})$ は内積

$$\langle f, g \rangle_s = \sum_{n \in \mathbb{Z}} (1+n^2)^s \widehat{f}(n)\overline{\widehat{g}(n)}$$

により，ヒルベルト空間である．$\|f\|_{s,2} = \sqrt{\langle f, f \rangle_s}$ と書く．

(1) $0 \leq s_1 < s_2$ のとき，埋め込み写像 $W^{s_2,2}(\mathbb{T}) \hookrightarrow W^{s_1,2}(\mathbb{T})$ は，$(W^{s_2,2}, \langle \cdot, \cdot \rangle_{s_2})$ から $(W^{s_1,2}, \langle \cdot, \cdot \rangle_{s_1})$ へのコンパクト作用素であることを示せ.

(2) $m \in \mathbb{N}_0$, $s > m + \frac{1}{2}$ のとき，$W^{s,2}(\mathbb{T}) \subset C^m(\mathbb{T}) \subset W^{m,2}(\mathbb{T})$ を示せ.

演習 6　この問題では，2 章演習 1 の記号を使う. $f, g \in L^\infty(\mathbb{T})$ に対して次を示せ.

(1) $[M_f, P_+] \in \mathbf{S}_2(L^2(\mathbb{T})) \iff f \in W^{\frac{1}{2},2}(\mathbb{T})$.

(2) $f, g \in W^{\frac{1}{2},2}(\mathbb{T})$ ならば，$[T_f, T_g] \in \mathbf{S}_1(H^2(\mathbb{T}))$ であり，$\|[T_f, T_g]\|_{\mathrm{Tr}} \leq 2\|f\|_{\frac{1}{2},2}\|g\|_{\frac{1}{2},2}$ が成り立つ.

(3) $f \in C^1(\mathbb{T})$, $g \in W^{\frac{1}{2},2}(\mathbb{T})$ に対して,

$$\mathrm{Tr}([T_f, T_g]) = \frac{-1}{2\pi i} \int_0^{2\pi} f'(t)g(t)dt$$

が成り立つ.

演習 7　$T, S \in \mathbf{B}(\mathcal{H})$ が，$I - ST, I - TS \in \mathbf{S}_1(\mathcal{H})$ を満たすとき,

$$\mathrm{Tr}([T, S]) = \mathrm{ind}(T)$$

が成り立つことを，以下の手順で示せ.

(1) $S_0 \in \mathbf{B}(\mathcal{H})$ で，$TS_0 = P_{\mathcal{R}(T)}$ かつ $S_0T = I - P_{\ker T}$ を満たすものが存在することを示せ.

(2) $\rho : \mathbf{B}(\mathcal{H}) \to \mathbf{B}(\mathcal{H})/\mathbf{S}_1(\mathcal{H})$ を商写像とすると，$\rho(S) = \rho(S_0)$ であることを示せ.

(3) $\mathrm{Tr}([T, S]) = \mathrm{Tr}([T, S_0]) = \mathrm{ind}(T)$ を示せ.

演習 8　$f \in C^1(\mathbb{T}) \cap C(\mathbb{T})^{-1}$ に対して,

$$\mathrm{Tr}([T_f, T_{\frac{1}{f}}]) = \frac{-1}{2\pi i} \int_0^{2\pi} \frac{f'(t)}{f(t)} dt$$

を計算することにより，テープリッツ作用素の指数公式 $\mathrm{ind}(T_f) = -w(f)$ を確かめよ (7 章演習 5 参照).

第9章
有界自己共役作用素の スペクトル分解

　本章では有界自己共役作用素とユニタリ作用素のスペクトル分解定理を示す．コンパクト作用素の場合と違いその定式化には積分を必要とする．スペクトル分解の応用として，連続関数算法を有界ボレル関数に一般化する．

9.1　有界自己共役作用素のスペクトル分解定理

この章では $\mathcal{H}$ はヒルベルト空間とする．

9.1.1　作用素列の単調収束

　まず，作用素列の単調収束極限についての準備を行う．$\mathbf{B}(\mathcal{H})_{\mathrm{sa}}$ は順序集合であるから，その部分集合 $\mathcal{S}$ の上界が定義される．$\mathcal{S}$ の上界中で最小のものが存在するとき，それを $\mathcal{S}$ の上限と呼び $\sup \mathcal{S}$ と書く．$\inf \mathcal{S}$ についても同様に定める．

定理 9.1.1　$\{A_n\}_{n=1}^{\infty}$ が $\mathbf{B}(\mathcal{H})_{\mathrm{sa}}$ の単調増加列とし，$B \in \mathbf{B}(\mathcal{H})_{\mathrm{sa}}$ が存在して任意の $n \in \mathbb{N}$ に対して $A_n \leq B$ を満たすとする．このとき $A = \sup\{A_n\}_{n=1}^{\infty} \in \mathbf{B}(\mathcal{H})_{\mathrm{sa}}$ が存在して，$\{A_n\}_{n=1}^{\infty}$ は A に強収束する．

【証明】　A_n と B をそれぞれ $A_n - A_1$ と $B - A_1$ で置き換えることにより，$0 \leq A_n \leq B$ と仮定して証明してよい．任意の $x \in \mathcal{H}$ に対して，$\{\langle A_n x, x \rangle\}_{n=1}^{\infty}$ は上に有界な単調増加列なので収束する．極化等式より，任意の x, y に対しても $\{\langle A_n x, y \rangle\}_{n=1}^{\infty}$ は収束するので，その極限を $f(x, y)$ と書く．f は半双線形形式である．$\|x\|, \|y\| \leq 1$ のとき，

$$|\langle A_n x, y \rangle| = \frac{1}{4} \left| \sum_{k=0}^{3} i^k \langle A_n(x + i^k y), x + i^k y \rangle \right| \leq \frac{1}{4} \sum_{k=0}^{3} \langle A_n(x + i^k), x + i^k y \rangle$$

$$= \langle A_n x, x \rangle + \langle A_n y, y \rangle \leq \langle Bx, x \rangle + \langle By, y \rangle \leq 2\|B\|$$

なので, f は有界である. よって $A \in \mathbf{B}(\mathcal{H})$ が存在して, 任意の $x, y \in \mathcal{H}$ に対して $f(x, y) = \langle Ax, y \rangle$ が成り立つ. 構成の仕方から, $\{A_n\}_{n=1}^{\infty}$ は A に弱収束し, 任意の $n \in \mathbb{N}$ に対して $A_n \leq A \leq B$ が成り立つ. よって, $A = \sup\{A_n\}_{n=1}^{\infty}$ である.

任意の $x \in \mathcal{H}$ に対して,

$$\|Ax - A_n x\|^2 = \langle (A - A_n)(A - A_n)^{\frac{1}{2}} x, (A - A_n)^{\frac{1}{2}} x \rangle$$
$$\leq \|A - A_n\| \|(A - A_n)^{\frac{1}{2}} x\|^2 \leq \|A\| \langle (A - A_n) x, x \rangle$$

より, $\{A_n\}_{n=1}^{\infty}$ は A に強収束する. □

同様に, $\{A_n\}_{n=1}^{\infty}$ が $\mathbf{B}(\mathcal{H})_{\mathrm{sa}}$ の単調減少列で, $B \in \mathbf{B}(\mathcal{H})_{\mathrm{sa}}$ が存在して任意の $n \in \mathbb{N}$ に対して $B \leq A_n$ が成り立てば, $\{A_n\}_{n=1}^{\infty}$ は $\inf\{A_n\}_{n=1}^{\infty}$ に強収束する.

$\{P_n\}_{n=1}^{\infty}$ が射影の単調増加列のとき, $0 \leq P_n \leq I$ なので, $P = \mathrm{s}\text{-}\lim_{n \to \infty} P_n$ が存在するが, 命題 4.2.8 より P も射影である. P は実際には, $\overline{\bigcup_{n=1}^{\infty} \mathcal{R}(P_n)} = \mathcal{K}$ への射影であることがわかる. 任意の n に対して $P_n \leq P$ より, $\mathcal{R}(P_n) \subset \mathcal{R}(P)$ なので, $\mathcal{K} \subset \mathcal{R}(P)$ である. 一方, 任意の n に対して $P_n \leq P_{\mathcal{K}}$ より, $P \leq P_{\mathcal{K}}$ であり, 補題 6.4.9 より $\mathcal{R}(P) \subset \mathcal{K}$ である. 同様に, $\{P_n\}_{n=1}^{\infty}$ が射影の減少列であれば, $\bigcap_{n=1}^{\infty} \mathcal{R}(P_n)$ への射影に強収束することがわかる.

問題 9.1　$A \in \mathbf{B}(\mathcal{H})_+$ とする.
(1)　$\{A^{\frac{1}{n}}\}_{n=1}^{\infty}$ は $\ker A^{\perp}$ への射影に強収束することを示せ.
(2)　$A \leq I$ のとき, $\{A^n\}_{n=1}^{\infty}$ は $\ker(I - A)$ への射影に強収束することを示せ.

9.1.2　スペクトル族の構成

$A \in \mathbf{B}(\mathcal{H})_{\mathrm{sa}}$ のスペクトルが有限集合 $\sigma(A) = \{\lambda_1, \lambda_2, \ldots, \lambda_n\}$ の場合, 命題 6.4.11 より, $A = \sum_{i=1}^{n} \lambda_i P_{\lambda_i}$ とスペクトル分解される. しかし, 一般の $A \in \mathbf{B}(\mathcal{H})_{\mathrm{sa}}$ に対して同様な分解は期待できないので, これを次の形に書き直す. $E_\lambda^A = \sum_{\lambda_i \leq \lambda} P_{\lambda_i}$ と置くと, $\{E_\lambda^A\}_{\lambda \in \mathbb{R}}$ は射影の単調増加族であり,

$$\langle Ax, y\rangle = \sum_{i=1}^{n} \lambda_i \langle P_{\lambda_i} x, y\rangle = \int_{\mathbb{R}} t\, d\langle E_t^A x, y\rangle$$

が, リーマン-スティルチェス積分の意味で成り立つ. 以下この形でのスペクトル分解が一般の $A \in \mathbf{B}(\mathcal{H})_{\mathrm{sa}}$ に対して成り立つことを示す. $E_\lambda^A = \chi_{(\infty,\lambda]}(A)$ をいかに構成するかが議論のポイントであるが, 一般に関数 $\chi_{(\infty,\lambda]}(t)$ は $\sigma(A)$ 上連続ではないので連続関数算法は使えない. しかしこの関数は上半連続関数であり, 各点収束の意味で連続関数列で上から近似できる.

問題 9.2 F が距離空間 (Ω, d) の閉部分集合であるとき, Ω 上の実数値連続関数の単調減少列で, χ_F に各点収束するものが存在することを示せ.

定義 9.1.1 $\mathcal{H}$ の射影の族 $E = \{E_\lambda\}_{\lambda \in \mathbb{R}}$ が次の条件

(1) $\lambda_1 < \lambda_2$ ならば $E_{\lambda_1} \le E_{\lambda_2}$.
(2) 任意の $\lambda \in \mathbb{R}$ に対して s-$\lim_{t \to \lambda+0} E_t = E_\lambda$.
(3) s-$\lim_{\lambda \to -\infty} E_\lambda = 0$, s-$\lim_{\lambda \to \infty} E_\lambda = I$

を満たすとき, E を**スペクトル族** (spectral family) と呼ぶ.

例 9.1.1 上の $E^A = \{E_\lambda^A\}_{\lambda \in \mathbb{R}}$ はスペクトル族である.

例 9.1.2 $\mathcal{H} = L^2(\mathbb{R})$ とし, E_λ を関数 $\chi_{(-\infty,\lambda]}(t)$ の掛け算作用素とすれば, $\{E_\lambda\}_{\lambda \in \mathbb{R}}$ はスペクトル族である.

以下, $A \in \mathbf{B}(\mathcal{H})_{\mathrm{sa}}$ を固定して議論を行い, $m = \min\sigma(A)$, $M = \max\sigma(A)$ と置く. $\sigma(A)$ の閉部分集合 F に対して, C_F を $\sigma(A)$ 上の実数値連続関数 f で任意の $t \in \sigma(A)$ に対して $\chi_F(t) \le f(t)$ を満たすもの全体の集合とする.

補題 9.1.2 C_F に属する関数の単調減少列 $\{f_n\}_{n=1}^{\infty}$ で χ_F に各点収束するものを取り, $E^A(F) = $ s-$\lim_{n \to \infty} f_n(A)$ と定めると,
$$E^A(F) = \inf\{f(A); f \in C_F\}$$
が成り立つ. 特に $E^A(F)$ は $\{f_n\}_{n=1}^{\infty}$ の選び方によらず定まり, 射影である. $T \in \mathbf{B}(\mathcal{H})$ が A と交換すれば, $E^A(F)$ とも交換する.

【証明】 まず次の主張を示す:$\forall f \in C_F$, $\forall \varepsilon > 0$, $\exists N \in \mathbb{N}$, $\forall n \ge N$, $\forall t \in \sigma(A)$, $f_n(t) < f(t)+\varepsilon$. 実際, $F_n = \{t \in \sigma(A); f(t)+\varepsilon \le f_n(t)\}$ と置くと, $\{F_n\}_{n=1}^{\infty}$ は

コンパクト集合の単調減少列で，$\bigcap_{n=1}^{\infty} F_n = \emptyset$ である．よってある N が存在して，$F_N = \emptyset$ となるから，主張が成り立つ．このことから，$E^A(F) \le f(A) + \varepsilon I$ が成り立ち，$\varepsilon > 0$ が任意なので，$E^A(F) \le f(A)$ が成り立つ．これから $E^A(F)$ は $\{f(A); \ f \in C_F\}$ の下界であるが，$E^A(F) = \inf\{f_n(A)\}$ なので，$E^A(F) = \inf\{f(A); \ f \in C_F\}$ であることがわかる．

$\{f_n^2\}_{n=1}^{\infty}$ も $\{f_n\}_{n=1}^{\infty}$ と同じ条件を満たすので，s-$\lim_{n \to \infty} f_n(A)^2 = E^A(F)$ であり，$E^A(F)^2 = E^A(F)$ が成り立つので，$E^A(F)$ は射影である．　　　□

F_1 と F_2 が $\sigma(A)$ の閉集合で $F_1 \subset F_2$ ならば，$C_{F_2} \subset C_{F_1}$ なので，

$$\inf\{f(A); \ f \in C_{F_1}\} \le \inf\{f(A); \ f \in C_{F_2}\}$$

であり，$E^A(F_1) \le E^A(F_2)$ が成り立つ．

補題 9.1.3　$\{F_n\}_{n=1}^{\infty}$ が $\sigma(A)$ の閉集合の単調減少列で $F = \bigcap_{n=1}^{\infty} F_n$ ならば，s-$\lim_{n \to \infty} E^A(F_n) = E^A(F)$ が成り立つ．

【証明】　$\{E^A(F_n)\}_{n=1}^{\infty}$ は射影の単調減少列なので，ある射影 P に強収束するが，任意の $n \in \mathbb{N}$ の対して $E^A(F_n) \ge E^A(F)$ なので，$P \ge E^A(F)$ である．

$f \in C_F$, $\varepsilon > 0$ とする．このとき，ある $N \in \mathbb{N}$ が存在して $f + \varepsilon \in C_{F_N}$ である．実際，$\{t \in F_n; \ f(t) + \varepsilon \le 1\}_{n=1}^{\infty}$ はコンパクト集合の単調減少列で，それらの共通部分は $\{t \in F; \ f(t) + \varepsilon \le 1\} = \emptyset$ なので，ある $N \in \mathbb{N}$ が存在して $\{t \in F_N; \ f(t) + \varepsilon \le 1\} = \emptyset$ となるからである．これから $P \le E^A(F_N) \le f(A) + \varepsilon I$ であり，$\varepsilon > 0$ は任意だから，$P \le f(A)$ である．これが任意の $f \in C_F$ について成り立つので，$P \le E^A(F)$ である．　　　□

以下簡単のため，F が $\mathbb{R}$ の閉集合のとき，C_F は $C_{\sigma(A) \cap F}$ を，$E^A(F)$ は $E^A(\sigma(A) \cap F)$ を意味するとする．

系 9.1.4　$A \in \mathbf{B}(\mathcal{H})_{\mathrm{sa}}$ と $\lambda \in \mathbb{R}$ に対して $E_\lambda^A = E^A((-\infty, \lambda])$ と定めると，$E^A = \{E_\lambda^A\}_{\lambda \in \mathbb{R}}$ はスペクトル族であり，$\lambda < m$ ならば $E_\lambda^A = 0$, $M \le \lambda$, ならば $E_\lambda^A = I$ が成り立つ．

$\lambda \in \mathbb{R}$ と $n \in \mathbb{N}$ に対して $f_{\lambda,n} \in C_{(-\infty,\lambda]}$ を，

$$f_{\lambda,n}(t) = \begin{cases} 1, & t \leq \lambda \\ n\lambda + 1 - nt, & \lambda < t \leq \lambda + \frac{1}{n} \\ 0, & \lambda + \frac{1}{n} < t \end{cases}$$

と定めると, $\{f_{\lambda,n}\}_{n=1}^{\infty}$ は連続関数の単調減少列で $\chi_{(-\infty,\lambda]}$ に各点収束するので, $E_{\lambda}^A = \text{s-}\lim_{n\to\infty} f_{\lambda,n}(A)$ である.

$\mu < \lambda$ に対して $E^A((\mu,\lambda]) = E_{\lambda}^A - E_{\mu}^A$ と定める. $E^A((\mu,\lambda])$ は $\mathcal{R}(E_{\lambda}^A) \cap \mathcal{R}(E_{\mu}^A)^{\perp}$ への射影である.

補題 9.1.5 任意の $\mu < \lambda$ と任意の $f \in C(\sigma(A))$ に対して,

$$\|f(A)E^A((\mu,\lambda])\| \leq \sup_{t \in \sigma(A) \cap [\lambda,\mu]} |f(t)|$$

が成り立つ.

【証明】 $g_n(t) = f_{\lambda,n}(t) - f_{\mu,n}(t)$ と置くと, $E^A((\mu,\lambda]) = \text{s-}\lim_{n\to\infty} g_n(A)$ が成り立つ. $\text{supp}\, g_n = [\mu, \lambda + \frac{1}{n}]$ と $0 \leq g_n(t) \leq 1$ に注意すると, 任意の $x \in \mathcal{H}$ に対して,

$$\|f(A)E^A((\mu,\lambda])x\| = \lim_{n\to\infty} \|f(A)g_n(A)x\| \leq \varliminf_{n\to\infty} \|f(A)g_n(A)\|\|x\|$$

より,

$$\|f(A)E^A((\mu,\lambda])\| \leq \varliminf_{n\to\infty} \sup_{t \in \sigma(A) \cap [\mu, \lambda + \frac{1}{n}]} |f(t)| = \sup_{t \in \sigma(A) \cap [\mu,\lambda]} |f(t)|$$

が成り立つ. □

$a < m$ を取り, f を $[a, M]$ 上に連続に拡張しておく. $\Delta: a = t_0 < t_1 < \cdots < t_n = M$ を閉区間 $[a, M]$ の分割とし, Δ の幅を $h(\Delta) = \max_{1 \leq i \leq n}(t_i - t_{i-1})$ と定める. $\xi_i \in [t_{i-1}, t_i]$, $i = 1, 2, \ldots, n$, に対して,

$$S(f, \Delta, \{\xi_i\}, E^A) = \sum_{i=1}^{n} f(\xi_i) E^A((t_{i-1}, t_i])$$

と定める.

定理 9.1.6 **（スペクトル分解）** 任意の $f \in C(\sigma(A))$ に対して，$\lim_{h(\Delta) \to 0} \|S(f, \Delta, \{\xi_i\}, E^A) - f(A)\|$ が成り立つ．特に，任意の $x, y \in \mathcal{H}$ に対して，$\langle f(A)x, y \rangle = \int_{m-0}^{M} f(t) d\langle E_t^A x, y \rangle$ がリーマン-スティルチェス積分の意味で成り立つ（付録 A.6 節参照）．

【証明】 $\delta > 0$ に対して，

$$m(f, \delta) = \sup\{|f(s) - f(t)|;\ s, t \in [a, M],\ |s - t| \leq \delta\}$$

と置くと，f は $[a, M]$ 上一様連続なので，$\lim_{\delta \to +0} m(f, \delta) = 0$ である．$P_i = E^A((t_{i-1}, t_i])$ と置くと，$\{P_i\}_{i=1}^n$ は互いに直交する射影で，その和は I である．また P_i は $f(A)$ と交換するので，任意の $x \in \mathcal{H}$ に対して，

$$\|(S(f, \Delta, \{\xi_i\}, E^A) - f(A))x\|^2 = \left\| \sum_{i=1}^{n} (f(\xi_i)I - f(A))P_i x \right\|^2$$

$$= \sum_{i=1}^{n} \|(f(\xi_i)I - f(A))P_i x\|^2 \leq \sum_{i=1}^{n} \|(f(\xi_i)I - f(A))P_i\|^2 \|P_i x\|^2$$

$$\leq \sum_{i=1}^{n} \sup_{t \in \sigma(A) \cap [t_{i-1}, t_i]} |f(\xi_i) - f(t)|^2 \|P_i x\|^2 \leq m(f, h(\Delta))^2 \sum_{i=1}^{n} \|P_i x\|^2$$

$$= m(f, h(\Delta))^2 \|x\|^2$$

より，

$$\|S(f, \Delta, \{\xi_i\}, E^A) - f(A)\| \leq m(f, h(\Delta)) \to 0, \quad (h(\Delta) \to 0)$$

が成り立つ．   □

　上の定理の主張が成り立つようなスペクトル族の一意性は，次節で証明する．

9.2　ボレル関数算法

　この節では，有界ボレル関数をスペクトル族 $E = \{E_\lambda\}_{\lambda \in \mathbb{R}}$ により積分することにより，正規作用素を構成する．この議論を前節の E^A に適用することにより，自己共役作用素 A のボレル関数算法が得られる．以下しばらく，$\mathcal{H}$ のスペ

クトル族 $E = \{E_\lambda\}_{\lambda \in \mathbb{R}}$ を一つ固定して議論を行う.

前節では, リーマン-スティルチェス積分を用いたが, (複素)測度を構成して
それによる積分を使ったほうが便利である. $x \in \mathcal{H}$ に対して関数 $t \mapsto \langle E_t x, x \rangle$
は有界右連続単調増加関数で, $\lim_{t \to -\infty} \langle E_t x, x \rangle = 0$ と $\lim_{t \to \infty} \langle E_t x, x \rangle = \|x\|^2$ を満
たす. このような関数に対して, $\mathbb{R}$ 上の有限ボレル測度 μ_x で, 任意の $t \in \mathbb{R}$ に
対して $\mu_x((-\infty, t]) = \langle E_t x, x \rangle$ が成り立つものが唯一つ存在する (付録 A.6 節
参照). また,

$$\langle E_t x, y \rangle = \frac{1}{4} \sum_{k=0}^{3} i^k \langle E_t (x + i^k y), x + i^k y \rangle$$

であるから, 任意の $t \in \mathbb{R}$ に対して,

$$\mu_{x,y}((-\infty, t]) = \langle E_t x, y \rangle$$

を満たす複素測度 $\mu_{x,y}$ が唯一つ存在する. 複素測度といっても, 具体的に

$$\mu_{x,y} = \frac{1}{4} \sum_{k=0}^{3} i^k \mu_{x+i^k y}$$

と有限測度の複素線形結合で表されるものであるから, 我々は複素測度に関す
る込み入った一般論を必要としない. ここで重要なことは, $\mathbb{R}$ のボレル σ-集合
体 $\mathfrak{B}_{\mathbb{R}}$ が $(\infty, t]$ の形の集合で生成されるため, $\mu_{x,y}$ の一意性が成り立つことで
ある. このことから, 対応 $x \mapsto \mu_{x,y}$ は線形, $y \mapsto \mu_{x,y}$ は共役線形である.

$\lambda \in \mathbb{R}$ が, $\forall \varepsilon, E_{\lambda+\varepsilon} \neq E_{\lambda-\varepsilon}$, を満たすとき, E の**増加点**と呼ぶ. E の増加点
全体を Ω と書くと, Ω は $\mathbb{R}$ の閉集合である. μ_x の定義から, $\operatorname{supp} \mu_x \subset \Omega$ が成
り立つ.

Ω 上の有界ボレル関数全体を $\mathcal{B}^b(\Omega)$ と書く. $\mathcal{B}^b(\Omega)$ は $\|\cdot\|_\infty$ によりバナッハ
環である. $f \in \mathcal{B}^b(\Omega)$ は, $t \in \mathbb{R} \setminus \Omega$ に対して $f(t) = 0$ と定めることにより,
$\mathcal{B}^b(\mathbb{R})$ の元とみなすことができる.

補題 9.2.1 任意の $f \in \mathcal{B}^b(\Omega)$ に対して, $\pi_E(f) \in \mathbf{B}(\mathcal{H})$ で次を満たすものが
唯一つ存在する:任意の $x, y \in \mathcal{H}$ に対して $\langle \pi_E(f) x, y \rangle = \int_\Omega f(t) d\mu_{x,y}(t)$.

【証明】 $x, y \in \mathcal{H}$ に対して, $b(x, y) = \int_\Omega f(t) d\mu_{x,y}(t)$ と定めると, b は半双線
形形式である. $\|x\|, \|y\| \leq 1$ に対して,

$$|b(x,y)| = \frac{1}{4}\left|\sum_{k=0}^{3} i^k \int_\Omega f(t)d\mu_{x+i^k y}(t)\right| \leq \frac{1}{4}\sum_{k=0}^{3}\int_\Omega |f(t)|d\mu_{x+i^k y}(t)$$

$$\leq \frac{\|f\|_\infty}{4}\sum_{k=0}^{3}\mu_{x+i^k y}(\Omega) = \frac{\|f\|_\infty}{4}\sum_{k=0}^{3}\|x+i^k y\|^2$$

$$= \|f\|_\infty(\|x\|^2 + \|y\|^2) \leq 2\|f\|_\infty$$

より b は有界である．よって任意の $x,y \in \mathcal{H}$ に対して $\langle \pi_E(f)x,y \rangle = b(x,y)$ を満たす $\pi_E(f)$ が唯一つ存在する．   □

補題 9.2.2   任意の $f \in \mathcal{B}^b(\Omega)$ に対して，$d\mu_{\pi_E(f)x,y} = fd\mu_{x,y}$ が成り立つ（つまり，任意の $U \in \mathcal{B}_\Omega$ に対して，$\mu_{\pi_E(f)x,y}(U) = \int_U f(t)d\mu_{x,y}(t)$ が成り立つ）．

【証明】   任意の $\lambda \in \mathbb{R}$ に対して，$\mu_{\pi_E(f)x,y}((-\infty,\lambda]) = \int_{(-\infty,\lambda]} f(t)d\mu_{x,y}(t)$ が成り立つことを示せばよい．左辺は，

$$\langle E_\lambda \pi_E(f)x,y \rangle = \langle \pi_E(f)x, E_\lambda y \rangle = \int_\Omega f(t)d\mu_{x,E_\lambda y}(t)$$

である．ここで，

$$\mu_{x,E_\lambda y}((-\infty,\mu]) = \langle E_\mu x, E_\lambda y \rangle = \langle E_{\min\{\mu,\lambda\}}x,y \rangle$$

$$= \mu_{x,y}((-\infty,\min\{\mu,\lambda\}]) = \int_{(-\infty,\mu]} \chi_{(-\infty,\lambda]}(t)d\mu_{x,y}(t)$$

より，$d\mu_{x,E_\lambda x}(t) = \chi_{(-\infty,\lambda]}(t)d\mu_{x,y}(t)$ なので，

$$\int_\Omega f(t)d\mu_{x,E_\lambda y}(t) = \int_\Omega f(t)\chi_{(-\infty,\lambda]}(t)d\mu_{x,y} = \int_{(-\infty,\lambda]} f(t)d\mu_{x,y}(t)$$

である．   □

  同様に，$d\mu_{x,\pi_E(f)y}(t) = \overline{f(t)}d\mu_{x,y}(t)$ が成り立つ．

定理 9.2.3 $\pi_E : \mathcal{B}^b(\Omega) \to \mathbf{B}(\mathcal{H})$ は，$\mathbb{C}$ 上の代数としての準同型であり，任意の $f \in \mathcal{B}^b(\Omega)$ に対して，$\|\pi_E(f)\| \leq \|f\|_\infty$ と $\pi_E(f)^* = \pi_E(\overline{f})$ が成り立つ．特に，$\pi_E(f)$ は正規であり，f が実数値ならば $\pi_E(f)$ は自己共役である．

【証明】 $f, g \in \mathcal{B}^b(\Omega)$ とすると,

$$\langle \pi_E(f)\pi_E(g)x, y \rangle = \int_\Omega f(t)d\mu_{\pi_E(g)x,y}(t) = \int_\Omega f(t)g(t)d\mu_{x,y}(t)$$
$$= \langle \pi_E(fg)x, y \rangle$$

より π_E は準同型である.

$$\langle x, \pi_E(f)y \rangle = \int_\Omega 1 d\mu_{x, \pi_E(f)y} = \int_\Omega \overline{f(t)}d\mu_{x,y}$$

より, $\pi_E(f)^* = \pi_E(\overline{f})$ である.

$$\|\pi_E(f)x\|^2 = \langle \pi_E(f)^* \pi_E(f)x, x \rangle = \langle \pi_E(|f|^2)x, x \rangle = \int_\Omega |f(t)|^2 d\mu_x(t)$$
$$\leq \|f\|_\infty^2 \mu_x(\Omega) = \|f\|_\infty^2 \|x\|^2$$

より $\|\pi_E(f)\| \leq \|f\|_\infty$ である. $\square$

$\pi_E(f)$ を, $\int_\Omega f(t)dE_t$, $\int_{\mathbb{R}} f(t)dE_t$ などと書いて, **スペクトル積分** (spectral integral) と呼ぶ.

$\{E_t\}_{t \in \mathbb{R}}$ は単調増加なので, 左極限 s-$\lim_{t \to \lambda - 0} E_t = E_{\lambda - 0}$ が存在する. 任意の $t < \lambda$ に対して $E_t \leq E_\lambda$ なので, $E_{\lambda - 0} \leq E_\lambda$ である.

命題 9.2.4 Ω は有界集合とし, $A = \int_\Omega t dE_t \in \mathbf{B}(\mathcal{H})_{\mathrm{sa}}$ とする. このとき, 次が成り立つ.

(1) $\sigma(A) = \Omega$.

(2) 任意の $\lambda \in \mathbb{R}$ に対して, $E_\lambda - E_{\lambda - 0}$ は $\ker(\lambda I - A)$ への射影である. 特に, $\lambda \in \sigma_{\mathrm{p}}(A) \iff E_\lambda \neq E_{\lambda - 0}$.

(3) $f \in C(\sigma(A))$ ならば, $\pi_E(f) = f(A)$.

【証明】 (1) $\lambda \in \mathbb{C} \setminus \Omega$ ならば, $g(t) = \frac{1}{\lambda - t}$ は Ω 上有界で,
$$\pi_E(g)(\lambda I - A) = (\lambda I - A)\pi_E(g) = I$$
なので, $\lambda \in \rho(A)$ である. $\lambda \in \Omega$ のとき, 任意の $n \in \mathbb{N}$ に対して $E((\lambda - \frac{1}{n}, \lambda + \frac{1}{n}]) \neq 0$ より, $x_n \in \mathcal{R}(E((\lambda - \frac{1}{n}, \lambda + \frac{1}{n}]))$, $\|x_n\| = 1$, が存在する. このとき,

$$\|(A - \lambda I)x_n\|^2 = \int_{(\lambda - \frac{\lambda}{n}, \lambda + \frac{1}{n}]} |t - \lambda|^2 d\mu_x(t) \leq \frac{1}{n^2} \mu_{x_n}\left(\left(\lambda - \frac{\lambda}{n}, \lambda + \frac{1}{n}\right]\right)$$
$$= \frac{1}{n^2} \to 0, \quad (n \to \infty)$$

より, $\lambda \in \sigma_{\mathrm{ap}}(A)$ である.

(2) $\|Ax - \lambda x\|^2 = \int_\Omega |t - \lambda|^2 d\mu_x(t)$ なので,

$$x \in \ker(\lambda I - A) \iff \operatorname{supp} \mu_x \subset \{\lambda\} \iff x \in \mathcal{R}(E_\lambda - E_{\lambda - 0})$$

が成り立つ.

(3) $\pi_E : \mathcal{B}^b(\Omega) \to \mathbf{B}(\mathcal{H})$ が $\mathbb{C}$ 上の代数としての準同型で, $\pi_E(1) = I$ かつ $\pi_E(t) = A$ より, 任意の多項式 $f(t)$ に対して $\pi_E(f) = f(A)$ である. 更に $\|\pi_E(f)\| \leq \|f\|_\infty$ より, 任意の $f \in C(\sigma(A))$ に対して $\pi_E(f) = f(A)$ が成り立つ. □

定理 9.2.5　(**スペクトル分解の一意性**)　Ω は有界集合とし, $A = \int_\Omega t dE_t \in \mathbf{B}(\mathcal{H})_{\mathrm{sa}}$ とする. このとき, $E^A = E$ である.

【証明】　$\{f_{\lambda,n}\}_{n=1}^\infty$ を前節で定義した関数列とすると, $E_\lambda^A = \text{s-}\lim_{n\to\infty} f_{\lambda,n}(A)$ である. 一方, 有界収束定理より,

$$\lim_{n\to\infty} \langle f_{\lambda,n}(A)x, x \rangle = \lim_{n\to\infty} \int_\Omega f_{\lambda,n}(t) d\mu_x(t) = \int_\Omega \chi_{(-\infty,\lambda]}(t) d\mu_x(t)$$
$$= \langle E_\lambda x, x \rangle$$

が成り立つので, $E_\lambda^A = E_\lambda$ である. □

$A = \int_\Omega t dE_t$ のとき, $\pi_E(f)$ を $f(A)$ と書く.

ユニタリ作用素 $U \in \mathcal{U}(\mathcal{H})$ と $\sigma(U)$ の閉集合 F に対しても, 自己共役作用素の場合と全く同様に射影 $E^U(F)$ を定義できる. $0 \leq \lambda < 2\pi$ に対して, $F_\lambda = \{e^{it} \in \mathbb{C}; \, t \in [0, \lambda]\} \cap \sigma(U)$ と定め,

$$E_t^U = \begin{cases} 0, & t < 0 \\ E^U(F_t), & 0 \leq t < 2\pi \\ I, & 2\pi \leq t \end{cases}$$

と置けば, $E^U = \{E_t^U\}_{t \in \mathbb{R}}$ はスペクトル族である.

補題 9.2.6 $E_{2\pi-0}^U = I$ が成り立つ.

【証明】 $0 < \lambda < 2\pi$ とすると, 補題 9.1.5 と同様に,

$$\|(I-U)(I-E_\lambda^U)\| \le \sup_{\lambda \le t \le 2\pi} |1-e^{it}| = 2\sin\frac{\lambda}{2}$$

が成り立つ. $x \in \mathcal{H}$ が $E_{2\pi-0}^U x = 0$ を満たすとすると, 任意の $\lambda < 2\pi$ に対して $E_\lambda^U x = 0$ なので,

$$\|(I-U)x\| = \|(I-U)(I-E_\lambda^U)x\| \le 2\sin\frac{\lambda}{2}\|x\|$$

である. これが任意の $\lambda < 2\pi$ について成り立つので, $x \in \ker(I-U)$ である. (ユニタリ作用素の場合の) 定理 6.3.4,(3) より, $E_0^U x = x$ が成り立ち, $x = 0$ が得られる. よって $E_{2\pi-0}^U = I$ である. □

これまでの議論から, 次がわかる.

定理 9.2.7 任意の $U \in \mathcal{U}(\mathcal{H})$ に対して, 次を満たすスペクトル族 $E^U = \{E_t^U\}_{t\in\mathbb{R}}$ が唯一つ存在する.
 (1) $U = \int_\mathbb{R} e^{it} dE_t^U$.
 (2) $t < 0$ ならば $E_t^U = 0$ かつ $E_{2\pi-0}^U = I$.
更に, 次を満たす $A \in \mathbf{B}(\mathcal{H})_{\mathrm{sa}}$ が唯一つ存在する.
 (1) $U = e^{iA}$.
 (2) $0 \le A \le 2\pi I$ かつ $2\pi \notin \sigma_\mathrm{p}(A)$.

●●●●●●●●● 演 習 問 題 ●●●●●●●●●●●●●●●

演習 1 スペクトル分解を使って 4 章演習 5,(2) と問題 9.1 を示せ.

演習 2 $A = \int_{\sigma(A)} t dE_t^A$ を $A \in \mathbf{B}(\mathcal{H})_{\mathrm{sa}}$ のスペクトル分解とする. 次を示せ.
 (1) $x \in \mathcal{H}$ とする. 測度 $d\langle E_t^A x, x\rangle$ は, モーメント列 $\{\langle A^n x, x\rangle\}_{n=0}^\infty$ により, 一意的に決まる.
 (2) U が $\ell^2(\mathbb{Z})$ の両側ずらし作用素で, $A = \frac{1}{2}(U + U^{-1})$ のとき,

$$\langle A^n \delta_0, \delta_0\rangle = \frac{1}{\pi}\int_{-1}^1 \frac{t^n}{\sqrt{1-t^2}} dt.$$

(3) V が ℓ^2 の片側ずらし作用素で, $A = \frac{1}{2}(V + V^*)$ のとき,

$$\langle A^n \delta_1, \delta_1 \rangle = \frac{2}{\pi} \int_{-1}^{1} t^n \sqrt{1 - t^2} dt.$$

演習 3 この問題では, 7 章演習 6 の記号を用いる. $A \in \mathbf{B}(\mathcal{H})_{\mathrm{sa}}$ に対して, $\Sigma(A)$ を $\sigma(A)$ の集積点全体と重複度無限大の固有値全体の和集合とする. 以下を示すことにより, $\sigma_{\mathrm{e}}(A) = \sigma_{\mathrm{w}}(A) = \Sigma(A)$ が成り立つことを示せ.

(1) $\lambda \in \Sigma(A)$ のとき, $\mathcal{H}$ の ONS$\{e_n\}_{n=1}^{\infty}$ で, $\lim_{n \to \infty} \|A e_n - \lambda e_n\| = 0$ となるものが存在する.

(2) $\sigma_{\mathrm{w}}(A) \supset \Sigma(A)$.

(3) $\lambda \in \sigma(A)$ が孤立点で $\dim(\lambda I - A) < \infty$ ならば, $\lambda \notin \sigma_{\mathrm{e}}(A)$ である.

演習 4 $\mathcal{H}$ は可分とし, $A \in \mathbf{B}(\mathcal{H})_{\mathrm{sa}}$ とする. $x \in \mathcal{H}$ に対して, $\mathcal{H}_{A,x} = \overline{\mathrm{span}\{A^n x\}_{n=0}^{\infty}}$ とする.

(1) $x_0 \in \mathcal{H}$ が存在して $\mathcal{H}_{A,x_0} = \mathcal{H}$ とする. このとき $\sigma(A)$ 上の有限測度 μ が存在して, A は変数 t の掛け算作用素 $M_t \in \mathbf{B}(L^2(\sigma(A), \mu))$ とユニタリ同値となることを示せ. この条件を満たす A は**単純スペクトル** (simple spectrum) を持つと言う.

(2) 一般に, 測度空間 (Ω, μ) と有界可測関数 f が存在して, A は f の掛け算作用素 $M_f \in \mathbf{B}(L^2(\Omega, \mu))$ とユニタリ同値であることを示せ.

演習 5 $c_{00}(\mathbb{Z})$ を複素数列 $(x_n)_{n \in \mathbb{Z}}$ で有限個の n を除いて $x_n = 0$ となるもの全体とする. 任意の $x \in c_{00}(\mathbb{Z})$ に対して $\displaystyle\sum_{m,n \in \mathbb{Z}} a_{m-n} x_m \overline{x_n} \geq 0$ が成り立つとき, 数列 $(a_n)_{n \in \mathbb{Z}}$ を正の定符号数列と呼ぶ. ユニタリ作用素のスペクトル分解を使い, 以下の手順で次の**ヘルグロッツの定理**を示せ：任意の正の定符号数列 $(a_n)_{n \in \mathbb{Z}}$ に対して, $[0, 2\pi)$ 上の有限測度 μ が存在して, 任意の $n \in \mathbb{Z}$ に対して $a_n = \int_{[0,2\pi)} e^{int} d\mu(t)$.

(1) N を $c_{00}(\mathbb{Z})$ の元 x で $\displaystyle\sum_{m,n \in \mathbb{Z}} a_{m-n} x_m \overline{x_n} = 0$ となるもの全体とする. N は $c_{00}(\mathbb{Z})$ の線形部分空間であり, $\langle [x], [y] \rangle = \displaystyle\sum_{m,n \in \mathbb{Z}} a_{m-n} x_m \overline{y_n}$ は $c_{00}(\mathbb{Z})/N$ の内積であることを示せ.

(2) $(U_0 x)_n = x_{n-1}$ とする. $c_{00}(\mathbb{Z})/N$ の上の内積での完備化を $\mathcal{H}$ とすると, $\mathcal{H}$ のユニタリ作用素 U で任意の $x \in c_{00}(\mathbb{Z})$ に対して $U[x] = [U_0 x]$ を満たすものが存在することを示せ.

(3) $a_n = \langle U^n [\delta_0], [\delta_0] \rangle$ を使ってヘルグロッツの定理を示せ.

第10章

ヒルベルト空間の
非有界作用素

　最終章の目標は，非有界自己共役作用素のスペクト分解定理を示すことである．非有界作用素の理論において，作用素の定義域の重要性はいくら強調しても強調しすぎることはない．最も簡単な 1 次元の微分作用素の例で，対称作用素の自己共役拡張が境界条件に対応している様子を見る．

10.1　ヒルベルト空間の閉作用素

　この章では，$\mathcal{H}$, $\mathcal{H}_i$, $i = 1, 2, \ldots$, はヒルベルト空間とする．既に 4 章で定義域を持つ作用素を導入したが，ここでは復習と記号の整理のため，再度定義と記号の導入から議論を始める．

　以下，$\mathcal{H}_1$ から $\mathcal{H}_2$ への作用素 T とは，$\mathcal{H}_1$ の部分空間 $\mathcal{D}(T)$ から $\mathcal{H}_2$ への線形写像を意味し，$\mathcal{D}(T)$ を T の**定義域**（domain）と呼ぶ．$\mathcal{H}_1$ から $\mathcal{H}_2$ への 2 つの作用素 T_1 と T_2 が，$\mathcal{D}(T_1) \subset \mathcal{D}(T_2)$ かつ $T_2|_{\mathcal{D}(T_1)} = T_1$ を満たすとき，T_2 は T_1 の拡張であると言い，$T_1 \subset T_2$ と書く．

　$\mathcal{H}_1$ から $\mathcal{H}_2$ への作用素 S, T に対して，$S + T$ を $\mathcal{D}(S + T) = \mathcal{D}(S) \cap \mathcal{D}(T)$, $(S + T)x = Sx + Tx$ と定める．$\alpha \in \mathbb{C}$ のとき，αT を $\mathcal{D}(\alpha T) = \mathcal{D}(T)$, $(\alpha T)x = \alpha(Tx)$ と定める．

　T が $\mathcal{H}_1$ から $\mathcal{H}_2$ への作用素，S が $\mathcal{H}_2$ から $\mathcal{H}_3$ への作用素のとき，$\mathcal{H}_1$ から $\mathcal{H}_3$ への作用素 ST を $\mathcal{D}(ST) = \{x \in \mathcal{D}(T);\ Tx \in \mathcal{D}(S)\}$, $(ST)x = S(Tx)$ と定める．

注意 10.1.1　上で $\mathcal{D}(S)$ や $\mathcal{D}(T)$ が $\mathcal{H}_1$ や $\mathcal{H}_2$ の稠密な部分空間であっても，$\mathcal{D}(S+T)$ や $\mathcal{D}(ST)$ は $\{0\}$ となり得ることに注意する．

　S は $\mathcal{H}_1$ の作用素で，T は $\mathcal{H}_2$ の作用素とする．$U \in \mathcal{U}(\mathcal{H}_1, \mathcal{H}_2)$ が存在して，

$UD(S) = \mathcal{D}(T)$ かつ $US = TU|_{\mathcal{D}(S)}$ が成り立つとき，S と T は**ユニタリ同値**で
あると言う．

例 **10.1.1**　$\mathcal{H} = L^2(\mathbb{R})$ とする．

(1)　$\mathcal{D}(A_0)$ をシュワルツ空間 $\mathcal{S}(\mathbb{R})$ とし（例 5.1.3 参照），$A_0 f(t) = tf(t)$ と
定める．$\mathcal{D}(A) = \{f \in L^2(\mathbb{R}); \int_{\mathbb{R}} t^2 |f(t)|^2 dt < \infty\}$ とし，$Af(t) = tf(t)$
とすれば，$A_0 \subset A$ である．

(2)　$\mathcal{D}(B_0) = \mathcal{S}(\mathbb{R})$ とし，$B_0 f(t) = -if'(t)$ と定める．$L^2(\mathbb{R})$ のフーリエ変
換を $\mathcal{F}$ とすると，$\mathcal{F}$ は $\mathcal{S}(\mathbb{R})$ からそれ自身への全単射であり，$f \in \mathcal{S}(\mathbb{R})$
に対して $\mathcal{F}f(\xi) = \frac{1}{\sqrt{2\pi}} \int_{\mathbb{R}} f(t)e^{-it\xi} dt$ である．$\mathcal{F}B_0 = A_0\mathcal{F}|_{\mathcal{S}(\mathbb{R})}$ が成り立
つので，A_0 と B_0 はユニタリ同値である．

以後 $\mathcal{H}_1 \oplus_2 \mathcal{H}_2$ を単に $\mathcal{H}_1 \oplus \mathcal{H}_2$ と書く．$\mathcal{H}_1 \oplus \mathcal{H}_2$ は，内積

$$\langle (x_1, x_2), (y_1, y_2) \rangle = \langle x_1, y_1 \rangle + \langle y_1, y_2 \rangle$$

により，ヒルベルト空間である．

定義 **10.1.1**　$\mathcal{H}_1$ から $\mathcal{H}_2$ への作用素 T の**グラフ**を，

$$\mathcal{G}(T) = \{(x, Tx) \in \mathcal{H}_1 \oplus \mathcal{H}_2; \, x \in \mathcal{D}(T)\}$$

と定める．$\mathcal{G}(T)$ が $\mathcal{H}_1 \oplus \mathcal{H}_2$ の閉部分空間であるとき，T は閉作用素であると言
う．T が閉作用素である拡張を持つとき，T は**可閉**（closable）であると言う．

T が閉作用素であるという条件は，次の条件と同値である：$\mathcal{D}(T)$ の点列 $\{x_n\}_{n=1}^{\infty}$
が $x \in \mathcal{H}_1$ に収束し，$\{Tx_n\}_{n=1}^{\infty}$ が $y \in \mathcal{H}_2$ に収束すれば，$x \in \mathcal{D}(\mathcal{H}_1)$ かつ $y = Tx$
である．

T が閉作用素であるとき，$\mathcal{G}(T)$ は $\mathcal{H}_1 \oplus \mathcal{H}_2$ の閉部分空間であるからヒルベル
ト空間であり，その内積は，$\langle (x, Tx), (y, Ty) \rangle = \langle x, y \rangle + \langle Tx, Ty \rangle$ である．よっ
て，$x, y \in \mathcal{D}(T)$ に対して，**グラフ内積**を $\langle x, y \rangle_T = \langle x, y \rangle + \langle Tx, Ty \rangle$ と定めれ
ば，$(\mathcal{D}(T), \langle \cdot, \cdot \rangle_T)$ はヒルベルト空間であり，写像 $\mathcal{D}(T) \to \mathcal{G}(T)$, $x \mapsto (x, Tx)$,
はユニタリ作用素である．

T が閉作用素で，$S \in \mathbf{B}(\mathcal{H}_1, \mathcal{H}_2)$ のとき，$S + T$ も閉作用素である．

次の簡単な補題は，可閉であるという条件を特徴付けるために有効である．

補題 10.1.1 $\mathcal{H}_1 \oplus \mathcal{H}_2$ の部分空間 $\mathcal{K}$ についての次の条件は同値である.

(1) $\mathcal{K}$ はある $\mathcal{H}_1$ から $\mathcal{H}_2$ への作用素のグラフである.

(2) $\mathcal{K} \cap (\{0\} \oplus \mathcal{H}_2) = \{0\}$.

【証明】 (1) $\Longrightarrow$ (2) は,作用素のグラフの定義より従う.

(2) $\Longrightarrow$ (1). $\mathcal{D}(T) = \{x \in \mathcal{H}_1; \exists y \in \mathcal{H}_2, (x, y) \in \mathcal{K}\}$ と定めると,$\mathcal{K}$ が $\mathcal{H}_1 \oplus \mathcal{H}_2$ の部分空間であることから,$\mathcal{D}(T)$ は $\mathcal{H}_1$ の部分空間である.$x \in \mathcal{D}(T)$ を固定したとき,$(x, y) \in \mathcal{K}$ となる $y \in \mathcal{H}_2$ は一意的である.実際,$y' \in \mathcal{H}_2$ も条件を満たすとすると,$(x, y) - (x, y') = (0, y - y') \in \mathcal{K}$ より $y = y'$ である.一意性より,$x \in \mathcal{D}(T)$ に対して,$(x, y) \in \mathcal{K}$ となる y を対応させる写像 $T : \mathcal{D}(T) \to \mathcal{H}_2$ が定義できるが,$\mathcal{K}$ が部分空間であることから T は線形である.T の構成の仕方から $\mathcal{K} = \mathcal{G}(T)$ である. $\square$

$\mathcal{H}_1$ から $\mathcal{H}_2$ への作用素 T が可閉であるとき,定義より閉拡張 $T \subset T_1$ が存在する.このとき $\mathcal{G}(T) \subset \overline{\mathcal{G}(T)} \subset \mathcal{G}(T_1)$ であるが,

$$\overline{\mathcal{G}(T)} \cap (\{0\} \oplus \mathcal{H}_2) \subset \mathcal{G}(T_1) \cap (\{0\} \oplus \mathcal{H}_2) = \{0\}$$

である.よって上の補題より,作用素 $\overline{T}$ が存在して,$\overline{\mathcal{G}(T)} = \mathcal{G}(\overline{T})$ が成り立つ.この $\overline{T}$ を T の **閉包** (closure) と呼ぶ.$\overline{T}$ は T の閉拡張の中で最小のものである.

T が可閉である必要十分条件は,$\overline{\mathcal{G}(T)} \cap (\{0\} \oplus \mathcal{H}_2) = \{0\}$ が成り立つことであるから,次がわかる.

補題 10.1.2 T が可閉であることと次の条件は同値である:$\{x_n\}_{n=1}^{\infty}$ が 0 に収束する $\mathcal{D}(T)$ の点列で,$\{Tx_n\}_{n=1}^{\infty}$ が $y \in \mathcal{H}_2$ に収束すれば,$y = 0$ である.

次に,非有界作用素の共役作用素の概念を導入する.有界作用素の場合と比べ定義は微妙であり,その扱いには注意を要する.

定義 10.1.2 T は $\mathcal{H}_1$ から $\mathcal{H}_2$ への作用素とし,$\mathcal{D}(T)$ は $\mathcal{H}_1$ で稠密であるとする.

$$\mathcal{D}(T^*) = \{y \in \mathcal{H}_2; \mathcal{D}(T) \ni x \mapsto \langle Tx, y \rangle \in \mathbb{C} \text{ は有界}\}$$

と定める.$y \in \mathcal{D}(T^*)$ のとき,$\mathcal{D}(T)$ が $\mathcal{H}_1$ で稠密であることより線形汎関数 $x \mapsto \langle Tx, y \rangle$ は $\mathcal{H}_1$ 上の有界線形汎関数に一意的に拡張され,リースの表現定理

より $y^* \in \mathcal{H}_1$ が一意的に存在して，任意の $x \in \mathcal{D}(T)$ に対して

$$\langle Tx, y \rangle = \langle x, y^* \rangle$$

が成り立つ．y^* を T^*y と書き，T^* を T の**共役作用素**と呼ぶ．$T^* : \mathcal{D}(T^*) \to \mathcal{H}_1$ は線形である．

$\mathcal{D}(T^*)$ を，

$$\{ y \in \mathcal{H}_2; \ \exists y^* \in \mathcal{H}_1, \ \forall x \in \mathcal{D}(T), \ \langle Tx, y \rangle = \langle x, y^* \rangle \}$$

と定義してもよい．

　有界作用素のとき同様に，$\mathcal{R}(T)^\perp = \ker(T^*)$ が成り立つ．また，$S \subset T$ のとき，$T^* \subset S^*$ が成り立つ．

　次の定理は，ヒルベルト空間の非有界作用素を解析するための，唯一のよりどころと言える．$\mathcal{V} \in \mathcal{U}(\mathcal{H}_1 \oplus \mathcal{H}_2, \mathcal{H}_2 \oplus \mathcal{H}_1)$ を $\mathcal{V}(x, y) = (-y, x)$ と定める．

定理 10.1.3　T は $\mathcal{H}_1$ から $\mathcal{H}_2$ への作用素で，$\mathcal{D}(T)$ は $\mathcal{H}_1$ で稠密とする．このとき次が成り立つ．

(1)　$\mathcal{G}(T^*) = (\mathcal{V}\mathcal{G}(T))^\perp = \mathcal{V}(\mathcal{G}(T)^\perp)$.

(2)　T が可閉 $\iff$ $\mathcal{D}(T^*)$ が $\mathcal{H}_2$ で稠密.

【証明】　(1) $(y, z) \in \mathcal{H}_2 \oplus \mathcal{H}_1$ に対して，

$$
\begin{aligned}
(y, z) \in \mathcal{V}(\mathcal{G}(T)^\perp) &\iff (z, -y) \in \mathcal{G}(T)^\perp \\
&\iff \forall x \in \mathcal{D}(T), \ (x, Tx) \perp (z, -y) \\
&\iff \forall x \in \mathcal{D}(T), \ \langle Tx, y \rangle = \langle x, z \rangle
\end{aligned}
$$

である．この条件は，$y \in \mathcal{D}(T^*)$ かつ $T^*y = z$ と同値なので，$\mathcal{V}(\mathcal{G}(T)^\perp) = \mathcal{G}(T^*)$ が成り立つ．

　(2) $\overline{\mathcal{G}(T)} \cap (\{0\} \oplus \mathcal{H}_2)$ を計算すると，

$$
\begin{aligned}
\overline{\mathcal{G}(T)} \cap (\{0\} \oplus \mathcal{H}_2) &= \mathcal{G}(T)^{\perp\perp} \cap (\{0\} \oplus \mathcal{H}_2) \\
&= \mathcal{V}^{-1}((\mathcal{V}(\mathcal{G}(T)^\perp))^\perp) \cap (\{0\} \oplus \mathcal{H}_2) \\
&= \mathcal{V}^{-1}(\mathcal{G}(T^*)^\perp \cap (\mathcal{H}_2 \oplus \{0\})).
\end{aligned}
$$

ここで, 右辺は $\mathcal{V}^{-1}(\mathcal{D}(T^*)^{\perp} \oplus \{0\}) = \{0\} \oplus \mathcal{D}(T^*)^{\perp}$ なので, 主張が成り立つ. $\qquad\square$

系 10.1.4 上の定理の仮定の元で, 次が成り立つ.

(1) T^* は閉作用素である.

(2) T が可閉であるとき, $T^{**} = \overline{T}$ と $T^* = T^{***}$ が成り立つ. 特に T が閉であれば $T = T^{**}$ が成り立つ.

【証明】 (1) $\mathcal{G}(T^*) = \mathcal{V}(\mathcal{G}(T)^{\perp})$ より T^* は閉である.

(2) T が可閉のとき, $\mathcal{D}(T^*)$ は $\mathcal{H}_2$ で稠密より T^{**} が定義でき, 上の証明の計算より, $\overline{\mathcal{G}(T)} = \mathcal{V}^{-1}(\mathcal{G}(T^*)^{\perp}) = \mathcal{G}(T^{**})$ であるから $\overline{T} = T^{**}$ である. T^* は閉なので $T^* = T^{***}$ である. $\qquad\square$

定義 10.1.3 T は $\mathcal{H}_1$ から $\mathcal{H}_2$ への作用素で, $\mathcal{D}(T)$ は $\mathcal{H}_1$ で稠密であるとする. $S \in \mathbf{B}(\mathcal{H}_2, \mathcal{H}_1)$ が存在して, $ST \subset I_{\mathcal{H}_1}$ かつ $TS = I_{\mathcal{H}_1}$ が成り立つとき, T は**可逆**(invertible) であると言い, $S = T^{-1}$ と書く. T が可逆であるとき, $\mathcal{G}(T) = \{(T^{-1}y, y) \in \mathcal{H}_1 \oplus \mathcal{H}_2; \, y \in \mathcal{H}_2\}$ なので, T は自動的に閉である.

閉グラフ定理から次が成り立つ.

命題 10.1.5 T は $\mathcal{H}_1$ から $\mathcal{H}_2$ への作用素で, $\mathcal{D}(T)$ は $\mathcal{H}_1$ で稠密であるとする. このとき, 次の条件は同値である.

(1) T は可逆である.

(2) T は閉作用素で, $T : \mathcal{D}(T) \to \mathcal{H}_2$ は全単射である.

定義 10.1.4 T は $\mathcal{H}$ の閉作用素で, $\mathcal{D}(T)$ は $\mathcal{H}$ で稠密とする. このとき, T のスペクトル $\sigma(T)$ やレゾルベント集合 $\rho(T)$, 更に $\sigma_{\mathrm{p}}(T), \sigma_{\mathrm{c}}(T), \sigma_{\mathrm{r}}(T), \sigma_{\mathrm{ap}}(T)$ を, T が有界である場合と同様に定義する. $\sigma(T)$ は常に閉集合であるが, コンパクトとは限らないし, 空集合であることもある(演習 1 参照). T が閉作用素なので, $\lambda \in \sigma_{\mathrm{p}}(T)$ のとき $\ker(\lambda I - T)$ は閉部分空間である.

定義 10.1.5 S は稠密な定義域を持つ $\mathcal{H}$ の作用素とする.

- $S \subset S^*$ が成り立つとき, S は**対称作用素**(symmetric operator) であると言う. この条件は, 任意の $x, y \in \mathcal{D}(S)$ に対して $\langle Sx, y \rangle = \langle x, Sy \rangle$ が成り

立つことと同値である．S^* は閉作用素であるから，対称作用素 S は可閉であり，$S \subset S^{**} = \overline{S} \subset S^*$ が成り立つ．

- 対称作用素 S が $S = S^*$ を満たすとき，A は**自己共役**であると言う．
- 対称性作用素 S の閉包が自己共役であるとき，S は**本質的自己共役**（essentially self-adjoint）であると言う．この条件は $S^* = S^{**}$ と同値である．

10.2　対称作用素の実例

有界作用素の場合と異なり，非有界作用素の対称性と自己共役性の差は大きく，それらの取り扱いには細心の注意が必要である．そのことを理解するために，一般論を展開する前に本節で基本的な例を見ることにする．

まず最も扱いやすい例から始める．例 10.1.1 の A_0, A, B_0 は対称作用素の例である．A_0 と B_0 は本質的自己共役であり，A は自己共役であることを示そう．まず $A_0{}^* = A$ を示す．任意の $f \in \mathcal{D}(A_0)$ と任意の $g \in \mathcal{D}(A)$ に対して，$\langle A_0 f, g \rangle = \langle f, Ag \rangle = \int_{\mathbb{R}} tf(t)\overline{g(t)}dt$ が成り立つので，$A \subset A_0{}^*$ である．逆に $g \in \mathcal{D}(A_0{}^*)$ とし $g^* = A_0{}^* g$ と置くと，任意の $f \in \mathcal{D}(A_0) = \mathcal{S}(\mathbb{R})$ に対して，$\int_{\mathbb{R}} tf(t)\overline{g(t)}dt = \int_{\mathbb{R}} f(t)\overline{g^*(t)}dt$ が成り立ち，$g^*(t) = tg(t)$ がほとんど至る所成り立つ．これは $g \in \mathcal{D}(A)$ かつ $g^* = Ag$ を示しており，$A_0{}^* \subset A$ である．

$A_0{}^*$ は閉なので $\overline{A_0} \subset A_0{}^*$ である．一方，$A_0{}^* = A$ の共役を取ると，$\overline{A_0} = A^* \supset A = A_0{}^*$ が成り立ち，

$$\overline{A_0} = A_0{}^* = A$$

は自己共役である．これは A_0 が本質的自己共役であることを示しており，B_0 は A_0 とユニタリ同値であるから，B_0 もそうである．

次にもっと微妙な例を見よう．

例 10.2.1　$\mathcal{H} = L^2(0,1)$ の作用素 D を，$\mathcal{D}(D) = C_c^\infty(0,1)$, $Df(t) = -if'(t)$ と定める．このとき，任意の $f, g \in \mathcal{D}(D)$ に対して，

$$\langle Df, g \rangle - \langle f, Dg \rangle = -i\int_0^1 (f'(t)\overline{g(t)} + f(t)\overline{g'(t)})dt = -if(t)\overline{g(t)}\big|_0^1 = 0$$

なので，D は対称作用素である．

D の共役作用素を求めるため，超関数論でよく知られている次の補題を示す．

補題 10.2.1 $n \in \mathbb{N}$ とする. 線形汎関数 $\varphi : C_c^\infty(0,1) \to \mathbb{C}$ が, 任意の $f \in C_c^\infty(0,1)$ に対して $\varphi(f^{(n)}) = 0$ を満たせば, 高々 $n-1$ 次の多項式 h が存在して, 任意の $f \in C_c^\infty(0,1)$ に対して $\varphi(f) = \int_0^1 f(t)h(t)dt$ が成り立つ.

【証明】 まず $n = 1$ のとき命題を示す. $f \in C_c^\infty(0,1)$ に対して $\omega(f) = \int_0^1 f(t)dt$ と置く. $g \in C_c^\infty(0,1)$ で, $\int_0^1 g(t)dt = 1$ を満たすものを固定する. 任意の $f \in C_c^\infty(0,1)$ に対して, $F(t) = \int_0^t (f(s) - \omega(f)g(s))ds$ と定めれば $F \in C_c^\infty(0,1)$ で $F'(t) = f(t) - \omega(f)g(t)$ である. よって $0 = \varphi(F') = \varphi(f) - \omega(f)\varphi(g)$ より, $\varphi(f) = \varphi(g)\int_0^1 f(t)dt$ が成り立つ.

n に対して命題が成り立つと仮定し, 線形汎関数 $\varphi : C_c^\infty(0,1) \to \mathbb{C}$ が任意の $f \in C_c^\infty(0,1)$ に対して $\varphi(f^{(n+1)}) = 0$ を満たすとする. $\varphi'(f) = -\varphi(f')$ と置くと, 任意の $f \in C_c^\infty(0,1)$ に対して $\varphi'(f^{(n)}) = 0$ なので, 帰納法の仮定より, 高々 $n-1$ 次の多項式 $h(t)$ が存在して, 任意の $f \in C_c^\infty(0,1)$ に対して $\varphi'(f) = \int_0^1 f(t)h(t)dt$ が成り立つ. $H(t) = \int_0^t h(s)ds$ と置いて, $\psi(f) = \varphi(f) - \int_0^1 f(t)H(t)dt$ と置くと,

$$\psi(f') = -\varphi'(f) - \int_0^1 f'(t)H(t)dt = -\int_0^1 (f(t)H(t))'dt = 0$$

が任意の $f \in C_c^\infty(0,1)$ に対して成り立つ. よって, $n = 1$ のときの命題より, 定数 $c \in \mathbb{C}$ が存在して, $\varphi(f) = \int_0^1 f(t)(H(t) + c)dt$ となる. $\square$

$C_c^\infty(0,1)$ が $L^2(0,1)$ で稠密であることを使えば, $g \in L^2(0,1)$ が任意の $f \in C_c^\infty(0,1)$ に対して $\langle g, f^{(n)} \rangle = 0$ を満たせば, g は高々 $n-1$ 次の多項式であることが上の補題よりわかる.

$[0,1]$ 上の絶対連続関数全体を $\mathrm{AC}[0,1]$ と書く (付録 A.7 節参照).

定理 10.2.2 $L^2(0,1)$ の作用素, $\mathcal{D}(D) = C_c^\infty(0,1)$, $Df = -if'$, に対して次が成り立つ.

(1) $\mathcal{D}(D^*) = \{f \in \mathrm{AC}[0,1];\ f' \in L^2(0,1)\}$, $D^*f = -if'$.

(2) $\mathcal{D}(D^{**}) = \{f \in \mathcal{D}(D^*);\ f(0) = f(1) = 0\}$, $D^{**}f = -if'$.

【証明】 (1) $f \in \mathcal{D}(D)$ とする. $g \in \mathrm{AC}[0,1]$ が $g' \in L^2(0,1)$ を満たせば,

$$\langle Df, g \rangle - \langle f, -ig' \rangle = -if(t)\overline{g(t)}|_0^1 = 0$$

より，$g \in \mathcal{D}(D^*)$ で $D^*g = -ig'$ である．

一方，$g \in \mathcal{D}(D^*)$ に対して，$g^* = D^*g, h(t) = \int_0^t g^*(s)ds$ と置くと $h \in \mathrm{AC}[0,1]$ であり，

$$\langle f, D^*g \rangle = \langle f, h' \rangle = f(t)\overline{h(t)}|_0^1 - \int_0^1 f'(t)\overline{h(t)}dt = -\int_0^1 f'(t)\overline{h(t)}dt$$

である．よって，

$$0 = \langle Df, g \rangle - \langle f, D^*g \rangle = \int_0^1 f'(t)\overline{(ig(t) + h(t))}dt$$

が成り立ち，$ig + h$ は定数である．これから $g \in \mathrm{AC}[0,1]$ かつ $D^*g = -ig'$ がわかる．

(2) $D \subset D^{**} \subset D^*$ であることに注意する．$f, g \in \mathcal{D}(D^*)$ のとき，上と同様の計算より，

$$\langle D^*f, g \rangle - \langle f, D^*g \rangle = -i(f(1)\overline{g(1)} - f(0)\overline{g(0)})$$

である．これから，$g \in \mathcal{D}(D^{**})$ となることと，任意の $f \in \mathcal{D}(D^*)$ に対して $f(0)\overline{g(0)} = f(1)\overline{g(1)}$ となることは同値である．特に $f(t) = t, 1-t$ とすれば，$g(0) = g(1) = 0$ であることが必要であることがわかり，逆に $g(0) = g(1) = 0$ なら $g \in \mathcal{D}(D^{**})$ であることがわかる．　　　　　□

上の定理から，$\overline{D} = D^{**}$ は自己共役ではないことがわかった．その自己共役な拡張を完全に決定するのは問題とする．

問題 10.1 $c \in \mathbb{C} \cup \{\infty\}$ に対して，$\mathcal{D}(D_c) = \{f \in \mathcal{D}(D^*); f(1) = cf(0)\}$，$D_c = D^*|_{\mathcal{D}(D_c)}$，と定める．ただし，$c = \infty$ のときは，$\mathcal{D}(D_c) = \{f \in \mathcal{D}(D^*); f(0) = 0\}$ とする．

(1)　$D_c{}^* = D_{\frac{1}{c}}$ であることを示せ．特に，$|c| = 1$ のとき，D_c は自己共役であることを示せ．

(2)　任意の作用素 $D^{**} \subsetneq T \subsetneq D^*$ に対して，$c \in \mathbb{C} \cup \{\infty\}$ が存在して $T = D_c$ となることを示せ．特に，D の自己共役な拡張は，$D_c, |c| = 1$，以外に存在しないことを示せ．

例 10.2.2　$\mathcal{H} = L^2(0, \infty)$ の対称作用素 $\widetilde{D}$ を，$\mathcal{D}(\widetilde{D}) = C_c^\infty(0, \infty)$，$\widetilde{D}f = -if'$ と定める．上の定理の証明と同様な議論を任意の $(0, R)$, $R > 0$, に対してに適用

することにより, $\widetilde{D}^*$ を次のように決定することができる. $\mathcal{D}(\widetilde{D}^*)$ は任意の $[0, \infty)$ の有限閉部分区間上絶対連続な関数 f で, $f, f' \in L^2(0, \infty)$ となるもの全体であり, $\widetilde{D}^* f = -if'$ である. また, $\mathcal{D}(\widetilde{D}^{**}) = \{f \in \mathcal{D}(\widetilde{D}^*); f(0) = 0\}$, $\widetilde{D}^{**} f = -if'$, となる. 任意の $f \in \mathcal{D}(\widetilde{D}^*)$ に対して, $f(t) = (f(t) - f(0)e^{-t}) + f(0)e^{-t}$ が成り立つので, $\mathcal{D}(\widetilde{D}^*) = \mathcal{D}(\widetilde{D}^{**}) \oplus \mathbb{C}e^{-t}$ であり, $\dim \mathcal{D}(\widetilde{D}^*)/\mathcal{D}(\widetilde{D}^{**}) = 1$ である. よって $\widetilde{D}^{**} \subset A \subset \widetilde{D}^*$ となる作用素 A は $\widetilde{D}^{**}$ と $\widetilde{D}^*$ のみであり, $\widetilde{D}$ の自己共役な拡張は存在しない.

ここまでは 1 階の微分作用素 $-i\frac{d}{dt}$ のみを考えたが, ここからは区間 $(0, 1)$ に限定して 2 階の微分作用素を考える. 以下問題 10.1 の記号を用いる. 微分作用素 $-\frac{d^2}{dt^2}$ がどのような定義域で自己共役かを考えることは基本的な問題であるが, そのような作用素の中でも, ディリクレ境界条件のラプラシアン $-\Delta_D = D^* D^{**}$ と, ノイマン境界条件のラプラシアン $-\Delta_N = D^{**} D^*$ は特に重要である. これらが自己共役で, $(I - \Delta_D)^{-1}$ と $(I - \Delta_N)^{-1}$ がコンパクト作用素であることは, 固有値と固有関数を具体的に計算することより証明できる. しかしこれらの事実は, より一般の $\mathbb{R}^n$ の (性質の良い) 有界領域のラプラシアンの場合にも成り立つので, ここでは一般の場合の証明の雰囲気を読者に少し味わっていただくために, 具体的な計算によらない証明を与える. そのためまず準備を行う.

補題 10.2.3 $A \in \mathbf{B}(\mathcal{H})_{sa}$ が $\ker A = \{0\}$ を満たすとする. このとき, $\mathcal{H}$ の作用素 T を, $\mathcal{D}(T) = \mathcal{R}(A)$, $Ax \mapsto x$, と定めると, T は自己共役である.

【証明】 $\mathcal{R}(A)^\perp = \ker A = \{0\}$ なので, $\mathcal{D}(T)$ は $\mathcal{H}$ で稠密である. $\mathcal{W} \in \mathcal{U}(\mathcal{H} \oplus \mathcal{H})$ を, $\mathcal{W}(x, y) = (y, x)$ と定めると,

$$\mathcal{G}(T) = \{(x, Tx) \in \mathcal{H} \oplus \mathcal{H}; x \in \mathcal{D}(T)\} = \{(Ay, y) \in \mathcal{H} \oplus \mathcal{H}; y \in \mathcal{H}\}$$
$$= \mathcal{W}\mathcal{G}(A)$$

である. よって,

$$\mathcal{G}(T^*) = \mathcal{V}\mathcal{G}(T)^\perp = \mathcal{V}\mathcal{W}\mathcal{G}(A)^\perp = \mathcal{V}\mathcal{W}\mathcal{V}\mathcal{G}(A^*) = \mathcal{V}\mathcal{W}\mathcal{V}\mathcal{W}\mathcal{G}(T)$$
$$= \mathcal{G}(T)$$

である. ここで, $\mathcal{V}\mathcal{W}\mathcal{V}\mathcal{W} = I$ を使った. □

定理 10.2.4　T は稠密な定義域を持つ $\mathcal{H}_1$ から $\mathcal{H}_2$ への閉作用素とし，J_T は $(\mathcal{D}(T), \langle \cdot, \cdot \rangle_T)$ から $\mathcal{H}_1$ への埋め込み写像とする．このとき，$I + T^*T$ は可逆な自己共役作用素であり，$(I + T^*T)^{-1} = J_T J_T^*$ が成り立つ．もし J_T がコンパクト作用素ならば，$(I + T^*T)^{-1}$ はコンパクト自己共役作用素である．

【証明】　まず $I + T^*T$ が $\mathcal{D}(T^*T)$ から $\mathcal{H}_1$ への全単射であることを示す．$x \in \mathcal{D}(T^*T)$ とすると，$\langle (I + T^*T)x, x \rangle = \|x\|^2 + \|Tx\|^2$ より，$I + T^*T$ は単射である．$z \in \mathcal{H}_1$ とすると，

$$\mathcal{H}_1 \oplus \mathcal{H}_2 = \mathcal{G}(T) \oplus \mathcal{G}(T)^\perp = \mathcal{G}(T) \oplus \mathcal{V}^{-1}\mathcal{G}(T^*)$$

より，$x \in \mathcal{D}(T)$ と $y \in \mathcal{D}(T^*)$ が存在して，

$$(z, 0) = (x, Tx) + \mathcal{V}^{-1}(y, T^*y) = (x, Tx) + (T^*y, -y)$$

が成り立つ．よって $z = x + T^*y$, $0 = Tx - y$ であり，$x \in \mathcal{D}(T^*T)$ かつ $z = x + T^*Tx$ が成り立つ．これは $I + T^*T$ が全射であることを示している．

次に J_T^* を計算する．$J_T \in \mathbf{B}((\mathcal{D}(T), \langle \cdot, \cdot \rangle_T), \mathcal{H}_1)$ なので，

$$J_T^* \in \mathbf{B}(\mathcal{H}_1, (\mathcal{D}(T), \langle \cdot, \cdot \rangle_T))$$

である．$y \in \mathcal{H}_1$ に対して，$J_T^* y = z \in \mathcal{D}(T)$ と置くと，任意の $x \in \mathcal{D}(T)$ に対して，次のようになる．

$$\langle x, y \rangle = \langle J_T x, y \rangle = \langle x, J_T^* y \rangle_T = \langle x, z \rangle_T = \langle x, z \rangle + \langle Tx, Tz \rangle.$$

$\langle x, y - z \rangle = \langle Tx, Tz \rangle$ が任意の $x \in \mathcal{D}(T)$ について成り立つので，$z \in \mathcal{D}(T^*T)$ であり，$y - z = T^*Tz$ が成り立つ．よって $J_T J_T^* y = z = (I + T^*T)^{-1}y$ が成り立つ．$J_T J_T^* \in \mathbf{B}(\mathcal{H}_{1\mathrm{sa}})$ なので前補題より $I + T^*T$ は自己共役作用素である．　□

定義 10.2.1　**ソボレフ空間** $W^{n,2}(0,1)$, $n \in \mathbb{N}_0$, を以下のように定める．$n = 0$ のときは $W^{0,2}(0,1) = L^2(0,1)$, $n \in \mathbb{N}$, のときは

$$W^{n,2}(0,1) = \{f \in C^{n-1}[0,1];\ f^{(n-1)} \in \mathrm{AC}[0,1],\ f^{(n)} \in L^2(0,1)\}$$

とし，その内積を $\langle f, g \rangle_{W^{n,2}} = \displaystyle\sum_{k=0}^{n} \langle f^{(k)}, g^{(k)} \rangle$ と定める．$W^{1,2}(0,1)$ は，$\mathcal{D}(D^*)$ をグラフ内積によりヒルベルト空間とみなしたものに他ならない．

補題 10.2.5 $W^{1,2}(0,1)$ から $L^2(0,1)$ への埋め込み写像はコンパクト作用素である.

【証明】 $f \in B_{W^{1,2}(0,1)}$ とする. $0 \le s < t \le 1$ のとき,

$$|f(t) - f(s)| = \left| \int_s^t f'(r)dt \right| \le \sqrt{t-s} \|f'\|_2 \le \sqrt{t-s}$$

が成り立つので, $B_{W^{1,2}(0,1)}$ は同程度連続である. また, $\|f\|_\infty \le 2$ である. 実際, もし $|f(s)| > 2$ を満たす s が存在すると, 上の評価より任意の $t \in [0,1]$ に対して $|f(t)| > 1$ となり, $\|f\|_2 \le 1$ に反する. よってアスコリ-アルツェラの定理より, $B_{W^{1,2}(0,1)}$ は $C[0,1]$ で相対コンパクトである. $C[0,1]$ から $L^2(0,1)$ への埋め込みは連続なので, $B_{W^{1,2}(0,1)}$ は $L^2(0,1)$ で相対コンパクトである. □

例 10.2.3 $L^2(0,1)$ の対称作用素 L を, $\mathcal{D}(L) = C_c^\infty(0,1)$, $Lf = -f''$, と定める. 問題 10.1 の作用素 $T = D^{**}, D^*, D_c, c \in \mathbb{C} \cup \{\infty\}$, はすべて閉作用素なので, T^*T は L の自己共役な拡張である. また, $(\mathcal{D}(T), \langle \cdot, \cdot \rangle_T)$ から $W^{1,2}(0,1)$ への埋め込みは等長であり, $W^{1,2}(0,1)$ から $L^2(0,1)$ への埋め込みはコンパクト作用素なので, $(I + T^*T)^{-1}$ はコンパクト作用素である. よって $\sigma(T^*T) = \sigma_p(T^*T)$ が成り立ち, T^*T は固有関数からなる CONS を持つ.

問題 10.2 $T = D^{**}, D^*, D_c, c \in \mathbb{C} \cup \{\infty\}$, に対して $\sigma(T^*T)$ を決定せよ.

定理 10.2.2 と同様に補題 10.2.1 を使って L^* を決定し, L のすべての自己共役な拡張を求めるのは章末の演習 2 とする.

10.3 対称作用素のケーリー変換

この節では, S は $\mathcal{H}$ の対称作用素とする. $x \in \mathcal{D}(S)$ のとき, $\langle Sx, x \rangle = \langle x, Sx \rangle$ より $\langle Sx, x \rangle \in \mathbb{R}$ であり, 特に $\sigma_p(S) \subset \mathbb{R}$ である. よって $S \pm iI : \mathcal{D}(S) \to \mathcal{H}$ は単射である. また

$$\|(S \pm iI)x\|^2 = \|x\|^2 + \|Sx\|^2 + 2\operatorname{Re}\langle Sx, \pm ix \rangle = \|x\|^2 + \|Sx\|^2$$

より, $\|(S+iI)x\| = \|(S-iI)x\|$ が成り立つ.

定義 10.3.1　$\mathcal{H}$ の対称作用素 S に対して，その**ケーリー変換**（Cayley transform）V_S を，$\mathcal{D}(V_S) = \mathcal{R}(S + iI)$, $(S + iI)x \mapsto (S - iI)x$ と定める．V_S は $\mathcal{D}(V_S) = \mathcal{R}(S + iI)$ から $\mathcal{R}(V_S) = \mathcal{D}(S - iI)$ への上への等長作用素である．

$x \in \mathcal{D}(S)$ に対して $y = (S + iI)x$ と置くと，$V_S y = (S - iI)x$ なので，$x = \frac{1}{2i}(y - V_S y)$, $Sx = \frac{1}{2}(y + V_S y)$ である．よって $\mathcal{R}(I - V_S)$ は $\mathcal{H}$ で稠密である．

定理 10.3.1　ケーリー変換は次の 2 つの作用素の集合の間の，拡張を保つ全単射である．

(1)　$\mathcal{H}$ の対称作用素全体．

(2)　$\mathcal{H}$ の等長作用素 $V : \mathcal{D}(V) \to \mathcal{H}$ で，$\overline{\mathcal{R}(I - V)} = \mathcal{H}$ を満たすもの全体．

【証明】　V は (2) の条件を満たす等長作用素とする．このとき，$\ker(I - V) = \{0\}$ が成り立つことに注意する．実際，$x \in \mathcal{D}(V)$ が $Vx = x$ を満たすとすると，任意の $y \in \mathcal{D}(V)$ に対して，

$$\langle (I - V)y, x \rangle = \langle y, x \rangle - \langle Vy, x \rangle = \langle y, x \rangle - \langle Vy, Vx \rangle = 0$$

なので，$x = 0$ である．この事実を使って，作用素 S_V を $\mathcal{D}(S_V) = \mathcal{R}(I - V)$, $(I - V)y \mapsto i(I + V)y$, と定めることができ，$\mathcal{D}(S_V)$ は $\mathcal{H}$ で稠密である．$y_1, y_2 \in \mathcal{D}(V)$ とすると，

$$\langle S_V(I - V)y_1, (I - V)y_2 \rangle = \langle i(I + V)y_1, (I - V)y_2 \rangle$$
$$= i(\langle Vy_1, y_2 \rangle - \langle y_1, Vy_2 \rangle),$$
$$\langle (I - V)y_1, S_V(I - V)y_2 \rangle = \langle (I - V)y_1, i(I + V)y_2 \rangle$$
$$= i(-\langle Vy_1, y_2 \rangle + \langle y_1, Vy_2 \rangle)$$

より S_V は対称作用素である．$S_{V_S} = S$ であることは既に示した．同様な計算で，$V_{S_V} = V$ もわかる．　　　　　　　　　　□

補題 10.3.2　S が $\mathcal{H}$ の対称作用素とすると，

$$\overline{\mathcal{R}(S \pm iI)} = \mathcal{R}(\overline{S} \pm iI)$$

が成り立つ．特に，

$$S \text{ は閉} \iff \mathcal{R}(S + iI) \text{ は閉} \iff \mathcal{R}(S - iI) \text{ は閉}$$

が成り立つ.

【証明】 $\overline{\mathcal{R}(S + iI)} = \mathcal{R}(\overline{S} + iI)$ のみ示す. $y \in \overline{\mathcal{R}(S + iI)}$ とすると, $\mathcal{D}(S)$ の点列 $\{x_n\}_{n=1}^{\infty}$ で $\{(S + iI)x_n\}_{n=1}^{\infty}$ が y に収束するものが存在する.

$$\|(S + iI)x_n - (S + iI)x_m\|^2 = \|x_n - x_m\|^2 + \|Sx_n - Sx_m\|^2$$

より, $\{x_n\}_{n=1}^{\infty}$ と $\{Sx_n\}_{n=1}^{\infty}$ はコーシー列であり収束する. S は可閉なので, $x = \lim_{n\to\infty} x_n \in \mathcal{D}(\overline{S})$ かつ $\lim_{n\to\infty} Sx_n = \overline{S}x$ であり, $y \in \mathcal{R}(\overline{S} + iI)$ である.

$x \in \mathcal{D}(\overline{S})$ のとき, $\mathcal{D}(S)$ の点列 $\{x_n\}_{n=1}^{\infty}$ で, $\{x_n\}_{n=1}^{\infty}$ が x に収束しかつ $\{Sx_n\}_{n=1}^{\infty}$ が $\overline{S}x$ に収束するものが存在する. よって, $(\overline{S} + iI)x \in \overline{\mathcal{R}(S + iI)}$ である. □

補題 10.3.3 S が $\mathcal{H}$ の対称作用素のとき,

$$\mathcal{D}(S^*) = \mathcal{D}(\overline{S}) \oplus \ker(S^* - iI) \oplus \ker(S^* + iI)$$

が, S^* のグラフ内積に関する直交直和の意味で成り立つ. 特に, S が本質的自己共役であることと, $\ker(S^* - iI) = \ker(S^* + iI) = \{0\}$ は同値である.

【証明】 この証明中では, 直交性は常に S^* のグラフ内積に関するものとする. $\mathcal{D}(\overline{S})$, $\ker(S^* - iI)$, $\ker(S^* + iI)$ が互いに直交するので,

$$\mathcal{D}(S^*) \cap \mathcal{D}(S)^{\perp} \subset \ker(S^* - iI) + \ker(S^* + iI)$$

を示せば十分である. $y \in \mathcal{D}(S^*) \cap \mathcal{D}(S)^{\perp}$ とすると, 任意の $x \in \mathcal{D}(S)$ に対して

$$0 = \langle x, y \rangle + \langle S^*x, S^*y \rangle = \langle x, y \rangle + \langle Sx, S^*y \rangle$$

が成り立つ. よって $S^*y \in \mathcal{D}(S^*)$ かつ $S^{*2}y = -y$ である.

$$y = \frac{1}{2}(y - iS^*y) + \frac{1}{2}(y + iS^*y) \in \ker(S^* - iI) + \ker(S + iI)$$

より, 補題の主張が成り立つ. □

　次の定理は，次節で示す非有界自己共役作用素のスペクトル分解定理の証明で本質的な役割を果たす．

定理 10.3.4　$\mathcal{H}$ の対称作用素 S に対して，次の条件は同値である．

(1)　S は自己共役．

(2)　V_S はユニタリ作用素，つまり，$\mathcal{R}(S \pm iI) = \mathcal{H}$.

【証明】　(1) $\Longrightarrow$ (2). S は閉なので $\mathcal{R}(S \pm iI)$ は閉である．$\mathcal{R}(S \pm iI)^\perp = \ker(S \mp iI) = \{0\}$ より $\mathcal{R}(S \pm iI) = \mathcal{H}$ である．

　(2) $\Longrightarrow$ (1). $\mathcal{R}(S \pm iI) = \mathcal{H}$ は閉なので S は閉で，$\{0\} = \mathcal{R}(S \pm iI)^\perp = \ker(S^* \mp iI)$. よって，前補題より $\mathcal{D}(S^*) = \mathcal{D}(S)$ である．　　　　□

系 10.3.5　A が自己共役ならば，$\sigma(A) \subset \mathbb{R}$ である．

【証明】　$\lambda = \xi + i\eta,\ \xi, \eta \in \mathbb{R},\ \eta \neq 0$ とする．$B = \frac{1}{\eta}(\xi I - A)$ と置けば B も自己共役で，$\lambda I - A = \eta(B + iI)$ である．$B + iI$ は閉で，$\mathcal{D}(A)$ から $\mathcal{H}$ への全単射なので，可逆である．　　　　□

　これまで示したことをまとめると，次のようになる．

定理 10.3.6　S は $\mathcal{H}$ の対称作用素とすると，ケーリー変換は次の 2 つの作用素の集合の間の，拡張を保つ一対一対応を与える．

- S の対称な拡張全体．
- V_S の等長な拡張全体．

更に S が閉のとき，後者と次の集合の間に一対一対応がある．

- $\ker(S^* - iI)$ の部分空間 K と等長作用素 $W : K \to \ker(S^* + iI)$ の組 (K, W) 全体．

特に，ケーリー変換の $\ker(S^* - iI)$ への制限は，S の自己共役な拡張全体と，$\ker(S^* - iI)$ から $\ker(S^* + iI)$ へのユニタリ作用素全体の間の一対一対応を与える．

系 10.3.7　対称作用素 S に対して次の条件は同値である．

(1)　S は自己共役な拡張を持つ．

(2)　$\dim(\ker(S^* - iI)) = \dim(\ker(S^* + iI))$.

$(\dim \ker(S^* - iI), \dim \ker(S^* + iI)) \in (\mathbb{N}_0 \cup \{\infty\})^2$ を, S の**不足指数** (deficiency indices, defect numbers) と呼ぶ.

例 10.3.1　例 10.2.1 の D の不足指数は $(1,1)$ であり, $\varphi_+(t) = e^{1-t}$, $\varphi_-(t) = e^t$ と置くと,

$$\ker(D^* - iI) = \mathbb{C}\varphi_+, \quad \ker(D^* + iI) = \mathbb{C}\varphi_-$$

である. $\|\varphi_+\|_2 = \|\varphi_-\|_2$ より, $V_{D^{**}}$ の等長な拡張 V は, $V\varphi_+ = \zeta\varphi_-$, $|\zeta| = 1$, により特徴づけられる. V に対応する D の自己共役な拡張を D_c とすると, $(I - V)\varphi_+ = \varphi_+ - \zeta\varphi_- \in \mathcal{D}(D_c)$ であるので, c は,

$$c = \frac{\varphi_+(1) - \zeta\varphi_-(1)}{\varphi_+(0) - \zeta\varphi_-(0)} = \frac{1 - \zeta e}{e - \zeta}$$

により決まる.

例 10.3.2　例 10.2.2 の $\widetilde{D}$ の不足指数は $(1,0)$ であり, $\ker(\widetilde{D}^* - iI) = \mathbb{C}e^{-t}$ である. これから再び $\widetilde{D}$ が自己共役な拡張を持たないことがわかる.

10.4　非有界自己共役作用素のスペクトル分解定理

$E = \{E_t\}_{t \in \mathbb{R}}$ は $\mathcal{H}$ の射影作用素からなるスペクトル族とし, 以下では 9.2 節の記号を用いる. Ω を $\{E_t\}_{t \in \mathbb{R}}$ の増加点全体とすると, Ω 上の有界ボレル関数全体 $\mathcal{B}^b(\Omega)$ から $\mathbf{B}(\mathcal{H})$ への $\mathbb{C}$ 上の代数としての準同型 π_E が存在する. $\mathcal{B}(\Omega)$ を Ω 上のボレル関数全体とする. 非有界自己共役作用素のスペクトル分解を定式化するため, まず $f \in \mathcal{B}(\Omega)$ に対しても, $\pi_E(f) = \int f(t)dE_t$ を閉作用素として定義する.

$f \in \mathcal{B}(\Omega)$ を固定し, $n \in \mathbb{N}$ に対して $\Omega_n = \{\omega \in \Omega; |f(\omega)| \leq n\}$ と置く. このとき $\bigcup_{n=1}^{\infty} \Omega_n = \Omega$ が成り立つ. $f_n = \chi_{\Omega_n} f$ と定める.

補題 10.4.1　上の仮定の元で, 次が成り立つ.

(1) s-$\lim_{n\to\infty} \pi_E(\chi_{\Omega_n}) = I$.

(2) $\mathcal{K} = \{x \in \mathcal{H}; \int_\Omega |f(t)|^2 d\langle E_t x, x\rangle < \infty\}$ と置くと, $\mathcal{K}$ は $\mathcal{H}$ で稠密な部分空間である.

(3) 任意の $x \in \mathcal{K}$ に対して, $\{\pi_E(f_n)x\}_{n=1}^{\infty}$ は収束する.

【証明】 (1) は

$$\|x - \pi_E(\chi_{\omega_n})x\|^2 = \int_\Omega |1 - \chi_{\Omega_n}(t)|^2 d\mu_x(t) = \mu_x(\Omega \setminus \Omega_n) \to 0$$

より従う.

(2) 任意の $n \in \mathbb{N}$ に対して $\mathcal{R}(\pi_E(\chi_{\Omega_n})) \subset \mathcal{K}$ より $\mathcal{K}$ は $\mathcal{H}$ で稠密である. $\mathbb{C}\mathcal{K} \subset \mathcal{K}$ も定義からわかるので, $x, y \in \mathcal{K}$ ならば $x + y \in \mathcal{K}$ を示せば十分である.

$$\langle (x+y)E_t, x+y \rangle + \langle E_t(x-y), x-y \rangle = 2\langle E_t x, x \rangle + 2\langle E_t y, y \rangle$$

より, $\mu_{x+y} + \mu_{x-y} = 2\mu_x + 2\mu_y$ なので,

$$\int_\Omega |f(t)|^2 d\mu_{x+y}(t) \le 2\int_\Omega |f(t)|^2 d\mu_x(t) + 2\int_\Omega |f(t)|^2 d\mu_y(t) < \infty$$

となり, $x + y \in \mathcal{K}$ である.

(3) $x \in \mathcal{K}$ と $m > n$ に対して,

$$\|\pi_E(f_m)x - \pi_E(f_n)x\|^2 = \int_\Omega |\chi_{\Omega_m} - \chi_{\Omega_n}|^2 |f(t)|^2 d\mu_x(t)$$
$$= \int_{\Omega_m} |f(t)|^2 d\mu_x(t) - \int_{\Omega_n} |f(t)|^2 d\mu_x(t)$$

より, $\{\pi_E(f_n)\}_{n=1}^\infty$ はコーシー列であり収束する. □

定義 10.4.1　$f \in \mathcal{B}(\Omega)$ に対して $\mathcal{H}$ の作用素 $\pi_E(f)$ を,

$$\mathcal{D}(\pi_E(f)) = \left\{ x \in \mathcal{H}; \int_\Omega |f(t)|^2 d\langle E_t x, x \rangle < \infty \right\},$$

$\pi_E(f)x = \lim_{n\to\infty} \pi_E(f_n)x$ と定める. $\pi_E(f)$ を $\int_\Omega f(t) dE_t$, $\int_\mathbb{R} f(t) dE_t$ などと書く.

定理 10.4.2　$f \in \mathcal{B}(\Omega)$ に対して次が成り立つ.

(1)　$\pi_E(f)$ は閉作用素で, $\pi_E(f)^* = \pi_E(\overline{f})$ が成り立つ. 特に f が実数値のとき, $\pi_E(f)$ は自己共役である.

(2)　$T \in \mathbf{B}(\mathcal{H})$ が任意の $t \in \mathbb{R}$ に対して E_t と交換するとき, $T\pi_E(f) \subset \pi_E(f)T$ が成り立つ.

【証明】 (1) まず $\pi_E(\overline{f}) \subset \pi_E(f)^*$ を示す. $\mathcal{D}(\pi_E(f)) = \mathcal{D}(\pi_E(\overline{f}))$ に注意する. $x, y \in \mathcal{D}(\pi_E(f))$ とすると,

$$\langle \pi_E(f)x, y \rangle = \lim_{n \to \infty} \langle \pi_E(f_n)x, y \rangle = \lim_{n \to \infty} \langle x, \pi_E(\overline{f_n})y \rangle = \langle x, \pi_E(\overline{f})y \rangle$$

より, $\pi_E(\overline{f}) \subset \pi_E(f)^*$ である.

次に $y \in \mathcal{D}(\pi_E(f))^*$, $y^* = \pi_E(f)^*$ とする. $P_n = \pi_E(\chi_{\Omega_n})$ と置くと, $P_n \mathcal{D}(\pi_E(f)) \subset \mathcal{D}(\pi_E(f))$ が成り立つことに注意する. $x \in \mathcal{D}(\pi_E(f))$ とすると, $\langle \pi_E(f)P_n x, y \rangle = \langle x, P_n y^* \rangle$ である. 一方,

$$\langle \pi_E(f)P_n x, y \rangle = \langle \pi_E(f_n)x, y \rangle = \langle x, \pi_E(\overline{f_n})y \rangle$$

である. $\mathcal{D}(\pi_E(f))$ は $\mathcal{H}$ で稠密なので, $P_n y^* = \pi_E(\overline{f_n})y$ が成り立ち,

$$\|y^*\|^2 = \lim_{n \to \infty} \|P_n y^*\|^2 = \lim_{n \to \infty} \|\pi_E(\overline{f_n})y\|^2 = \lim_{n \to \infty} \int_{\Omega_n} |f(t)|^2 d\mu_y(t)$$

が成り立つ. 単調収束定理より, $\int_\Omega |f(t)|^2 d\mu_y(t) = \|y^*\|^2 < \infty$ であり, $y \in \mathcal{D}(\pi_E(\overline{f}))$ である.

(2) まず, 任意の $x \in \mathcal{H}$ に対して, $\mu_{Tx} \leq \|T\|^2 \mu_x$ が成り立つことを見る. 実際, $F \subset \Omega$ をボレル集合とし, $P = \pi_E(\chi_F)$ とすると,

$$\mu_{Tx}(F) = \|PTx\|^2 = \|TPx\|^2 \leq \|T\|\|Px\|^2 = \|T\|^2 \mu_x(F)$$

が成り立つ. $x \in \mathcal{D}(\pi_E(f))$ とすると,

$$\int_\Omega |f(t)|^2 d\mu_{Tx}(t) \leq \|T\|^2 \int_\Omega |f(t)|^2 d\mu_x(t) < \infty$$

より, $Tx \in \mathcal{D}(\pi_E(f))$ である. よって,

$$\pi_E(f)Tx = \lim_{n \to \infty} \pi_E(f_n)Tx = \lim_{n \to \infty} T\pi_E(f_n)x = T\pi_E(f)x$$

が成り立つ. □

補題 10.4.3 任意の $x \in \mathcal{D}(\pi_E(f))$ に対して, $\langle \pi_E(f)x, x \rangle = \int_\Omega f(t)d\langle E_t x, x \rangle$ が成り立つ.

【証明】 μ_x は有限測度で, $f \in L^2(\Omega, \mu_x)$ なので $f \in L^1(\Omega, \mu_x)$ である. よって,

$$\langle \pi_E(f)x, x \rangle = \lim_{n \to \infty} \langle \pi_E(f_n)x, x \rangle = \lim_{n \to \infty} \int_\Omega f_n(t)d\mu_x(t) = \int_\Omega f(t)d\mu_x$$

が成り立つ. □

補題 10.4.4 $f, g \in \mathcal{B}(\Omega)$ に対して次が成り立つ.

(1) $\pi_E(f)\pi_E(g) \subset \pi_E(fg)$.

(2) $\pi_E(\overline{f})\pi_E(f) = \pi_E(|f|^2)$.

【証明】 (1) $x \in \mathcal{D}(\pi_E(f)\pi_E(g))$ とすると, $x \in \mathcal{D}(\pi_E(g))$ かつ $y = \pi_E(g)x \in \mathcal{D}(\pi_E(f))$ である.

$$\langle E_t y, y \rangle = \langle E_t \pi_E(g)x, \pi_E(g)x \rangle = \|\pi_E(g)E_t x\|^2 = \lim_{n \to \infty} \|\pi_E(g_n)E_t x\|^2$$
$$= \lim_{n \to \infty} \int_{(-\infty,t]\cap\Omega} |g_n(s)|^2 d\mu_x(s) = \int_{(-\infty,t]\cap\Omega} |g(s)|^2 d\mu_x(s)$$

より,

$$\int_\Omega |f(t)|^2 d\mu_y(t) = \int_\Omega |f(t)g(t)|^2 d\mu_x(t)$$

であり, $x \in \pi_E(fg)$ である. $\Omega'_n = \{t \in \Omega; |g(t)| \le n\}$ と置き, $Q_n = \pi_E(\chi_{\Omega_n \cap \Omega'_n})$ と置くと, $\bigcup_{n=1}^{\infty} \mathcal{R}(Q_n)$ は $\mathcal{H}$ で稠密である. $z \in \mathcal{R}(Q_n)$ に対して,

$$\langle \pi_E(f)\pi_E(g)x, z \rangle = \langle Q_n \pi_E(f)\pi_E(g)x, z \rangle = \langle \pi_E(f_n)Q_n\pi_E(g)x, z \rangle$$
$$= \langle \pi_E(f_n)\pi_E(g_n)x, z \rangle = \langle \pi_E(f_n g_n)x, z \rangle$$

が成り立つ. 一方,

$$\langle \pi_E(fg)x, z \rangle = \langle Q_n \pi_E(fg)x, z \rangle = \langle \pi_E(f_n g_n)x, z \rangle$$

より, $\pi_E(f)\pi_E(g)x = \pi_E(fg)x$ が成り立つ.

(2) 上に示したことより, $\pi_E(f)^*\pi_E(f) \subset \pi_E(|f|^2)$ が成り立つが, 定理 10.2.4 と定理 10.4.2 より両辺とも自己共役なので, 共役を取れば $\pi_E(|f|^2) \subset \pi_E(f)^*\pi_E(f)$ が成り立つ. □

A を $\mathcal{H}$ の自己共役作用素とし，U を A のケーリー変換 $(A-iI)(A+iI)^{-1}$ とする．このとき $U \in \mathcal{U}(\mathcal{H})$ であり，$\ker(I-U) = \{0\}$ である．$U = \int_{\mathbb{R}} e^{is} dE_s^U$ を U のスペクトル分解とすると，$E_0^U = 0$ かつ $E_{2\pi-0}^U = I$ であるので，$U = \int_{(0,2\pi)} e^{is} dE_s^U$ と書くことにする．同相写像 $\mathbb{R} \to (0, 2\pi), t \mapsto s, \frac{t-i}{t+i} = e^{is}, t = -\cot\frac{s}{2}$，を考える．$t \to -\infty$ のとき，$s \to +0$ なので，$E_t^A = E_s^U$ と定めれば，$E^A = \{E_t^A\}_{t \in \mathbb{R}}$ はスペクトル族である．

定理 10.4.5（スペクトル分解） A が $\mathcal{H}$ の自己共役作用素のとき，$A = \int_{\mathbb{R}} t dE_t^A$ が成り立つ．

【証明】 簡単のため，$E_t^A = E_t$, $E_s^U = F_s$ と書く．$B = \int_{\mathbb{R}} t dE_t$ と置くと，B は自己共役作用素である．以下 $A \subset B$ を示す．この両辺の共役を取れば，$B = B^* \subset A^* = A$ が成り立つので，$A = B$ がわかる．

$x \in \mathcal{D}(A)$ とする．$y = (A+iI)x$ と置けば，$x = \frac{1}{2i}(I-U)y, Ax = \frac{1}{2}(I+U)y$ である．まず，$\mathcal{D}(A) \subset \mathcal{D}(B)$ を示す．

$$\int_{\mathbb{R}} t^2 d\langle E_t x, x \rangle = \int_{(0,2\pi)} \left| i\frac{1+e^{is}}{1-e^{is}} \right|^2 d\left\langle F_s \frac{1}{2i}(I-U)y, \frac{1}{2i}(I-U)y \right\rangle$$
$$= \frac{1}{4} \int_{(0,2\pi)} |1+e^{is}|^2 d\langle F_s y, y \rangle < \infty$$

より，$x \in \mathcal{D}(B)$ である．

$$Bx = \lim_{n \to \infty} \pi_E(\chi_{[-n,n]}(t)t)x$$
$$= \lim_{m \to \infty} \pi_F\left(\chi_{[\frac{1}{m}, 2\pi-\frac{1}{m}]}(s) i\frac{1+e^{is}}{1-e^{is}} \right) \frac{1}{2i}(I-U)y$$
$$= \lim_{m \to \infty} \pi_F(\chi_{[\frac{1}{m}, 2\pi-\frac{1}{m}]}(s)(1+e^{is}))\frac{1}{2}y$$
$$= \lim_{m \to \infty} \pi_F(\chi_{[\frac{1}{m}, 2\pi-\frac{1}{m}]}(s))\frac{1}{2}(I+U)y$$
$$= Ax$$

より，$A \subset B$ である． □

有界作用素の場合同様，スペクトル分解の一意性が成り立ち，命題 9.2.4 も成り立つ．$\pi_{E^A}(f)$ を $f(A)$ と書く．

本書では A のケーリー変換のスペクトル族を使って A のスペクトル族を構成
したが，他にもいくつかの方法が知られている．$\mathcal{H}$ が実ヒルベルト空間の場合
は，ユニタリ作用素のスペクトル分解が $\mathcal{H}$ では行えないので，ケーリー変換を
使った上の証明は修正を必要とする．複素ヒルベルト空間 $\mathcal{H} \otimes \mathbb{C} = \mathcal{H} + i\mathcal{H}$ に
上の議論を適用し，E_t^A が元の空間 $\mathcal{H}$ を不変にすることを示すのが一つの方法
である．あるいは $A(I + A^2)^{-\frac{1}{2}} \in \mathbf{B}(\mathcal{H}_{\mathrm{sa}})$ のスペクトル族を使って A のスペク
トル族を構成することも可能である（[12] 参照）．

10.5　スペクトル分解定理の応用 ♮

10.5.1　閉作用素の極分解

ヒルベルト空間 $\mathcal{H}$ の自己共役作用素 A が任意の $x \in \mathcal{D}(A)$ に対して $\langle Ax, x \rangle \geq 0$
を満たすとき，A は正作用素であると言う．$\langle Ax, x \rangle = \int_{\mathbb{R}} td\langle E_t^A x, x \rangle$ が成り立
つので，有界作用素の場合同様にこの条件は $\sigma(A) \subset [0, \infty)$ と同値である．

定理 10.5.1　$\mathcal{H}$ の正の自己共役作用素 A に対して，正の自己共役作用素 B で
$A = B^2$ を満たすものが唯一つ存在する．

【証明】　$B = \int_{[0,\infty)} \sqrt{t}dE_t^A$ と置けば B は正の自己共役作用素であり，補題 10.4.4
より $B^2 = A$ が成り立つ．逆に B が条件を満たすとき，$A = \int_{[0,\infty)} s^2 dE_s^B$ なの
で，スペクトル分解の一意性より $E_t^A = E_{\sqrt{t}}^B$ である．よって B は A により一
意的に定まる．　　　　　　　　　　　　　　　　　　　　　　　　　　□

上の B を $\sqrt{A}$, $A^{\frac{1}{2}}$ などと書き，A の**平方根作用素**と呼ぶ．

T を稠密な定義域を持つ $\mathcal{H}_1$ から $\mathcal{H}_2$ への閉作用素とすると，定理 10.2.4 よ
り T^*T は自己共役である．$x \in \mathcal{D}(T^*T)$ のとき，$\langle T^*Tx, x \rangle = \langle Tx, Tx \rangle$ より，
T^*T は正作用素である．$(T^*T)^{\frac{1}{2}}$ を $|T|$ と書いて，T の**絶対値作用素**と呼ぶ．

$\mathcal{K}$ が $\mathcal{D}(T)$ の部分空間で，T の $\mathcal{K}$ への制限の閉包が T と一致するとき，$\mathcal{K}$ は T
の**芯**（core）であると言う．この条件は，グラフ内積 $\langle \cdot, \cdot \rangle_T$ に関して $\mathcal{K}$ が $\mathcal{D}(T)$
で稠密であることと同値である．

補題 10.5.2　T が稠密な定義域を持つ $\mathcal{H}_1$ から $\mathcal{H}_2$ への閉作用素であるとき，
$\mathcal{D}(T^*T)$ は T の芯である．

【証明】　グラフ内積 $\langle\cdot,\cdot\rangle_T$ に関して $y \in \mathcal{D}(T) \cap \mathcal{D}(T^*T)^{\perp}$ とすると，任意の $x \in \mathcal{D}(T^*T)$ に対して，

$$0 = \langle x, y \rangle_T = \langle x, y \rangle + \langle Tx, Ty \rangle = \langle x, y \rangle + \langle T^*Tx, y \rangle$$

である．$\mathcal{R}(I + T^*T) = \mathcal{H}_1$ であるから，$y = 0$ である． □

上の補題より，$\mathcal{D}(T^*T)$ は $|T|$ の芯であることもわかった．

定理 10.5.3　T は稠密な定義域を持つ $\mathcal{H}_1$ から $\mathcal{H}_2$ への閉作用素とする．このとき，部分等長作用素 $W \in \mathbf{B}(\mathcal{H}_1, \mathcal{H}_2)$ で $\ker T = \ker W$ かつ $T = W|T|$ を満たすものが唯一つ存在する．更に，$W^*T = |T|$, $|T^*| = W|T|W^*$ が成り立つ．

【証明】　$\mathcal{D}(T) = \mathcal{D}(|T|)$ かつ任意の $x \in \mathcal{D}(T)$ に対して $\|Tx\| = \||T|x\|$ が成り立つことを示せば，残りの議論は有界作用素の場合と同様である．

まず $x \in \mathcal{D}(T^*T) = \mathcal{D}(|T|^2)$ のときは，

$$\|Tx\|^2 = \langle T^*Tx, x \rangle = \langle |T|^2 x, x \rangle = \||T|x\|^2$$

が成り立つ．$\mathcal{D}(T^*T)$ 上，T のグラフ内積と $|T|$ のグラフ内積は一致することに注意する．$\mathcal{D}(T^*T)$ が T の芯であることから，任意の $x \in \mathcal{D}(T)$ に対して，$\mathcal{D}(T^*T)$ の点列 $\{x_n\}_{n=1}^{\infty}$ で，$\{x_n\}_{n=1}^{\infty}$ は x に収束しかつ $\{Tx_n\}_{n=1}^{\infty}$ は Tx に収束するものが存在する．$\{x_n\}$ は $|T|$ のグラフ内積に関するコーシー列でもあるので，$x \in \mathcal{D}(|T|)$ かつ $\{|T|x_n\}_{n=1}^{\infty}$ は $|T|x$ に収束する．$\|Tx_n\| = \||T|x_n\|$ より $\|Tx\| = \||T|x\|$ が成り立つ．これから $\mathcal{D}(T) \subset \mathcal{D}(|T|)$ がわかるが，T と $|T|$ の役割を入れ替えれば，$\mathcal{D}(|T|) \subset \mathcal{D}(T)$ も成り立つ． □

10.5.2　ストーンの定理

実数全体の成す加法群 $\mathbb{R}$ からユニタリ群 $\mathcal{U}(\mathcal{H})$ への群準同型 $U = \{U(t)\}_{t \in \mathbb{R}}$ を**一径数ユニタリ群**（1-parameter unitary group）と呼ぶ．更に，$t \mapsto U(t)$ が強作用素位相について連続であるとき（つまり任意の $x \in \mathcal{H}$ に対して $t \mapsto U(t)x$ が連続であるとき），U は強連続であると言う．A が $\mathcal{H}$ の自己共役作用素のとき，$U(t) = e^{itA} = \int_{\mathbb{R}} e^{it\lambda} dE_{\lambda}^A$ と置けば，U は一径数ユニタリ群であり，

$$\|U(s)x - U(t)x\|^2 = \int_{\mathbb{R}} |e^{is\lambda} - e^{it\lambda}|^2 d\langle E_{\lambda}^A x, x \rangle$$

より強連続である．この逆が成り立つことを示すのがストーンの定理である．

問題 10.3　A が自己共役作用素のとき，任意の $x \in \mathcal{D}(A)$ に対して，

$$\lim_{t \to 0} \frac{1}{it}(e^{itA}x - x) = Ax$$

が成り立つことを示せ．

補題 10.5.4　A が $\mathcal{H}$ の自己共役作用素のとき，

$$\mathcal{D}(A) = \left\{ x \in \mathcal{H}; \ \exists \lim_{t \to 0} \frac{1}{it}(e^{itA}x - x) \right\}$$

が成り立つ．

【証明】　$\mathcal{H}$ の作用素 T を，$\mathcal{D}(T)$ を右辺の集合とし，$Tx = \lim_{t \to 0} \frac{1}{it}(e^{itA}x - x)$ と定める．$x, y \in \mathcal{D}(T)$ に対して，

$$\left\langle \frac{1}{it}(e^{itA}x - x), y \right\rangle = \left\langle x, \frac{1}{-it}(e^{-itA}y - y) \right\rangle$$

なので，$\langle Tx, y \rangle = \langle x, Ty \rangle$ が成り立ち，T は対称作用素である．A は自己共役で $A \subset T$ なので，$A = T$ である．　　　　　　　　　　□

補題 10.5.5　U は $\mathcal{H}$ の強連続一径数ユニタリ群とする．

(1)　任意の $f \in L^1(\mathbb{R})$ に対して，$U_f \in \mathbf{B}(\mathcal{H})$ で任意の $x, y \in \mathcal{H}$ に対して $\langle U_f x, y \rangle = \int_{\mathbb{R}} f(t)\langle U(t)x, y \rangle dt$ を満たすものが唯一つ存在する．更に $\|U_f\| \leq \|f\|_1$ が成り立つ．

(2)　$f, g \in L^1(\mathbb{R})$ に対して，$U_f U_g = U_{f*g}$, $U_f{}^* = U_{\check{\overline{f}}}$ が成り立つ．ここで，$f * g(t) = \int_{\mathbb{R}} f(s)g(t-s)ds$, $\check{f}(t) = \overline{f}(-t)$ である．更に $U(s)U_f = U_{f^s}$, $f^s(t) = f(t-s)$, が成り立つ．

(3)　$\mathrm{span}\{U_f x \in \mathcal{H}; \ x \in \mathcal{H}, \ f \in C_c^\infty(\mathbb{R})\}$ は $\mathcal{H}$ で稠密である．

(4)　$f \in C_c^\infty(\mathbb{R})$, $x \in \mathcal{H}$, に対して，

$$\lim_{t \to 0} \frac{1}{it}(U(t)U_f x - U_f x) = iU_{f'}x$$

が成り立つ．

【証明】 (1) $\mathcal{H}$ の半双一次形式を $b_f(x,y) = \int_{\mathbb{R}} f(t)\langle U(t)x, y\rangle dt$ と定めると，$|b_f(x,y)| \leq \|f\|_1 \|x\|\|y\|$ が成り立つので，主張が従う．

(2) まず，

$$\langle U(s)U_g x, y\rangle = \langle U_g x, U(-s)y\rangle = \int_{\mathbb{R}} g(t)\langle U(t)x, U(-s)y\rangle dt$$
$$= \int_{\mathbb{R}} g(s)\langle U(s+t)x, y\rangle dt = \int_{\mathbb{R}} f^s(t)\langle U(t)x, y\rangle$$

から，$U_s U_g = U_{g^s}$ が成り立つ．これから，

$$\langle U_f U_g x, y\rangle = \int_{\mathbb{R}} f(s)\langle U(s)U_g x, y\rangle dt = \int_{\mathbb{R}} f(s)\int_{\mathbb{R}} g(t-s)\langle U(t)x, y\rangle dt ds$$

が成り立ち，フビニの定理より，$U_f U_g = U_{f*g}$ が成り立つ．

$$\langle U_f^* x, y\rangle = \overline{\langle x, U_f y\rangle} = \overline{\int_{\mathbb{R}} f(t)\langle U(t)y, x\rangle dt} = \int_{\mathbb{R}} \overline{f(t)}\langle U(-t)x, y\rangle dt$$

より，$U_f{}^* = U_{\check{\bar{f}}}$ である．

(3) $f \in C_c^\infty(\mathbb{R})$ で，$\operatorname{supp} f \subset [-1,1]$, $f(t) \geq 0$, $f(t) = f(-t)$, $\int_{\mathbb{R}} f(t)dt = 1$, を満たすものを取る．$\varepsilon > 0$ に対して $f_\varepsilon(t) = \frac{1}{\varepsilon}f(\frac{t}{\varepsilon})$ と定めると，

$$f_\varepsilon = \check{f}_\varepsilon, \quad \|f_\varepsilon\|_1 = \|f_\varepsilon * f_\varepsilon\|_1 = 1$$

であり，

$$\operatorname{supp} f_\varepsilon \subset [-\varepsilon, \varepsilon], \quad f_\varepsilon * f_\varepsilon \subset [-2\varepsilon, 2\varepsilon]$$

である．

$$\|U_{f_\varepsilon} x - x\|^2 = \langle U_{f_\varepsilon * f_\varepsilon} x, x\rangle - 2\langle U_{f_\varepsilon} x, x\rangle + \|x\|^2$$
$$= \int_{\mathbb{R}} f_\varepsilon * f_\varepsilon(t)(\langle U_t x, x\rangle - \|x\|^2)dt + 2\int_{\mathbb{R}} f_\varepsilon(t)(\|x\|^2 - \langle U(t)x, x\rangle)dt$$
$$\leq (\|f_\varepsilon * f_\varepsilon\|_1 + 2\|f_\varepsilon\|_1) \sup_{t\in[2\varepsilon, 2\varepsilon]} |\langle U(t)x, x\rangle - \|x\|^2|$$
$$\leq 3 \sup_{t\in[2\varepsilon, 2\varepsilon]} |\langle U(t)x, x\rangle - \|x\|^2|$$

より，$\lim_{\varepsilon\to+0} \|U_{f_\varepsilon} x - x\| = 0$ である．

(4) $f \in C_c^\infty(\mathbb{R})$ のとき,

$$\left\| \frac{1}{it}(U(t)U_f x - U_f x) - iU_{f'}x \right\| = \left\| U_{\frac{f^t - f}{t} + f'}x \right\| \le \left\| \frac{f^t - f}{t} + f' \right\|_1 \|x\|$$

である.

$$\frac{f^t(s) - f(s)}{t} + f'(s) = \int_0^1 (f'(s) - f'(s - rt))dr$$

$$= t \int_0^1 \int_0^1 rf''(s - prt)dpdr$$

なので, $\|\frac{f^t - f}{t} + f'\|_1 \le \frac{|t|}{2}\|f''\|_1 \to 0, (t \to 0)$ が成り立つ. □

U_f を $\int_\mathbb{R} f(t)U(t)dt$ と書く.

問題 10.4 A は自己共役作用素とし, $U(t) = e^{itA}$ とする. このとき任意の $f \in L^1(\mathbb{R})$ に対して, $U_f = \widehat{f}(-A), \widehat{f}(\xi) = \int_\mathbb{R} f(t)e^{-it\xi}dt$, が成り立つことを示せ.

定理 10.5.6　**（ストーンの定理）** $\mathcal{H}$ の任意の強連続一径数ユニタリ群 $U = \{U(t)\}_{t \in \mathbb{R}}$ に対して,

$$\mathcal{D}(A) = \left\{ x \in \mathcal{H}; \exists \lim_{t \to 0} \frac{1}{it}(U(t)x - x) \right\},$$

$Ax = \lim_{t \to 0} \frac{1}{it}(U(t)x - x)$ と定めると, A は自己共役作用素であり,

$$U(t) = e^{itA}$$

が成り立つ.

【証明】　前補題より $\mathcal{D}(A)$ は $\mathcal{H}$ で稠密であり,

$$\left\langle \frac{1}{it}(U(t)x - x), y \right\rangle = \left\langle x, \frac{1}{-it}(U(-t)y - y) \right\rangle$$

より, A は対称作用素である. $U(s)U(t) = U(t)U(s)$ より, $U(s)A \subset AU(s)$ が成り立つことに注意する. まず, A が本質的自己共役であることを示す. そのためには, $\ker(A^* \pm iI) = \{0\}$ を示せばよい. $y \in \ker(A^* \pm iI)$ とすると, 任意の $x \in \mathcal{D}(A)$ に対して,

$$\frac{d}{dt}\langle U(t)x,y\rangle=i\langle AU(t)x,y\rangle=i\langle U(t)x,\mp iy\rangle=\mp\langle U(t)x,y\rangle$$

なので，$\langle U(t)x,y\rangle=e^{\mp t}\langle x,y\rangle$ である．一方 $|\langle U(t)x,y\rangle|\leq\|x\|\|y\|$ なので，$\langle x,y\rangle=0$ である．$\mathcal{D}(A)$ は $\mathcal{H}$ で稠密なので，$y=0$ である．

$\overline{A}=A^*$ であることに注意する．$x\in\mathcal{D}(A),y\in\mathcal{D}(A^*)$ に対して，

$$\frac{d}{dt}\langle U(t)x,e^{itA^*}y\rangle=\langle iAU(t)x,e^{itA^*}y\rangle+\langle U(t)x,iA^*e^{itA^*}y\rangle$$

が成り立つが，$U(t)x\in\mathcal{D}(A)$ より右辺は 0 である．よって $U(t)=e^{itA^*}$ が成り立ち，補題 10.5.4 より $A=A^*$ である．　　　　□

iA を $\{U(t)\}_{t\in\mathbb{R}}$ の**生成作用素**（generator）と呼ぶ．

演 習 問 題

演習 1　D_c を問題 10.1 の作用素とする．

(1)　$\sigma_{\mathrm{p}}(D_c)$ を求めよ．

(2)　$\sigma(D_c)=\sigma_{\mathrm{p}}(D_c)$ を示し，$c=0,\infty$ に対して $\sigma(D_c)=\emptyset$ を示せ．

演習 2　L は例 10.2.3 の作用素とする．

(1)　$\mathcal{D}(L^*)=W^{2,2}(0,1)$，$L^*f=-f''$ を示せ．

(2)　L の不足指数は $(2,2)$ であることを示せ．

(3)　線形写像 $\Phi:W^{2,2}(0,1)\to\mathbb{C}^4$ を，$\Phi(f)=(f(0),f'(0),f(1),f'(1))$ と定め，$\mathbb{C}^4$ の半双一次形式 q を

$$q(v,w)=-v_1\overline{w_2}+v_2\overline{w_1}+v_3\overline{w_4}-v_4\overline{w_3}$$

と定める．このとき，任意の $f,g\in W^{2,2}(0,1)$ に対して，

$$\langle L^*f,g\rangle-\langle f,L^*g\rangle=q(\Phi(f),\Phi(g))$$

が成り立つことを示せ．また Φ は全射で，$\ker\Phi=\mathcal{D}(L^{**})$ であることを示せ．

(4)　L の自己共役な拡張全体と，$\mathbb{C}^4$ の 2 次元部分空間で q のその部分空間への制限が消えるもの全体の間に一対一対応があることを示せ．

(5)　L' が L の自己共役な拡張ならば，$\sigma(L')=\sigma_p(L')$ であり，任意の $\lambda\in\rho(L')$ に対して $(\lambda I-L')^{-1}$ はコンパクト作用素であることを示せ．

演習 3　$\alpha, \beta \in [0, \pi)$ に対して，$L^2(0,1)$ の作用素 $L_{\alpha,\beta}$ を，

$$\mathcal{D}(L_{\alpha,\beta}) = \{f \in W^{2,2}(0,1); \cos\alpha f(0) + \sin\alpha f'(0) = \cos\beta f(1) + \sin\beta f'(1) = 0\},$$

$L_{\alpha,\beta} f = -f''$ と定める．

(1)　$L_{\alpha,\beta}$ は L の自己共役な拡張であることを示せ．

(2)　$0 \in \sigma_{\mathrm{p}}(L_{\alpha,\beta}) \iff \cos\alpha\cos\beta + \cos\alpha\sin\beta - \sin\alpha\cos\beta = 0$ を示せ．

(3)　$L_{\frac{\pi}{2}, \frac{3\pi}{4}}$ は負の固有値を持つことを示せ．

演習 4　$\xi, \eta \in \mathbb{R}$ と $\zeta \in \mathbb{C}$ に対して $A_{\xi,\eta,\zeta} \in \mathbf{K}(L^2[0,1])_{\mathrm{sa}}$ を次のように定める．

$$
\begin{aligned}
&A_{\xi,\eta,\zeta} g(t) \\
&= \int_0^t (\xi + \zeta t + (\overline{\zeta}+1)s + \eta st)g(s)ds + \int_t^1 (\xi + \overline{\zeta}s + (\zeta+1)t + \eta st)g(s)ds.
\end{aligned}
$$

(1)　L の自己共役な拡張 $L_{\xi,\eta,\zeta}$ で，$L_{\xi,\eta,\zeta}{}^{-1} = A_{\xi,\eta,\zeta}$ を満たすものが存在することを示せ．

(2)　$c \neq 1$ に対して，$D_c^* D_c = L_{\xi,\eta,\zeta}$ を満たす (ξ, η, ζ) を決定せよ．

(3)　$0 \notin \sigma_{\mathrm{p}}(L_{\alpha,\beta})$ のときに，$L_{\alpha,\beta} = L_{\xi,\eta,\zeta}$ を満たす (ξ, η, ζ) を決定せよ．

演習 5　$\widetilde{D}$ を例 10.2.2 の作用素とする．

(1)　$\{z \in \mathbb{C}; \mathrm{Im}\, z < 0\} \subset \sigma_{\mathrm{r}}(\widetilde{D}^{**})$ を示せ．

(2)　$\{z \in \mathbb{C}; \mathrm{Im}\, z > 0\} \subset \rho(\widetilde{D}^{**})$ を示し，$z \in \rho(\widetilde{D}^{**})$ に対して $(zI - \widetilde{D}^{**})^{-1}g$ を積分を使って表せ．

(3)　$\sigma(\widetilde{D}^{**}) = \{z \in \mathbb{C}; \mathrm{Im}\, z \leq 0\}$ を示せ．

(4)　$t \geq 0$ に対して $L^2(0,\infty)$ の等長作用素を，

$$V_t f(s) = \begin{cases} 0, & s \leq t \\ f(s-t), & s > t \end{cases}$$

と定める．$\mathrm{Re}\, z > 0$ と $f, g \in L^2(0,\infty)$ に対して，

$$\int_0^\infty e^{-tz} \langle V_t f, g \rangle dt = \langle (zI + i\widetilde{D}^{**})^{-1} f, g \rangle$$

が成り立つことを示せ．

演習 6　T は稠密な定義域を持つ $\mathcal{H}_1$ から $\mathcal{H}_2$ への閉作用素とする．

(1)　$T(I + T^*T)^{-1}$ は有界作用素であることを示せ．

(2)　$(I + T^*T)^{-1} T^* \subset T^* (I + TT^*)^{-1}$ が成り立つことを示せ．

(3)　$\mathcal{H}_1 \oplus \mathcal{H}_2$ から T のグラフ $\mathcal{G}(T)$ への射影 $\mathcal{E}_T$ は,

$$\mathcal{E}_T = \begin{pmatrix} (I + T^*T)^{-1} & T^*(I + TT^*)^{-1} \\ T(I + T^*T)^{-1} & TT^*(I + TT^*)^{-1} \end{pmatrix}$$

で与えられることを示せ.

演習 7　$A = \int_{\mathbb{R}} t dE_t^A$ を $\mathcal{H}$ の自己共役作用素 A のスペクトル分解とし,$z \in \rho(A)$ に対して $R(z) = (zI - A)^{-1}$ とする.次のストーンの公式を示せ.

$$\lim_{\varepsilon \to +0} \frac{1}{2\pi i} \int_{-\infty}^{t} \langle (R(s - i\varepsilon) - R(s + i\varepsilon)) x, x \rangle ds = \frac{1}{2} \langle (E_t^A + E_{t-0}^A) x, x \rangle.$$

演習 8　$\mathcal{H}$ の自己共役正作用素 A に対して次が成り立つことを示せ.

(1)　s-$\lim_{\varepsilon \to +0} (I + \varepsilon A)^{-1} = I$.

(2)　s-$\lim_{t \to \infty} e^{-tA} = P$. ここで P は $\ker A$ への射影である.

演習 9　$A = \int_{\mathbb{R}} t dE_t^A$ を $\mathcal{H}$ の自己共役作用素 A のスペクトル分解とし,$T \in \mathbf{B}(\mathcal{H})$ とする.このとき次の条件は同値であることを示せ.

(1)　$TA \subset AT$.

(2)　任意の $z \in \rho(A)$ に対して $(zI - A)^{-1}$ と T は交換する.

(3)　A のケーリー変換 V_A は T と交換する.

(4)　任意の $t \in \mathbb{R}$ に対して,E_t^A と T は交換する.

(5)　任意の $t \in \mathbb{R}$ に対して,e^{itA} と T は交換する.

上の同値条件が成り立つとき,A と T は交換すると言う.

付　　　録

A.1　ネットの収束

順序集合 Λ の任意の有限部分集合が上界を持つとき，Λ は有向集合であると言う．

例 A.1.1　集合 X の有限部分集合全体 $\mathfrak{F}_X$ は包含関係により有向集合である．

例 A.1.2　位相空間 X の点 x の近傍全体 $\mathfrak{N}(x)$ は，$U \subset V$ を満たすときに $V \leq U$ と定めることにより，有向集合である．

有向集合 Λ から集合 X への写像 $i : \Lambda \to X$ を**ネット**，あるいは有向族（net）と呼ぶ．点列の場合同様，$i(\lambda) = x_\lambda$ などと書き，$\{x_\lambda\}_{\lambda \in \Lambda}$ でネットを表すのが標準的である．

位相空間 X のネット $\{x_\lambda\}_{\lambda \in \Lambda}$ が次の条件を満たすとき，$\{x_\lambda\}_{\lambda \in \Lambda}$ は $x \in X$ に収束すると言う：任意の $U \in \mathfrak{N}(x)$ に対して，$\lambda_0 \in \Lambda$ が存在して，$\lambda_0 \leq \lambda$ ならば，$x_\lambda \in U$ が成り立つ．この条件が成り立つとき，x は $\{x_\lambda\}_{\lambda \in \Lambda}$ の極限であると言う．X がハウスドルフ空間ならば極限は一意的であり，$\lim_{\lambda \in \Lambda} x_\lambda = x$ と書く．

ネットの収束の概念を公理化することにより，位相を与えることとネットの収束を決めることが同値となることが知られている（[5], 3 章 1 節 3 参照）．標語的に言えば，すべての位相的性質は原理的にはネットの収束で特徴付けられるのである．

補題 A.1.1　X が位相空間とし，A は X の部分集合とする．このとき，$x \in X$ に対して次は同値である．

(1)　$x \in \overline{A}$.

(2)　A のネット $\{a_\lambda\}_{\lambda \in \Lambda}$ で x に収束するものが存在する．

【証明】　(1) $\Longrightarrow$ (2). 各 $U \in \mathfrak{N}(x)$ から

$$a_U \in U \cap A$$

を選べば，$\{a_U\}_{U \in \mathfrak{N}(x)}$ は x に収束する A のネットである．

(2) $\Longrightarrow$ (1). $\{a_\lambda\}_{\lambda \in \Lambda}$ を x に収束する A のネットとする．$U \in \mathfrak{N}(x)$ とすると，あ

る $\lambda_0 \in \Lambda$ が存在して, $\lambda_0 \le \lambda$ ならば $a_\lambda \in U$ なので, 特に $A \cap U \neq \emptyset$ である. よって $x \in \overline{A}$ である. $\qquad\square$

問題 A.1 X と Y は位相空間とする.

(1) X の部分集合 A が閉集合であることと次の条件は同値であることを示せ：A 内のネット $\{a_\lambda\}_{\lambda \in \Lambda}$ が X で収束するならば, その極限は A に属する.

(2) 写像 $f : X \to Y$ が $a \in X$ で連続であることと次の条件は同値であることを示せ：$\{x_\lambda\}_{\lambda \in \Lambda}$ が a に収束する X のネットであれば, $\{f(x_\lambda)\}_{\lambda \in \Lambda}$ は $f(a)$ に収束する.

コンパクト性をネットの収束により特徴付ける場合, 部分ネットの定義に注意を要する. $\{x_\lambda\}_{\lambda \in \Lambda}$ を集合 X のネットとする. M が有向集合で, 写像 $\varphi : M \to \Lambda$ が次の条件を満たすとする：$\forall \lambda \in \Lambda, \exists \mu_0 \in M, \forall \mu \ge \mu_0, \lambda \le \varphi(\mu)$. このとき, $\{x_{\varphi(\mu)}\}_{\mu \in M}$ を $\{x_\lambda\}_{\lambda \in \Lambda}$ の**部分ネット**と呼ぶ. ここで, φ は順序を保つとは仮定していないことに注意する.

<u>**命題 A.1.2**</u> 位相空間 X についての次の条件は同値である.

(1) X はコンパクトである.

(2) X の任意のネットは収束する部分ネットを持つ.

【証明】 (1) $\Longrightarrow$ (2). $\{x_\lambda\}_{\lambda \in \Lambda}$ を X のネットとし, $\lambda \in \Lambda$ に対して F_λ を $\{x_\mu ; \lambda \le \mu\}$ の閉包とする. このとき, $\{F_\lambda\}_{\lambda \in \Lambda}$ は有限交叉性を持つ閉集合族であるから, $x \in \bigcap_{\lambda \in \Lambda} F_\lambda$ が存在する. $(U, \lambda), (V, \mu) \in \mathfrak{N}(x) \times \Lambda$ に対して, $U \le V$ かつ $\lambda \le \mu$ のとき, $(U, \lambda) \le (V, \mu)$ と定めれば $\mathfrak{N}(x) \times \Lambda$ は有向集合である. 任意の $\lambda \in \Lambda$ に対して $x \in F_\lambda$ なので, 任意の $U \in \mathfrak{N}(x)$ に対して, $U \cap \{x_\mu ; \lambda \le \mu\} \neq \emptyset$ であり, $x_\mu \in U$, $\lambda \le \mu$, を満たす μ を取ることができる. このような μ を一つ選んで $\varphi(U, \lambda) = \mu$ と置く. $\lambda \le \varphi(U, \lambda)$ なので $\{x_{\varphi(U, \lambda)}\}_{(U, \lambda) \in \mathfrak{N}(x) \times \Lambda}$ は $\{x_\lambda\}_{\lambda \in \Lambda}$ の部分ネットである. また $x_{\varphi(U, \lambda)} \in U$ よりこれは x に収束する.

(2) $\Longrightarrow$ (1). $\{Y_i\}_{i \in I}$ は有限交叉性を持つ X の閉集合族とする. このとき, 任意の $F \in \mathfrak{F}_I$ に対して, $\bigcap_{i \in F} Y_i \neq \emptyset$ なので, この集合の元を一つ選び x_F と置く. 仮定から, $\{x_F\}_{F \in \mathfrak{F}_\Lambda}$ の部分ネット $\{x_{\varphi(\mu)}\}_{\mu \in M}$ で, ある $x \in X$ に収束するものが存在する. φ の性質から, $\forall i_0 \in I, \exists \mu_0 \in M, \forall \mu \ge \mu_0, \{i_0\} \le \varphi(\mu)$ である. これは任意の $\mu \ge \mu_0$ に対して $i_0 \in \varphi(\mu)$ を意味しており, $x_{\varphi(\mu)} \in Y_{i_0}$ である. ネット $\{x_{\varphi(\mu)}\}_{\mu_0 \le \mu}$ も x に収束するので, Y_{i_0} が閉であることより $x \in Y_{i_0}$ である. $i_0 \in I$ は任意なので, $x \in \bigcap_{i \in I} Y_i$ である. $\qquad\square$

　局所凸空間 X の位相が，セミノルムの族 $\{p_i\}_{i \in I}$ により与えられているとする．X のネット $\{x_\lambda\}_{\lambda \in \Lambda}$ が，次の性質を持つとき，$\{x_\lambda\}_{\lambda \in \Lambda}$ はコーシーネットであると言う：$\forall \varepsilon > 0, \forall F \Subset I, \exists \lambda_0 \in \Lambda, \forall \lambda, \mu \geq \lambda_0, \forall i \in F, p_i(x_\lambda - x_\mu) < \varepsilon$．$X$ の任意のコーシーネットが収束するとき，X は完備であると言う．

　バナッハ空間 X の任意のコーシーネット $\{x_\lambda\}_{\lambda \in \Lambda}$ は収束する．実際コーシーネットの定義より，$\forall n \in \mathbb{N}, \exists \lambda_n \in \Lambda, \forall \lambda, \mu \geq \lambda_n, \|x_\lambda - x_\mu\| < \frac{1}{n}$ が成り立つ．更に帰納的に，$n < m$ ならば $\lambda_n \leq \lambda_m$ となるように $\{\lambda_n\}_{n=1}^{\infty}$ を取ることもできる．このとき，$\{x_{\lambda_n}\}_{n=1}^{\infty}$ はコーシー列なので，ある x に収束する．$\lambda \geq \lambda_n$ のとき，$\|x - x_\lambda\| \leq \|x - x_{\lambda_n}\| + \|x_{\lambda_n} - x_\lambda\| < \frac{2}{n}$ より，$\{x_\lambda\}_{\lambda \in \Lambda}$ も x に収束する．

A.2　L^p 空間の基本事項

　この節では，L^p 空間についての基本事項の証明を与える．以下 (Ω, μ) を測度空間とする．

問題 A.2　$1 < p, q < \infty$, $\frac{1}{p} + \frac{1}{q} = 1$ とする．$a, b > 0$ に対して次の不等式

$$ab \leq \frac{a^p}{p} + \frac{b^q}{q}$$

が成り立ち，等号成立条件は $a^p = b^q$ であることを示せ．

定理 A.2.1　$1 \leq p, q \leq \infty$, $\frac{1}{p} + \frac{1}{q} = 1$ とする．このとき次の不等式が成り立つ：

(1)　**ヘルダー不等式**

$$\forall f \in L^p(\Omega, \mu), \forall g \in L^q(\Omega, \mu), \quad \left| \int_\Omega f g d\mu \right| \leq \|f\|_p \|g\|_q.$$

(2)　**ミンコフスキー不等式**

$$\forall f, g \in L^p(\Omega, \mu), \quad \|f + g\|_p \leq \|f\|_p + \|g\|_p.$$

【証明】　$p = 1, \infty$ の場合は簡単なので，$1 < p, q < \infty$ の場合に示す．

　(1) 上の問題の不等式で $a = \frac{|f|}{\|f\|_p}, b = \frac{|g|}{\|g\|_q}$ と置いて両辺を積分すると，

$$\frac{1}{\|f\|_p \|g\|_q} \int_\Omega |fg| d\mu \leq \int_\Omega \left(\frac{|f|^p}{p\|f\|_p^p} + \frac{|g|^q}{q\|g\|_q^q} \right) d\mu = 1$$

が成り立ち，ヘルダー不等式が得られる．

　(2) $h \in L^p(\Omega, \mu)$ のとき，$|h|^{p-1} = |h|^{\frac{p}{q}} \in L^q(\Omega, \mu)$ に注意する．三角不等式とヘルダー不等式から，

$$\|f+g\|_p^p = \int_\Omega |f+g||f+g|^{p-1}d\mu$$

$$\leq \int_\Omega |f||f+g|^{\frac{p}{q}}d\mu + \int_\Omega |g||f+g|^{\frac{p}{q}}d\mu$$

$$\leq \|f\|_p \|f+g\|_p^{\frac{p}{q}} + \|g\|_p \|f+g\|_p^{\frac{p}{q}}$$

$$= (\|f\|_p + \|g\|_p)\|f+g\|_p^{p-1}$$

が成り立ち, ミンコフスキー不等式が得られる. □

<u>**定理 A.2.2**</u> $1 \leq p \leq \infty$ のとき, $(L^p(\Omega,\mu), \|\cdot\|)$ はバナッハ空間である.

【証明】 ミンコフスキー不等式から $(L^p(\Omega,\mu), \|\cdot\|)$ はノルム空間であるので, 完備性のみ示せばよい. $p = \infty$ の場合の証明は読者に委ね, 以下 $1 \leq p < \infty$ のときの完備性のみを示す. $\{f_n\}_{n=1}^\infty$ は $L^p(\Omega,\mu)$ のコーシー列とする. 収束する部分列を持つコーシー列は収束するので, 必要ならば部分列を取ることにより, 最初から $\|f_{n+1} - f_n\|_p < \frac{1}{2^n}$ が成り立つと仮定してよい.

$$g_n = |f_1| + \sum_{k=1}^{n-1} |f_{k+1} - f_k|$$

と置くと, $\{g_n(\omega)\}_{n=1}^\infty$ は単調増加なので, 各点収束極限 $g : \Omega \to [0, \infty]$ が存在する.

$$\|g_n\|_p \leq \|f_1\|_p + \sum_{k=1}^{n-1} \|f_{n+1} - f_n\|_p \leq \|f_1\|_p + 1$$

が成り立つので, 単調収束定理より,

$$\int_\Omega |g|^p d\mu = \lim_{n\to\infty} \int_\Omega |g_n|^p d\mu \leq (\|f_1\|_p + 1)^p$$

となる. よって g はほとんど至る所有限値を取り $g \in L^p(\Omega,\mu)$ である. これから,

$$f(\omega) = f_1(\omega) + \sum_{k=1}^\infty (f_{k+1}(\omega) - f_k(\omega)) \quad \left(= \lim_{n\to\infty} f_n(\omega) \right)$$

がほとんど至る所絶対収束し, $|f(\omega)| \leq |g(\omega)|$ が成り立つことがわかる. $|f(\omega) - f_n(\omega)|^p \leq |g(\omega)|^p$ が成り立つので, ルベーグの収束定理より,

$$\lim_{n\to\infty} \int_\Omega |f(\omega) - f_n(\omega)|^p d\mu = \int_\Omega \lim_{n\to\infty} |f(\omega) - f_n(\omega)|^p d\mu = 0$$

であり, $\{f_n\}_{n=1}^\infty$ は f に $L^p(\Omega,\mu)$ で収束する. □

系 A.2.3　$1 \le p \le \infty$, $f \in L^p(\Omega, \mu)$ とし，$\{f_n\}_{n=1}^{\infty}$ は $L^p(\Omega, \mu)$ に属する関数列とする．$\lim_{n \to \infty} \|f_n - f\|_p = 0$ ならば，$\{f_n\}_{n=1}^{\infty}$ の部分列で f にほとんど至る所収束するものが存在する．

【証明】　再び $1 \le p < \infty$ の場合のみ扱う．前定理の証明から，$\{f_n\}_{n=1}^{\infty}$ の部分列 $\{f_{n_k}\}_{k=1}^{\infty}$ で，任意の $k \in \mathbb{N}$ に対して $\|f_{n_{k+1}} - f_{n_k}\|_p < \frac{1}{2^k}$ を満たすものを取ると，条件を満たす．　　　　　　　　　　　　　　　　　　　　　　　　　　　　　□

A.3　L^p-L^q 双 対 性

定理 3.2.2 の証明としては，ラドン-ニコディムの定理を使う測度論的議論が標準的である[3][9][14]．しかし $p = 2$ の場合，L^p 空間はヒルベルト空間なので定理 3.2.2 はリースの表現定理から従い，その証明は直交分解を用いた幾何学的な議論である．また $p = 1$ の場合も，リースの表現定理に帰着させる証明が存在する（3 章の演習 1, 2 参照）．ここでは $1 < p < \infty$ の場合に，幾何学的な議論を使って，測度空間 (Ω, μ) の σ-有限性を仮定せずに，定理 3.2.2 を証明する．証明のポイントは，$2 \le p < \infty$ のときに $L^p(\Omega, \mu)$ が回帰的であることを先に示すことである．以下 $1 < p, q < \infty$, $\frac{1}{p} + \frac{1}{q} = 1$ と仮定する．

まず，L^p 空間などのヒルベルト空間に似た空間の幾何学的特性をうまく捉えるための概念を導入する．

定義 A.3.1　バナッハ空間 X が**一様凸**（uniformly convex）：$\overset{\text{定義}}{\Longleftrightarrow}$ $\forall \varepsilon > 0$, $\exists \delta = \delta(\varepsilon) > 0$, $x, y \in B_X$, $\|x - y\| \ge \varepsilon$ ならば $\|\frac{1}{2}(x + y)\| \le 1 - \delta$.

X の一様凸性は，単位球内の異なる 2 点の中点がどのくらい単位球面から離れているかを，2 点間の距離により定量的に評価できることを意味する．

例 A.3.1　ヒルベルト空間は，$\delta(\varepsilon) = 1 - \sqrt{1 - \frac{\varepsilon^2}{4}}$ により一様凸である．

定理 A.3.1　一様凸バナッハ空間 X は回帰的である．

【証明】　$x^{**} \in X^{**}$, $\|x^{**}\| = 1$ とする．系 5.3.4 より B_X は $B_{X^{**}}$ で汎弱位相 $\sigma(X^{**}, X^*)$ に関して稠密なので，B_X のネット $\{x_\lambda\}_{\lambda \in \Lambda}$ で x^{**} に汎弱収束するものが存在する．

まず，$\forall \delta > 0$, $\exists \lambda_0 \in \Lambda$, $\forall \lambda, \mu \ge \lambda_0$, $\|\frac{1}{2}(x_\lambda + x_\mu)\| \ge 1 - \delta$, が成り立つことを示す．$\|x^{**}\| = 1$ なので，$\varphi \in B_{X^*}$ が存在して $x^{**}(\varphi) > 1 - \frac{\delta}{2}$ が成り立つ．$\{x_\lambda\}_{\lambda \in \Lambda}$ は x^{**} に位相 $\sigma(X^{**}, X^*)$ で収束するので，$\lambda_0 \in \Lambda$ が存在して，任意の $\lambda \ge \lambda_0$ に対

して $|x^{**}(\varphi) - \varphi(x_\lambda)| < \frac{\delta}{2}$ が成り立つ. よって, $\lambda, \mu \geq \lambda_0$ ならば,

$$\left| \varphi\left(\frac{1}{2}(x_\lambda + x_\mu) \right) \right| > |x^{**}(\varphi)| - \frac{|x^{**}(\varphi) - \varphi(x_\lambda)| + |x^{**}(\varphi) - \varphi(x_\mu)|}{2}$$

$$> 1 - \delta$$

であるが, $\varphi \in B_{X^*}$ なので, $\|\frac{1}{2}(x_\lambda + x_\mu)\| > 1 - \delta$ が成り立つ.

X が一様凸であることを使って, 上で示したことを $\delta(\varepsilon)$ に適用すると, $\forall \varepsilon > 0$, $\exists \lambda_0 \in \Lambda$, $\forall \lambda, \mu \geq \lambda_0$, $\|x_\lambda - x_\mu\| < \varepsilon$, が成り立つ. よって $\{x_\lambda\}_{\lambda \in \Lambda}$ はコーシーネットであり, ある $x \in B_X$ にノルム収束する. ノルム収束極限と汎弱収束極限は一致するので, $x^{**} = x$ が成り立ち, $X^{**} = X$ である. □

次に, $2 \leq p < \infty$ の場合に $L^p(\Omega, \mu)$ が一様凸であることを示すため, クラークソン不等式を示す.

問題 A.3 $1 \leq r < p \leq \infty$ と $a \in \mathbb{C}^n$ に対して次が成り立つことを示せ.

$$\|a\|_p \leq \|a\|_r \leq n^{\frac{1}{r} - \frac{1}{p}} \|a\|_p.$$

定理 A.3.2 (クラークソン不等式) $2 \leq p < \infty$, $f, g \in L^p(\Omega, \mu)$ に対して,

$$\left\| \frac{1}{2}(f + g) \right\|_p^p + \left\| \frac{1}{2}(f - g) \right\|_p^p \leq \frac{1}{2}(\|f\|_p^p + \|g\|_p^p)$$

が成り立つ. 特に $L^p(\Omega, \mu)$ は一様凸である.

【証明】 $n = 2$ の場合の上の問題より, $a, b \in \mathbb{C}$ ならば,

$$(|a + b|^p + |a - b|^p)^{\frac{1}{p}} \leq (|a + b|^2 + |a - b|^2)^{\frac{1}{2}}$$
$$= 2^{\frac{1}{2}}(|a|^2 + |b|^2)^{\frac{1}{2}}$$
$$\leq 2^{1 - \frac{1}{p}}(|a|^p + |b|^p)^{\frac{1}{p}}$$

が成り立つので,

$$|f(\omega) + g(\omega)|^p + |f(\omega) - g(\omega)|^p \leq 2^{p-1}(|f(\omega)|^p + |g(\omega)|^p)$$

であり, 両辺を積分すればクラークソン不等式が得られる.

$f, g \in B_{L^p(\Omega, \mu)}$ のとき,

$$\left\| \frac{1}{2}(f + g) \right\|_p \leq \left(1 - \left\| \frac{1}{2}(f - g) \right\|^p \right)^{\frac{1}{p}}$$

が成り立つので, $\delta(\varepsilon) = 1 - (1 - \frac{\varepsilon^p}{2^p})^{\frac{1}{p}}$ により $L^p(\Omega, \mu)$ は一様凸である. □

注意 A.3.1　$1 < p \leq 2$ のときは, $f, g \in L^p(\Omega, \mu)$ に対して,

$$\left\|\frac{1}{2}(f+g)\right\|_p^q + \left\|\frac{1}{2}(f-g)\right\|_p^q \leq \left(\frac{\|f\|_p^p + \|g\|_p^p}{2}\right)^{\frac{q}{p}}$$

が成り立つことが知られており, これもクラークソン不等式と呼ばれる ([2] 参照). これより $1 < p < 2$ のときも $L^p(\Omega, \mu)$ が一様凸であることがわかるが, 我々の目的のためには必要ないので証明は省略する.

【定理 3.2.2 の証明】　まず $2 \leq p < \infty$ の場合に証明する. Φ は等長だから, Φ の像は $L^p(\Omega, \mu)^*$ のノルム閉部分空間である. もし $L^p(\Omega, \mu)^* \neq \Phi(L^q(\Omega, \mu))$ であれば, $\Phi(L^q(\Omega, \mu))^\perp \neq \{0\}$ であるが, $L^p(\Omega, \mu)$ は回帰的なので,

$$\Phi(L^q(\Omega, \mu))^\perp = \{f \in L^p(\Omega, \mu);\ \forall g \in L^q(\Omega, \mu),\ \varphi_g(f) = 0\}$$

である. 一方, 任意の $f \in L^p(\Omega, \mu)$ に対して,

$$g(\omega) = \begin{cases} |f(\omega)|^{\frac{p}{q}-1}\overline{f(\omega)}, & f(\omega) \neq 0 \\ 0, & f(\omega) = 0 \end{cases}$$

と置けば $g \in L^q(\Omega, \mu)$ であり, $\varphi_g(f) = \|f\|_p^p$ となる. よって $\Phi(L^q(\Omega, \mu))^\perp = \{0\}$ であり, Φ は全射である.

$1 < p < 2$ の場合は $2 < q < \infty$ であるので, 上の議論より双一次形式

$$L^p(\Omega, \mu) \times L^q(\Omega, \mu) \ni (f, g) \mapsto \int_\Omega fg d\mu$$

により, $L^p(\Omega, \mu)$ は $L^q(\Omega, \mu)$ の双対空間と同一視される. $L^q(\Omega, \mu)$ は回帰的なので, Φ は全射である.　　　　　　　　　　　　　　　　　　□

A.4　ストーン-ワイエルシュトラスの定理

この節では特に断らない限り Ω はコンパクトハウスドルフ空間とする. ストーン-ワイエルシュトラスの定理は, ワイエルシュトラスの多項式近似定理の一般化であり, $C(\Omega)$ の部分代数が $C(\Omega)$ で稠密であるかどうかを判定するために大変便利な定理である.

$\mathcal{A}$ が $C(\Omega)$ の部分集合とする. 任意の Ω の異なる 2 点 ω_1, ω_2 に対して, $f \in \mathcal{A}$ が存在して, $f(\omega_1) \neq f(\omega_2)$ が成り立つとき, $\mathcal{A}$ は Ω の 2 点を分離すると言う.

まず実数値関数の場合の定理を証明するため, Ω 上の実数値連続関数全体を $C_\mathbb{R}(\Omega)$ と書く. $C_\mathbb{R}(\Omega)$ は $\|\cdot\|_\infty$ により実バナッハ空間である. 以下, $\mathcal{A}$ が $C(\Omega)$ の部分代数

であるとは，$\mathbb{C}$ 上の代数として部分代数であることを意味し，$\mathcal{A}$ が $C_{\mathbb{R}}(\Omega)$ の部分代数であるとは，$\mathbb{R}$ 上の代数として部分代数であることを意味する．

$f, g \in C_{\mathbb{R}}(\Omega)$ に対して $f \vee g(\omega) = \max\{f(\omega), g(\omega)\}$, $f \wedge g(\omega) = \min\{f(\omega), g(\omega)\}$ と定める．

補題 A.4.1 $\mathcal{A}$ は $C_{\mathbb{R}}(\Omega)$ の閉部分代数とする．このとき，$f, g \in \mathcal{A}$ ならば，$f \vee g, f \wedge g \in \mathcal{A}$ である．

【証明】 $f \vee g = \frac{1}{2}(|f - g| + f + g)$, $f \wedge g = -\big((-f) \vee (-g)\big)$ なので，$f \in \mathcal{A}$ ならば $|f| \in \mathcal{A}$ を示せばよい．更に $\|f\|_{\infty} \leq 1$ として証明すればよい．$\varepsilon > 0$ に対して，

$$\left| \sqrt{\varepsilon^2 + t^2} - |t| \right| = \frac{\varepsilon^2}{\sqrt{\varepsilon^2 + t^2} + |t|} \leq \varepsilon$$

なので，関数 $h(t) = \sqrt{\varepsilon^2 + t}$ を $[0, 1]$ 上実係数多項式で一様近似できることを示せばよい．実際 $p(t)$ が実係数多項式で，$[0, 1]$ 上誤差 ε で h を近似するとき，$q(t) = p(t^2) - p(0)$ と置くと q は定数項を持たず，$t \in [-1, 1]$ に対して，

$$|q(t) - |t|| \leq |p(0)| + |p(t^2) - \sqrt{\varepsilon^2 + t^2}| + |\sqrt{\varepsilon^2 + t^2} - |t|| < 4\varepsilon$$

が成り立つので，$q(f) \in \mathcal{A}$ かつ $\|q(f) - |f|\|_{\infty} < 4\varepsilon$ が得られる．

$h(z) = \sqrt{\varepsilon^2 + z}$ は $z = \frac{1}{2}$ を中心とした半径 $\frac{1}{2} + \varepsilon^2$ の開円板で正則なので，無限級数展開，

$$h(t) = \sum_{n=0}^{\infty} \frac{h^{(n)}(\frac{1}{2})}{n!} \left(t - \frac{1}{2}\right)^n$$

の収束半径は，$\frac{1}{2}$ より真に大きく，この冪級数は $t \in [0, 1]$ で一様収束する．これを適当な部分和で打ち切れば，求める近似が得られる． $\qquad\square$

定理 A.4.2（**ストーン-ワイエルシュトラスの定理（実数値関数の場合）**） $\mathcal{A}$ は $C_{\mathbb{R}}(\Omega)$ の部分代数で，Ω の任意の 2 点を分離しかつ，定数関数 1 を含むとする．このとき $\mathcal{A}$ は $C_{\mathbb{R}}(\Omega)$ 稠密である．

【証明】 $\mathcal{A}$ の閉包も同じ仮定を満たすので，最初から $\mathcal{A}$ が閉と仮定して $\mathcal{A} = C_{\mathbb{R}}(\Omega)$ を示せばよい．

$f \in C_{\mathbb{R}}(\Omega)$ とする．まず，任意の $\varepsilon > 0$ と任意の $\xi \in \Omega$ に対して，$g_{\xi} \in \mathcal{A}$ で，$f \leq g_{\xi} + \varepsilon$ かつ $f(\xi) = g_{\xi}(\xi)$ を満たすものが存在することを示す．実際，$\mathcal{A}$ は Ω の任意の 2 点を分離し，1 を含む実部分空間なので，任意の Ω の異なる 2 点 ξ, η に

対して, $g_{\xi,\eta} \in \mathcal{A}$ で $f(\xi) = g_{\xi,\eta}(\xi)$ かつ $f(\eta) = g_{\xi,\eta}(\eta)$ を満たすものが存在する. $V_\eta = \{\omega \in \Omega;\ f(\omega) < f_{\xi,\eta}(\omega) + \varepsilon\}$ は η の開近傍である. Ω はコンパクトなので, $\eta_1, \eta_2, \ldots, \eta_n \in \Omega$ が存在して, $\Omega = \bigcup_{i=1}^{n} V_{\eta_i}$ となるが, $g_\xi = g_{\xi,\eta_1} \vee g_{\xi,\eta_2} \vee \cdots \vee g_{\xi,\eta_n}$ と置けば, g_ξ は条件を満たす.

各 $\xi \in \Omega$ に対して $U_\xi = \{\omega \in \Omega;\ g_\xi(\omega) - \varepsilon < f(\omega)\}$ と置けば, U_ξ は ξ の開近傍である. よって $\xi_1, \xi_2, \ldots, \xi_m \in \Omega$ が存在して, $\Omega = \bigcup_{i=1}^{m} U_{\xi_i}$ となる, $g = g_{\xi_1} \wedge g_{\xi_2} \wedge \cdots \wedge g_{\xi_n}$ と置けば, $g - \varepsilon \le f \le g + \varepsilon$ を満たすので, $\|f - g\|_\infty \le \varepsilon$ である. □

系 A.4.3　(ワイエルシュトラスの多項式近似定理)　有限閉区間上の任意の実数値連続関数は, 実係数多項式で一様近似できる.

定理 A.4.4　(ストーン-ワイエルシュトラスの定理 (複素数値関数の場合))　$\mathcal{A}$ は $C(\Omega)$ の部分代数で, 次を満たすとする.
(1)　$\mathcal{A}$ は Ω の 2 点を分離する.
(2)　$1 \in \mathcal{A}$.
(3)　$f \in \mathcal{A}$ ならば $\overline{f} \in \mathcal{A}$.
このとき, $\mathcal{A}$ は $C(\Omega)$ で稠密である.

【証明】　$\mathcal{A}_\mathbb{R} = \mathcal{A} \cap C_\mathbb{R}(\Omega)$ は $C_\mathbb{R}(\Omega)$ の部分代数であり, 条件 (3) より, $\mathcal{A} = \mathcal{A}_\mathbb{R} + i\mathcal{A}_\mathbb{R}$ である. $\mathcal{A}_\mathbb{R}$ は Ω の 2 点を分離し $1 \in \mathcal{A}_\mathbb{R}$ なので, 前定理より $\mathcal{A}_\mathbb{R}$ は $C_\mathbb{R}(\Omega)$ で稠密であり, $\mathcal{A}$ は $C(\Omega)$ で稠密である. □

系 A.4.5　三角多項式全体は $C(\mathbb{T})$ で稠密である.

定理 A.4.6　Ω はコンパクトハウスドルフ空間とすると, 次の条件は同値である.
(1)　Ω は距離付け可能である.
(2)　$C(\Omega)$ は可分である.

【証明】　(1) $\Longrightarrow$ (2).　Ω の距離 d を固定する. コンパクト距離空間は可分であることに注意する. Ω の可算稠密集合 $\{\omega_n\}_{n=1}^\infty$ を取り, $f_0 = 1$, $f_n(\omega) = d(\omega, \omega_n)$ と置くと, ストーン-ワイエルシュトラスの定理より, $\{f_n\}_{n=0}^\infty$ の生成する代数は $C(\Omega)$ で稠密であり, $C(\Omega)$ は可分である.

(2) $\Longrightarrow$ (1).　$C(\Omega)$ が可分なので, 問題 3.7 より $B_{C(\Omega)^*}$ は汎弱位相で距離付け可能である. $\rho : \Omega \to B_{C(\Omega)^*}$ を $\rho(\omega)(f) = f(\omega)$ と定めると, ρ は単射であり, 汎弱位相に関して連続である. 実際 $\{\omega_\lambda\}_{\lambda \in \Lambda}$ が $\omega \in \Omega$ に収束する Ω のネットとすると, 任意

の $f \in C(\Omega)$ に関して,

$$\lim_{\lambda \in \Lambda} \rho(\omega_\lambda)(f) = \lim_{\lambda \in \Lambda} f(\omega_\lambda) = f(\omega) = \rho(\omega)(f)$$

なので, $\{\rho(\omega_\lambda)\}_{\lambda \in \Lambda}$ は汎弱位相で $\rho(\omega)$ に収束する. Ω はコンパクトなので, ρ は Ω から $\rho(\Omega)$ への同相写像であり, Ω は距離付け可能である. □

最後に, Ω が局所コンパクトハウスドルフ空間の場合を考えよう. Ω の一点コンパクト化を $\widetilde{\Omega} = \Omega \cup \{\infty\}$ と書く. $C_0(\Omega)$ を Ω 上の連続関数で, 無限遠で 0 に収束するもの全体とすると, $C_0(\Omega)$ は $\{f \in C(\widetilde{\Omega}); f(\infty) = 0\}$ と同一視される (1 章演習 3 参照).

定理 A.4.7 (**ストーン-ワイエルシュトラスの定理 (局所コンパクト空間の場合)**) Ω は局所コンパクト空間とし, $\mathcal{A}$ は $C_0(\Omega)$ の部分代数で次の条件を満たすとする.
(1) $\mathcal{A}$ は Ω の 2 点を分離する.
(2) 任意の $\omega \in \Omega$ に対して, $f \in \mathcal{A}$ が存在して $f(\omega) \neq 0$.
(3) $f \in \mathcal{A}$ ならば $\overline{f} \in \mathcal{A}$.
このとき, $\mathcal{A}$ は $C_0(\Omega)$ で稠密である.

【証明】 Ω 上の定数関数 1 を, $\widetilde{\Omega}$ 上の定数関数 1 と同一視することにより, 以下では $C_0(\Omega), \mathbb{C}1 \subset C(\widetilde{\Omega})$ として議論する. $f \in C_0(\Omega)$, $\alpha \in \mathbb{C}$ のとき, ∞ での値を考えると $\|f + \alpha\|_\infty \geq |\alpha|$ が成り立つことに注意する. $\widetilde{\mathcal{A}} = \mathcal{A} + \mathbb{C}1$ と置けば, $\widetilde{\mathcal{A}}$ は $C(\widetilde{\Omega})$ の部分代数で定理 A.4.4 の仮定を満たすので, $C(\widetilde{\Omega})$ で稠密である. よって, 任意の $f \in C_0(\Omega)$ に対して, $f_n \in \mathcal{A}$ と $\alpha_n \in \mathbb{C}$ が存在して, $\{f_n + \alpha_n\}_{n=1}^\infty$ は f に $C(\widetilde{\Omega})$ で収束する.

$$\|f_n - f\|_\infty \leq \|f_n + \alpha_n - f\|_\infty + |\alpha_n| \leq 2\|f_n + \alpha_n - f\|_\infty$$

より, $\{f_n\}_{n=1}^\infty$ は f に $C_0(\Omega)$ で収束する. □

A.5 正則ボレル測度

ここでは, ボレル測度の正則性に関して本書で必要な知識をまとめる. 以下 Ω は局所コンパクトハウスドルフ空間とする. $\mathfrak{B}_\Omega$ は Ω のボレル集合全体のなす σ-集合体であることを思い出そう. Ω のコンパクト部分集合全体を $\mathfrak{K}_\Omega$ と書き, Ω の開集合全体を $\mathfrak{O}_\Omega$ と書く.

測度の議論に入る前に, まず局所コンパクト空間の位相に関する基本的な事実をいくつか注意する. 任意の $K \in \mathfrak{K}_\Omega$ に対して, K を含む $U \in \mathfrak{O}_\Omega$ でその閉包がコンパクトであるものが存在する. Ω の一点コンパクト化 $\widetilde{\Omega} = \Omega \cup \{\infty\}$ は正規空間であり,

K と $\widetilde{\Omega} \setminus U$ はその共通部分を持たない 2 つの閉集合なので，ウリゾーンの補題より連続関数 $\rho : \widetilde{\Omega} \to [0,1]$ で，K 上 1 かつ U の外で 0 であるものが存在する．$\mathrm{supp}\,\rho \subset \overline{U}$ なので，$\rho \in C_c(\Omega)$ である．またティーツェの拡張定理より，任意の $f \in C(K)$ は $\widetilde{\Omega}$ 上に連続に拡張され，ρ を掛けることにより，$C_c(\Omega)$ の元に拡張されることがわかる．

定義 A.5.1 Ω は局所コンパクトハウスドルフ空間とし，Ω の σ-有限ボレル測度 μ は，任意の $K \in \mathfrak{K}_\Omega$ に対して $\mu(K) < \infty$ を満たすとする．μ が任意の $E \in \mathfrak{B}_\Omega$ に対して $\mu(E) = \sup\{\mu(K);\ K \in \mathfrak{K}_\Omega,\ K \subset E\}$ を満たすとき，μ は**内部正則** (inner regular) であると言い，$\mu(E) = \inf\{\mu(O);\ O \in \mathfrak{O}_\Omega,\ E \subset O\}$ を満たすとき，μ は**外部正則** (outer regular) であると言う．μ が内部正則かつ外部正則であるとき，μ は**正則** (regular) であると言う．Ω がコンパクトなら，内部正則性と外部正則性は一致する．

命題 A.5.1 μ が上の仮定を満たす Ω の正則ボレル測度であるとき，次が成り立つ．

(1) $\mu(O_\mu) = 0$ を満たす最大の開集合 O_μ が存在する．$\Omega \setminus O_\mu$ を μ の台 (support) と呼び $\mathrm{supp}\,\mu$ と書く．

(2) $1 \leq p < \infty$ のとき，$C_c(\Omega)$ は $L^p(\Omega, \mu)$ で稠密である．

【証明】 (1) $O_\mu = \displaystyle\bigcup_{O \in \mathfrak{O}_\Omega,\ \mu(O)=0} O$ と置くと O_μ は Ω の開集合である．$K \in \mathfrak{K}_\Omega$ が $K \subset O_\mu$ を満たすとき，有限個の $O_1, O_2, \ldots, O_n \in \mathfrak{O}_\Omega$ で $\mu(O_i) = 0$ かつ $K \subset \displaystyle\bigcup_{i=1}^n O_i$ を満たすものが存在するので，$\mu(K) = 0$ である．よって μ の正則性から $\mu(O_\mu) = 0$ である．

(2) $E \in \mathfrak{B}_\Omega$ が $\mu(E) < \infty$ を満たすときに，χ_E が L^p ノルムの意味で $C_c(\Omega)$ の元で近似されることを示せばよい．任意の $\varepsilon > 0$ に対して $K \in \mathfrak{K}_\Omega$ が存在して，$K \subset E$ かつ $\mu(E \setminus K) < \varepsilon$ なので，$\|\chi_E - \chi_K\|_p < \varepsilon^{\frac{1}{p}}$ である．また，$O \in \mathfrak{O}_\Omega$ が存在して $K \subset O$ かつ $\mu(O \setminus K) < \varepsilon$ である．K を含む $U \in \mathfrak{O}_\Omega$ でその閉包がコンパクトなものを取り，連続関数 $\rho : \Omega \to [0,1]$ で，K 上で 1 かつ $\Omega \setminus (O \cap U)$ 上で 0 であるものを取る．このとき，$\mathrm{supp}\,\rho \subset \overline{U}$ なので $\rho \in C_c(\Omega)$ であり，$\|\rho - \chi_K\|_p < \varepsilon^{\frac{1}{p}}$ なので，$\|\chi_E - \rho\|_p < 2\varepsilon^{\frac{1}{p}}$ である． $\square$

Ω がコンパクト距離空間のとき，Ω の任意の有限ボレル測度は正則である．実際この場合，任意の開集合が F_σ 集合（閉集合の可算個の合併）なので，集合族

$$\{E \in \mathfrak{B}_\Omega; \mu(E) = \sup\{\mu(K);\ K \in \mathfrak{K}_\Omega,\ K \subset E\} = \inf\{\mu(O);\ O \in \mathfrak{O}_\Omega,\ E \subset O\}\}$$

は Ω の開集合全体を含む σ-集合体となり，$\mathfrak{B}_\Omega$ と一致するからである．上の命題よ

り，$1 \leq p < \infty$ のとき $C(\Omega)$ は $L^p(\Omega, \mu)$ で稠密である．$C(\Omega)$ から $L^p(\Omega, \mu)$ への埋め込みは連続なので，ストーン-ワイエルシュトラスの定理から $L^p(\Omega, \mu)$ が可分であることがわかる．この事実を，σ-有限測度を許して Ω の一点コンパクト化が距離付け可能な場合に一般化しておく．

位相空間が可算個のコンパクト部分集合の合併であるとき，σ-コンパクトであると言う．

定理 A.5.2 Ω は局所コンパクトかつ σ-コンパクト距離空間とし，μ は Ω のボレル測度で，任意のコンパクト集合の値は有限とする．このとき次が成り立つ．

(1) μ は正則である．

(2) $C_c(\Omega)$ と $C_0(\Omega)$ は可分である．

(3) $1 \leq p < \infty$ のとき $L^p(\Omega, \mu)$ は可分であり，$C_c(\Omega)$ は $L^p(\Omega, \mu)$ で稠密である．

【証明】 (1) Ω は σ-コンパクトなので，Ω のコンパクト集合の上昇列 $\{K_n\}_{n=1}^{\infty}$ でその合併が Ω であるものが存在する．Ω は局所コンパクトなので，K_n を含む Ω の開集合 U_n でその閉包がコンパクトなものが存在する．必要なら帰納的に K_{n+1} を $K_{n+1} \cup \overline{U_n}$ で置き換えることにより，$K_n \subset U_n \subset K_{n+1}$ と仮定してよい．このとき，V が K_{n+1} の開集合ならば，$V \cap U_n$ は Ω の開集合であることに注意する．

$E \in \mathfrak{B}_{\Omega}$ とする．$\mu(E) = \infty$ のときには，内部正則性のみが問題となるが，それは $\lim_{n \to \infty} \mu(E \cap K_n) = \infty$ であることと，$\mu|_{K_n}$ が正則であることから従う．

$\mu(E) < \infty$ とし，$\varepsilon > 0$ とする．このとき n が存在して $\mu(E \setminus (E \cap K_n)) < \frac{\varepsilon}{2}$ となる．$\mu|_{K_n}$ が正則であるから，$E \cap K_n$ のコンパクト部分集合 K が存在して $\mu((E \cap K_n) \setminus K) < \frac{\varepsilon}{2}$ となるので，$\mu(E \setminus K) < \varepsilon$ であり，μ は内部正則である．次に外部正則性を示す．$\mu|_{K_{n+1}}$ の正則性より，K_{n+1} の開集合 V_n で $E \cap K_n$ を含むものが存在して $\mu(V_n \setminus (E \cap K_n)) < \frac{\varepsilon}{2^n}$ を満たす．$U_n \cap V_n$ は Ω の開集合なので $O = \bigcup_{n=1}^{\infty} (U_n \cap V_n)$ は E を含む Ω の開集合で，

$$\mu(O \setminus E) \leq \sum_{n=1}^{\infty} \mu((U_n \cap V_n) \setminus E) \leq \sum_{n=1}^{\infty} \mu(V_n \setminus (E \cap K_n)) < \varepsilon$$

が成り立つ．よって μ は外部正則である．

(2) 各 K_n は可分であるから Ω も可分であり，Ω の可算稠密集合 $\{\omega_n\}_{n=1}^{\infty}$ が存在する．各 n に対して，$x_n \in K_{N_n}$ となる N_n を選び，$m \geq N_n$ に対して実数値関数 $f_{n,m} \in C_c(\Omega)$ で K_m 上 $f_{n,m}(\omega) = d(\omega_n, \omega)$ であるものが存在する．ストーン-ワイ

エルシュトラスの定理より, $\displaystyle\bigcup_{n=1}^{\infty}\bigcup_{m=N_n}^{\infty}\{f_{n,m}\}$ の生成する代数は, $C_0(\Omega)$ で稠密であり, 特に $C_c(\Omega)$ で稠密である. よってこれらの空間は可分である.

(3) $L^p(K_n,\mu)$ を $\{f\in L^p(\Omega,\mu);\ f|_{\Omega\setminus K_n}=0\}$ と同一視すると, $\displaystyle\bigcup_{n=1}^{\infty}L^p(K_n,\mu)$ は $L^p(\Omega,\mu)$ で稠密である. 各 $L^p(K_n,\mu)$ は可分であるから, $L^p(\Omega,\mu)$ も可分である. $C_c(\Omega)$ が $L^p(\Omega,\mu)$ で稠密であることは, μ が正則であることから従う. ☐

Ω が $\mathbb{R}^n$ の開集合で μ がルベーグ測度のとき, 上の定理の仮定は満たされる. この場合 $C_c(\Omega)$ を更に $C_c^{\infty}(\Omega)$ で近似することにより, $C_c^{\infty}(\Omega)$ が $L^p(\Omega)$ で稠密であることがわかる.

A.6　スティルチェス積分

3章や9章で, スティルチェス積分を使ったので, ここではそれに関する知識を整理しておく.

有限閉区間 $[a,b]$ 上で定義された関数 φ と, 区間 $[a,b]$ の分割 $\Delta : a=t_0<t_1<t_2<\cdots<t_n=b$ に対して, 量 $\displaystyle\sum_{i=1}^{n}|\varphi(t_i)-\varphi(t_{i-1})|$ を考える. 分割 Δ を動かしたときのこの量の上限を $V_{\varphi}[a,b]$ と書き, φ の $[a,b]$ での**総変動**（total variation）と呼ぶ. $V_{\varphi}[a,b]$ が有限なとき, φ は**有界変動**（bounded variation）であると言う. φ が単調関数であれば有界変動であり, $V_{\varphi}[a,b]=|\varphi(a)-\varphi(b)|$ である. φ が有界変動であることと, φ の実部と虚部が共に有界変動であることは同値である.

問題 A.4　$a<c<b$ に対して, $V_{\varphi}[a,b]=V_{\varphi}[a,c]+V_{\varphi}[c,b]$ が成り立つことを示せ.

f が $[a,b]$ 上の有界関数で, φ が $[a,b]$ 上の有界変動関数とする. 分割 Δ の幅を $h(\Delta)=\displaystyle\max_{1\le i\le n}(t_i-t_{i-1})$ と定める. 分割 Δ に現れるの各小区間から代表点 $\xi_i\in[t_{i-1},t_i]$ を選び, リーマン和における小区間の長さを $\varphi(t_i)-\varphi(t_{i-1})$ に置き換えた量を

$$S(f,\Delta,\{\xi_i\},\varphi)=\sum_{i=1}^{n}f(\xi_i)(\varphi(t_i)-\varphi(t_{i-1}))$$

と置く. $h(\Delta)\to 0$ のときに, $S(f,\Delta,\{\xi_i\},\varphi)$ が代表点の選び方によらずに一定の値に近付くとき, その値を $\int_a^b f(t)d\varphi(t)$ と書いて, **リーマン-スティルチェス積分**（Riemann-Stieltjes integral）と呼ぶ. リーマン積分の場合と同様な議論で, f が連続であれば $\int_a^b f(t)d\varphi(t)$ が存在することを示すことができ, 定義から $|\int_a^b f(t)d\varphi(t)|\le$

$\|f\|_\infty V_\varphi[a,b]$ が成り立つことがわかる．リーマン-スティルチェス積分を測度による積分で表すことがこの節の目標である．

補題 A.6.1 $[a,b]$ 上の有界変動関数 φ に対して，単調増加関数 φ_i, $1 \leq i \leq 4$, が存在して，$\varphi = \varphi_1 - \varphi_2 + i(\varphi_3 - \varphi_4)$ と表される．

【証明】 φ の実部と虚部も有界変動なので，φ が実数値有界変動関数のときに，単調関数の差で表されることを示せばよい．$t \in [a,b]$ に対して，$\psi(t) = V_\varphi[a,t]$ と定めると，ψ は単調増加である．$a \leq s < t \leq b$ に対して，

$$(\psi(t) - \varphi(t)) - (\psi(s) - \varphi(s)) = V_\varphi[s,t] - (\varphi(t) - \varphi(s)) \geq 0$$

なので，$\psi - \varphi$ は単調増加であり，$\varphi = \psi - (\psi - \varphi)$ となる． □

単調増加関数はリーマン積分可能なので，有界変動関数はリーマン積分可能である．また，有界かつリーマン積分可能な 2 つの関数の積はリーマン積分可能である．このことから，$f \in C^1[a,b]$ ならば，部分積分の公式

$$\int_a^b f(t)d\varphi(t) = f(b)\varphi(b) - f(a)\varphi(a) - \int_a^b \varphi(t)f'(t)dt$$

が成り立つことがわかる．実際，

$$S(f,\Delta,\{t_i\},\varphi) = f(b)\varphi(b) - f(a)\varphi(a) - \sum_{i=1}^n \varphi(t_{i-1})(f(t_i) - f(t_{i-1}))$$

であり，$\varphi(t)f'(t)$ がリーマン積分可能であるから，$h(\Delta) \to 0$ のとき右辺が部分積分の公式の右辺に近付くことがわかる．

以下 φ は $[a,b]$ 上の単調増加関数とし，測度 μ が存在し任意の $f \in C[a,b]$ に対して $\int_a^b f(t)d\varphi(t) = \int_{[a,b]} f(t)d\mu(t)$ が成り立つことを示す．φ の単調性から，$\varphi(t-0) = \lim_{s \to t-0} \varphi(t)$ と $\varphi(t+0) = \lim_{s \to t+0} \varphi(t)$ が存在し，$\varphi(t-0) \leq \varphi(t) \leq \varphi(t+0)$ が成り立つ．$a_1, a_2, \ldots, a_m \in [a,b]$ が φ の不連続点とすると，

$$\sum_{i=1}^m (\varphi(a_i + 0) - \varphi(a_i - 0)) \leq \varphi(b) - \varphi(a)$$

が成り立つので，$\varphi(t+0) - \varphi(t-0) \geq \frac{1}{n}$ を満たす t の個数は $n(\varphi(b) - \varphi(a))$ を超えない．よって $\varphi(t)$ の不連続点全体の集合は高々可算集合であり，$\varphi(t+0) - \varphi(t-0)$ の総和は $\varphi(b) - \varphi(a)$ を超えない．

φ の右連続化を $\varphi_r(t) = \varphi(t+0)$ と定める．

問題 A.5　φ_r は単調増加かつ右連続であることを示せ.

補題 A.6.2　φ は $[a,b]$ 上の単調増加関数とすると, 任意の $f \in C[a,b]$ に対して,

$$\int_a^b f(t)d\varphi(t) = f(a)(\varphi(a+0) - \varphi(a)) + \int_a^b f(t)d\varphi_r(t)$$

が成り立つ.

【証明】　$f \in C^1[a,b]$ は $C[a,b]$ で稠密なので, $f \in C^1[a,b]$ のときに等式を示せばよい. それには部分積分の公式より, $\int_a^b (\varphi_r(t) - \varphi(t))f'(t)dt = 0$ を示せばよい. 任意の $\varepsilon > 0$ に対して, $[a,b]$ の有限部分集合 F が存在して, 任意の $t \in [a,b] \setminus F$ に対して $|(\varphi_r(t) - \varphi(t))f'(t)| < \varepsilon$ が成り立つので, この積分は 0 である. □

$\widetilde{\varphi} : \mathbb{R} \to \mathbb{R}$ を

$$\widetilde{\varphi}(t) = \begin{cases} 0, & t < a \\ \varphi_r(t) - \varphi(a), & t \in [a,b] \\ \varphi(b) - \varphi(a), & b < t \end{cases}$$

と定める. このとき, $\widetilde{\varphi}$ は $\mathbb{R}$ 上の有界右連続単調増加関数で, $\lim_{t \to -\infty} \widetilde{\varphi}(t) = 0$ を満たす.

補題 A.6.3　μ が $\mathbb{R}$ の有限ボレル測度で, 任意の $t \in \mathbb{R}$ に対して $\mu((\infty, t]) = \widetilde{\varphi}(t)$ を満たすとする. このとき, 任意の $f \in C[a,b]$ に対して $\int_a^b f(t)d\varphi(t) = \int_{[a,b]} f(t)d\mu(t)$ が成り立つ.

【証明】　まず,

$$\mu(\{a\}) = \lim_{n \to \infty} \mu\left(\left(a - \frac{1}{n}, a\right]\right) = \lim_{n \to \infty} \left(\widetilde{\varphi}(a) - \widetilde{\varphi}\left(a - \frac{1}{n}\right)\right) = \varphi(a+0) - \varphi(a)$$

に注意する. 分割 Δ に対して $[a,b]$ 上の単関数 f_Δ を

$$f_\Delta(t) = f(a)\chi_{\{a\}}(t) + \sum_{i=1}^n f(t_i)\chi_{(t_{i-1}, t_i]}(t)$$

と定める. f は $[a,b]$ 上一様連続なので, $h(\Delta) \to 0$ のとき f_Δ は一様に f に近づく. よって, μ は有限測度なので $\int_{[a,b]} f_\Delta(t)d\mu(t)$ は $\int_{[a,b]} f(t)d\mu(t)$ に近付く. 一方,

$$\int_{[a,b]} f_\Delta(t)d\mu(t) = f(a)(\varphi(a+0) - \varphi(a)) + S(f, \Delta, \{t_i\}, \varphi_r)$$

なので, 前補題より主張が得られる. □

目標であった $\int_a^b f(t)d\varphi(t)$ を測度を使って表すという問題は，次の定理に帰着される．

定理 A.6.4 $\mathbb{R}$ の有限ボレル測度 μ 全体と，$\mathbb{R}$ 上の有界右連続単調増加関数 $\varphi(t)$ で $\displaystyle\lim_{t\to-\infty}\varphi(t)=0$ を満たすものの間に，$\varphi(t)=\mu((-\infty,t])$ により与えられる一対一対応が存在する．

【証明】 μ が有限ボレル測度であるときに，関数 $\varphi(t)=\mu((-\infty,t])$ が上の条件を満たすことを示すのは容易なので，与えられた φ から μ を構成するところのみが問題となる．

条件を満たす φ が与えられたとし，以下，$\varphi(-\infty)=0$, $\varphi(\infty)=\displaystyle\lim_{t\to\infty}\varphi(t)$ と書く．$\mathfrak{F}$ を $(-\infty,t]$, $t\in\mathbb{R}$, で生成される有限加法族とする．また，$\mathfrak{I}$ を $(a,b]$, (a,∞), $-\infty\le a<b<\infty$ の形の区間全体の集合とする．このとき $\mathfrak{F}$ の任意の元 E は，$\mathfrak{I}$ に属する有限個の区間 $I_1, I_2, \ldots, I_n$ の直和である．有限加法的測度 $\mu_0 : \mathfrak{F}\to[0,\infty)$ を，$\mu_0(E)=\displaystyle\sum_{i=1}^n\mu_0(I_i)$, $\mu_0((a,b])=\varphi(b)-\varphi(a)$, $\mu_0((a,\infty))=\varphi(\infty)-\varphi(a)$, と定めたい．$\mu_0$ が E の上のような表し方によらないことを確かめておく必要があるが，それは各 I_i を更に $\mathfrak{I}$ に属する有限個の区間の直和に分割したときに同じ値が得られることを見ればよいので，μ_0 を上のように定義できる．μ_0 は有限加法的であり，$E_1\subset E_2$ ならば $\mu_0(E_1)\le\mu_0(E_2)$ を満たし，また $E\subset\displaystyle\bigcup_{i=1}^n E_i$ ならば $\mu_0(E)\le\displaystyle\sum_{i=1}^n\mu_0(E_i)$ を満たす．

μ_0 が $\mathfrak{F}$ 上完全加法的であれば，ホップの拡張定理より μ_0 は $\mathfrak{B}_\mathbb{R}$ 上の測度 μ に一意的に拡張されるので，以下それを示す．$E_n\in\mathfrak{F}$, $n\in\mathbb{N}$, が互いに交わらず，$E=\displaystyle\sum_{n=1}^\infty E_n$ が $\mathfrak{F}$ に属すれば，

$$\mu_0(E)=\sum_{n=1}^\infty\mu_0(E_n) \tag{A.6.1}$$

が成り立つことを示せばよい．まず状況の整理を行う．$E_n=\emptyset$ となる E_n は除いて議論すればよいので，各 n に対して $E_n\ne\emptyset$ とする．$\mu_0(E_n)$ は E_n の各連結成分の μ_0 の値の和であるから，(A.6.1) を証明するには，各 E_n は連結であると仮定してよい．$E_n=(a,\infty)$ や $E_n=(-\infty,b]$ となる n が存在するときには，予めこれらの E_n を除いておいて (A.6.1) を示せばよいので，任意の $n\in\mathbb{N}$ に対して $E_n=(a_n,b_n]$, $-\infty<a_n<b_n<\infty$, としてよい．各 E_n は E のある連結成分に含まれるので，E の連結成分ごとに分けて議論することにより，E は連結であると仮定して証明してよい．

よって，(1) $E = (a, b]$, $-\infty \leq a < b < \infty$, または，(2) $E = (a, \infty)$, $-\infty \leq a < \infty$, である．

μ_0 の単調性から，任意の $N \in \mathbb{N}$ に対して，$\mu_0(E) \geq \sum_{n=1}^{N} \mu_0(E_n)$ が成り立つので，

$$\forall \varepsilon > 0, \quad \mu_0(E) - \varepsilon \leq \sum_{n=1}^{\infty} \mu_0(E_n) \tag{A.6.2}$$

を示せばよいことに注意をしておく．(2) の場合，任意の $\varepsilon > 0$ に対して，ある n が存在して，$\mu_0((a, b_n]) > \mu_0(E) - \varepsilon$ となる．よって $b_k \leq b_n$ を満たす E_k のみについて (A.6.1) を示せば (A.6.2) が成り立つので，この場合の証明は (1) の場合に帰着される．(1) で $a = -\infty$ の場合，同様な議論で証明は (1) で $-\infty < a < b < \infty$ の場合に帰着される．

$E = (a, b]$, $-\infty < a < b < \infty$, とする．φ の右連続性より，任意の $\varepsilon > 0$ に対して，$\delta, \delta_n > 0$ が存在して，

$$\varphi(a + \delta) < \varphi(a) + \frac{\varepsilon}{2}, \quad \varphi(b_n + \delta_n) < \varphi(b_n) + \frac{\varepsilon}{2^{n+1}}$$

を満たす．このとき $[a + \delta, b] \subset \bigcup_{n=1}^{\infty} (a_n, b_n + \delta_n)$ なので，$[a, b]$ のコンパクト性から，$1 \leq n_1 < n_2 < \cdots < n_N$ が存在して，$[a + \delta, b] \subset \bigcup_{k=1}^{N} (a_{n_k}, b_{n_k} + \delta_{n_k})$ が成り立ち，$(a + \delta, b] \subset \bigcup_{k=1}^{N} (a_{n_k}, b_{n_k} + \delta_{n_k}]$ が成り立つ．よって，

$$\mu_0(E) - \frac{\varepsilon}{2} < \mu_0((a + \delta, b]) \leq \sum_{k=1}^{N} \mu_0((a_{n_k}, b_{n_k} + \delta_{n_k}]) \leq \sum_{n=1}^{\infty} \mu_0((a_n, b_n + \delta_n])$$

$$< \sum_{n=1}^{\infty} \left(\mu_0(E_n) + \frac{\varepsilon}{2^{n+1}} \right) = \sum_{n=1}^{\infty} \mu_0(E_n) + \frac{\varepsilon}{2}$$

が成り立ち，(A.6.2) が示された．　　　　　　　　　　　　　　　　　　　□

上の μ を φ に対応する**ルベーグ-スティルチェス測度**（Lebesgue-Stieltjes measure）と呼ぶ．μ による f の積分を，$\int f(t) d\varphi(t)$ と書くことがある．

A.7 絶 対 連 続 関 数

10 章で扱った実例では，絶対連続関数のクラスが重要な役割を果たしたので，ここでその性質をまとめておく．以下 $\mathbb{R}$ のルベーグ測度を m と書く．

$[a,b]$ 上の連続関数 f と $a \le s < t \le b$ に対して

$$\mu_f([s,t]) = \mu_f((s,t)) = \mu_f((s,t]) = \mu_f([s,t)) = f(t) - f(s)$$

と定める．$[a,b]$ の連結開部分集合を $[a,b]$ の開部分区間と呼ぶことにする．つまり，通常の開区間で $[a,b]$ に含まれるものと，$[a,s)$ と $(s,b]$, $a \le s \le b$, を $[a,b]$ の開部分区間と呼ぶのである．

定義 A.7.1　有限閉区間 $[a,b]$ で定義された関数 f が **絶対連続** （absolutely continuous）：$\overset{\text{定義}}{\iff} \forall \varepsilon > 0, \exists \delta > 0, I_1, I_2, \ldots, I_n$ が互いに交わらない有限個の $[a,b]$ の開部分区間で $\displaystyle\sum_{i=1}^{n} m(I_i) < \delta$ ならば，$\displaystyle\sum_{i=1}^{n} |\mu_f(I_i)| < \varepsilon$ が成り立つ．
$[a,b]$ 上の絶対連続関数全体を $\mathrm{AC}[a,b]$ と書く．

問題 A.6　上の定義で「有限個」を「可算無限個」に置き換えても，同値な定義となることを示せ．

$f \in \mathrm{AC}[a,b]$ であることと，$\mathrm{Re}\,f \in \mathrm{AC}[a,b]$ かつ $\mathrm{Im}\,f \in \mathrm{AC}[a,b]$ であることは同値である．

問題 A.7　$\mathrm{AC}[a,b]$ は $C[a,b]$ の部分代数であることを示せ．

補題 A.7.1　$f \in \mathrm{AC}[a,b]$ に対して，$g(t) = V_f[a,t]$ と定めると，$g \in \mathrm{AC}[a,b]$ である．

【証明】　f と任意の $\varepsilon > 0$ に対して，定義 A.7.1 の条件を満たす δ を取る．I_i, $i = 1, 2, \ldots n$, を互いに交わらない $[a,b]$ の開部分区間で $\displaystyle\sum_{i=1}^{n} m(I_i) < \delta$ を満たすものとする．$\overline{I_i} = [a_i, b_i]$ とし，$\Delta_i : a_i = t_{i,0} < t_{i,1} < \cdots < t_{i,m_i} = b_i$, を任意の $\overline{I_i}$ の分割とすると，

$$\sum_{i=1}^{n} \sum_{j=1}^{m_i} |f(t_{i,j}) - f(t_{i,j-1})| < \varepsilon$$

が成り立つので，$\displaystyle\sum_{i=1}^{n} V_f[a_i, b_i] \le \varepsilon$ である．これは $g \in \mathrm{AC}[a,b]$ であることを意味する．　□

上の補題から，有界変動関数の場合と同様に，任意の $f \in \mathrm{AC}[a,b]$ に対して，単調増加な $f_1, f_2, f_3, f_4 \in \mathrm{AC}[a,b]$ が存在して，$f = f_1 - f_2 + i(f_3 - f_4)$ となることがわかる．

補題 A.7.2　$[a,b]$ 上の関数 f に対して次の条件は同値である．

(1)　$f \in \mathrm{AC}[a,b]$．

(2)　$g \in L^1[a,b]$ が存在して，任意の $t \in [a,b]$ に対して，$f(t) = f(a) + \int_a^t g(s)ds$ が成り立つ．

【証明】　(1) $\Longrightarrow$ (2)．f が単調増加と仮定して証明してよい．定理 A.6.4 より，μ_f は $[a,b]$ 上の有限ボレル測度に一意的に拡張されるので，それも μ_f と書く．μ_f が m について絶対連続であれば，ラドン-ニコディムの定理（2 章演習 6 参照）より，$g \in L^1[a,b]$ が存在して $f(t) = f(a) + \int_a^t g(s)ds$ となる．$E \in \mathfrak{B}_{[a,b]}$ が $\mu(E) = 0$ を満たすとする．f と任意の $\varepsilon > 0$ に対して，定義 A.7.1 の条件を満たす δ を取る．$m(E) = 0$ なので，$[a,b]$ の開部分集合 U が存在して，$E \subset U$ かつ $m(U) < \delta$ を満たす．U は高々可算個の連結成分の直和であり各連結成分は $[a,b]$ の開部分区間なので，$\mu_f(E) \le \mu_f(U) \le \varepsilon$ が成り立つ．$\varepsilon > 0$ は任意なので $\mu_f(E) = 0$ であり，μ_f は m について絶対連続である．

(2) $\Longrightarrow$ (1)．$g = g_1 - g_2 + i(g_3 - g_4)$, $g_i \in L^1[a,b]$, $g_i \ge 0$, $1 \le i \le 4$, と分解できるので，$g \ge 0$ の場合に証明すればよい．このとき，μ_f は $[a,b]$ 上のボレル測度 $E \mapsto \int_E g(s)ds$ に拡張されるので，それも μ_f と書く．μ_f は m について絶対連続である．以下 $f \notin \mathrm{AC}[a,b]$ と仮定して矛盾を導く．$f \notin \mathrm{AC}[a,b]$ ならば，$\varepsilon > 0$ が存在して，任意の $n \in \mathbb{N}$ に対して，$[a,b]$ の開集合 U_n が存在して $m(U_n) < \frac{1}{2^n}$ かつ $\mu_f(U_n) \ge \varepsilon$ を満たす．

$$E = \bigcap_{n=1}^{\infty} \bigcup_{k=n}^{\infty} U_k$$

と置くと，$m(E) = 0$ かつ $\mu_f(E) \ge \varepsilon$ となり矛盾する．よって，$f \in \mathrm{AC}[a,b]$ である．　　　　　□

$[a,b]$ 上の関数と $t \in [a,b]$ について，極限

$$\lim_{h \to 0} \frac{f(t+h) - f(t)}{h}$$

が存在するとき，それを $f'(t)$ と書く．ただし，$t = a$ と $t = b$ のときは，極限をそれぞれ右と左から取る．

微積分学の基本定理は次の形に一般化される．

定理 A.7.3　有限閉区間 $[a,b]$ 上の関数について次が成り立つ.

(1)　$f \in \mathrm{AC}[a,b]$ ならば, $f'(t)$ が $[a,b]$ 上ほとんど至る所存在して $f' \in L^1[a,b]$ であり, 任意の $t \in [a,b]$ に対して $f(t) = f(a) + \int_a^t f'(s)ds$ が成り立つ.

(2)　$g \in L^1[a,b]$ と $t \in [a,b]$ に対して, $h(t) = \int_a^t g(s)ds$ と定めると, $h'(t)$ が $[a,b]$ 上ほとんど至る所存在し, $h' = g$ が $L^1[a,b]$ で成り立つ.

前補題より, この定理を示すためには (2) のみを示せばよい. $g \in L^1[a,b]$ は $t \in \mathbb{R} \setminus [a,b]$ に対して $g(t) = 0$ と置くことにより, $g \in L^1(\mathbb{R})$ とみなすことができるので, 次を示せばよい.

定理 A.7.4　$g \in L^1(\mathbb{R})$ に対して $h(t) = \int_{-\infty}^t g(s)ds$ と置くと, $h'(t)$ は $\mathbb{R}$ 上ほとんど至る所存在し,

$$h' = g$$

が $L^1(\mathbb{R})$ で成り立つ.

以下この定理の証明を [11], Chaper 7 の議論に従っていくつかの段階に分けて行う. 多くの測度論の本（例えば, [7]）では 1 次元の特殊性を使った別の証明が与えられているが, 以下の証明では（3 を 3^n に置き換えれば）全く同じ議論が $\mathbb{R}^n$ の場合にも成立する.

有限開区間 $I = (a-r, a+r)$ に対して $\widetilde{I} = (a - 3r, a + 3r)$ と定める.

補題 A.7.5　$I_1, I_2, \ldots, I_n$ は有限開区間とすると, $S \subset \{1, 2, \ldots, n\}$ で次を満たすものが存在する.

- $I_i, i \in S$, は互いに交わらない.
- $\displaystyle\bigcup_{i=1}^n I_i \subset \bigcup_{i \in S} \widetilde{I_i}.$

【証明】　$\{1, 2, \ldots, n\}$ を適当に置換することにより, $I_i = (a_i - r_i, a + r_i)$, $r_1 \geq r_2 \geq \cdots \geq r_n$, としてよい. このとき, $i < j$ かつ $I_i \cap I_j \neq \emptyset$ ならば, $\widetilde{I_i} \supset I_j$ であることに注意する. $1 \leq i \leq n-1$ に対して, $J_i = \{i+1, i+2, \ldots, n\}$ と置く. $i_1 = 1$ と定め, 帰納的に,

$$\left(\bigcup_{j=1}^k I_{i_j} \right) \cap I_l = \emptyset$$

を満たす最小の $l \in J_{i_k}$ を i_{k+1} と置き, このような $l \in J_{i_k}$ が存在しなくなる k を m と置く. このとき, $S = \{i_1, i_2, \ldots, i_m\}$ が条件を満たす.　　　　□

$g \in L^1(\mathbb{R})$ の**最大関数**（maximal function）を

$$Mg(t) = \sup_{r>0} \frac{1}{2r} \int_{t-r}^{t+r} |g(s)| ds$$

と定める．$\lambda > 0$ ならば $\{Mg > \lambda\}$ は開集合であることに注意する．実際 $Mg(t) > \lambda$ なら $\frac{1}{2r} \int_{t-r}^{t+r} |g(s)| ds > \lambda$ となる $r > 0$ が存在するが，左辺は t に関して連続だからである．従って Mg は下半連続であり，特にボレル可測である．

補題 A.7.6　$\lambda > 0$ ならば，

$$m\{Mg > \lambda\} \le \frac{3\|g\|_1}{\lambda}$$

が成り立つ．

【証明】 $\mathbb{R}$ の測度 ν を $\nu(E) = \int_E |g(s)| ds$ と定めれば，$\frac{1}{2r} \int_{t-r}^{t+r} |g(s)| ds = \frac{\nu(I)}{m(I)}$，$I = (t-r, t+r)$，であることに注意する．$K$ を $\{Mg > \lambda\}$ に含まれる任意のコンパクト集合とする．各 $t \in K$ に対して，$r_t > 0$ が存在して，$\nu((t-r_t, t+r_t)) > \lambda m((t-r_t, t+r_t))$ が成り立つ．$K \subset \bigcup_{t \in K} (t - r_t, t + r_t)$ は K の開被覆であり，K はコンパクトなので，有限部分被覆 $K \subset \bigcup_{i=1}^{n} I_i$, $I_i = (t_i - r_{t_i}, t_i + r_{t_i})$，が存在する．これに対して，前補題の条件を満たす $S \subset \{1, 2, \dots, n\}$ を取ると，

$$m(K) \le \sum_{i \in S} m(\widetilde{I_i}) = 3 \sum_{i \in S} m(I_i) \le \frac{3}{\lambda} \sum_{i \in S} \nu(I_i) = \frac{3}{\lambda} \nu \left(\sum_{i \in S} I_i \right) \le \frac{3\|g\|_1}{\lambda}$$

が成り立つ．K は任意の $m\{Mg > \lambda\}$ のコンパクト部分集合であり m は正則なので，$m\{Mg > \lambda\} \le \frac{3\|g\|_1}{\lambda}$ が成り立つ．　　　　　□

$t \in \mathbb{R}$ に対して，

$$\lim_{r \to +0} \frac{1}{2r} \int_{t-r}^{t+r} |g(s) - g(t)| ds = 0$$

が成り立つとき，t は g の**ルベーグ点**（Lebesgue point）であると言う．

補題 A.7.7　$g \in L^1(\mathbb{R})$ のとき，ほとんどすべての $t \in \mathbb{R}$ は g のルベーグ点である．

【証明】 $Tg(t) = \limsup_{r \to +0} \frac{1}{2r} \int_{t-r}^{t+r} |g(s) - g(t)| ds$ と定め，$m\{Tg \ne 0\} = 0$ を示せばよい．$n \in \mathbb{N}$ に対して $g_n \in C_c(\mathbb{R})$ で $\|g - g_n\|_1 < \frac{1}{n}$ となるものを取る．このとき

$Tg_n = 0$ であることに注意する.

$$\frac{1}{2r} \int_{t-r}^{t+r} |g(s) - g(t)| ds$$

$$\leq \frac{1}{2r} \int_{t-r}^{t+r} |g(s) - g_n(s)| ds + |g(t) - g_n(t)| + \frac{1}{2r} \int_{t-r}^{t+r} |g_n(s) - g_n(t)| ds$$

より, $Tg(t) \leq M(g - g_n)(t) + |g(t) - g_n(t)|$ がわかる. $\lambda > 0$ とすれば,

$$\{Tg > 2\lambda\} \subset \{M(g - g_n) > \lambda\} \cup \{|g - g_n| > \lambda\}$$

であり, 右辺を $E(\lambda, n)$ と置くと, $m(E(\lambda, n)) \leq \frac{4\|g - g_n\|_1}{\lambda} \leq \frac{4}{n\lambda}$ である.

$$\{Tg > 2\lambda\} \subset \bigcap_{n=1}^{\infty} E(\lambda, n)$$

であり, 右辺のルベーグ測度は 0 であるので $m\{Tg > 2\lambda\} = 0$ である. $\{Tg \neq 0\} = \bigcup_{n=1}^{\infty} \left\{ Tg > \frac{1}{n} \right\}$ より, $m\{Tg \neq 0\} = 0$ である. □

【定理 A.7.4 の証明】 t を g のルベーグ点とすると, $r > 0$ に対して,

$$\left| \frac{h(t+r) - h(t)}{r} - g(t) \right| + \left| \frac{h(t-r) - h(t)}{-r} - g(t) \right|$$

$$= \frac{1}{r} \left| \int_t^{t+r} (g(s) - g(t)) ds \right| + \frac{1}{r} \left| \int_{t-r}^r (g(s) - g(t)) ds \right|$$

$$\leq \frac{1}{r} \int_{t-r}^{t+r} |g(s) - g(t)| ds \to 0, \quad (r \to +0)$$

なので, $h'(t) = g(t)$ である. □

$f, g \in \mathrm{AC}[a, b]$ のとき, $fg \in \mathrm{AC}[a, b]$ であり,

$$\int_a^b (fg)'(t) dt = f(b)g(b) - f(a)g(a)$$

が成り立つ. 一方, $(fg)'(t) = f'(t)g(t) + f(t)g'(t)$ が $[a, b]$ 上ほとんど至る所成り立つので, 10 章で頻繁に使った部分積分の公式

$$\int_a^b f(t)g'(t) dt = f(b)g(b) - f(a)g(a) - \int_a^b f'(t)g(t) dt$$

が得られる.

問題のヒント

第1章

問題 1.2 (1) 下限の定義から，$\forall \varepsilon > 0, \exists y \in Y, \|[x]\| \le \|x + y\| \le \|[x]\| + \varepsilon$.

演習 3 $\widetilde{\Omega}$ の位相は次のように与えられる．
- $\omega \in \Omega$ の場合は，ω の $\widetilde{\Omega}$ での基本近傍系は Ω でのそれと同じである．
- ∞ の基本近傍系は，$(\Omega \setminus K) \cup \{\infty\}$ で K が Ω のコンパクト部分集合であるもの全体で与えられる．

演習 4 (2) μ は σ-有限． (3) (2) の E に対して $\chi_E \in L^p(\Omega, \mu)$.

演習 5 (1) 正則関数の（広義）一様収束極限は正則． (2) 最大値原理．

第2章

問題 2.1 2 次元で十分．

問題 2.2 $\mathcal{H}$ の ONS 全体の集合に包含関係で順序を入れ，ツォルンの補題を適用する．

問題 2.3 (2) $\ker(I - V^*) = \{0\}$ を示す． (3) 方程式 $a = W_\alpha{}^* a$ を解くときに，条件 $\|a\|_2 < \infty$ を忘れないこと．

演習 2 コーシー-シュヴァルツの不等式．

演習 4 (1) $f(z) = \frac{1}{\pi r^2} \int_{B(z,r)} f(x + iy) dx dy$. (2) 正則関数列の広義一様収束極限は正則．

演習 5 $\{f_r\}_{r \in \mathbb{R}}^{\perp} = \{0\}$ をフーリエ変換を使って示す．

演習 6 (3) $\frac{d\nu}{d\mu} = \frac{h_\psi}{h_\varphi}$.

演習 7 (1) Ω を可算個の測度有限な可測集合に分割する．

第3章

問題 3.7 B_X で稠密な可算集合 $\{x_n\}_{n=1}^{\infty}$ を取り，$\varphi, \psi \in B_{X^*}$ に対して，$d(\varphi, \psi) = \sum_{n=1}^{\infty} \frac{1}{2^n} |\varphi(x_n) - \psi(x_n)|$ と置く．

演習 1 (1) 埋め込み $L^2(\Omega, \mu) \subset L^1(\Omega, \mu)$ は連続（2 章演習 2）． (2) 次の関数を考える：$f(\omega) = \begin{cases} \frac{\overline{g(\omega)}}{|g(\omega)|}, & |g(\omega)| > r \\ 0, & |g(\omega)| \le r \end{cases}$ (3) $L^2(\Omega, \mu)$ は $L^1(\Omega, \mu)$ で稠密．

演習 4 (1) 系 A.4.6 より $C(\Omega)$ は可分であるので，問題 3.7 より $B_{C(\Omega)^*}$ 上汎弱位相は距離付け可能． (2) $\mu \in \mathbf{P}(\Omega)$ を一つ取り，$\mu_n = \frac{1}{n} \sum_{k=0}^{n-1} \mu \circ T^k$ と置く．

演習 5 $\overline{\mathrm{span}\{x_n\}_{n=1}^{\infty}}$ の $\mathrm{CONS}\{e_m\}_{m=1}^{\infty}$ を取り，任意の m に対して $\{\langle x_{n_k}, e_m \rangle\}_{k=1}^{\infty}$ が収束するような部分列 $\{x_{n_k}\}_{k=1}^{\infty}$ を対角線論法で構成する．

第 4 章

問題 4.2 (1) $\varepsilon > 0$ に対して，$\mathbb{R}$ 上の連続関数 f_ε を $f_\varepsilon(t) = \begin{cases} -1, & t < -\varepsilon \\ \frac{t}{\varepsilon}, & -\varepsilon \leq t \leq \varepsilon \\ 1, & \varepsilon < t \end{cases}$

と定め，$f_\varepsilon(D_N(t))$ を考える．(2) $\|D_N\|_1 = \frac{1}{\pi}\int_0^\pi \left|\frac{\sin(N+\frac{1}{2})t}{\sin\frac{t}{2}}\right| dt \geq \frac{2}{\pi}\int_\pi^{N\pi} \frac{|\sin s|}{s} ds$.

演習 2 閉グラフ定理．
演習 3 (1) バナッハ-シュタインハウスの定理．(3) 一様有界性原理を使って，$\{\frac{1}{h_n^2}(f(\zeta + h_n) - f(\zeta) - h_n g(\zeta))\}_{n=1}^\infty$ が有界であることを示す．
演習 4 $x, y \in \ell^2(\mathbb{Z})$ が，有限個の k を除いて $x_k = y_k = 0$ を満たすとき，十分大きな n に対して $\langle U^n x, y\rangle = 0$.
演習 5 (2) $\mathcal{R}(I-U)^\perp = \ker(I-U^*) = \ker(I-U)$.

第 5 章

問題 5.2 $x, y \in \overline{C}$, $0 < t < 1$, とすると，$tx + (1-t)y$ の任意の近傍 U に対して，x の近傍 V と y の近傍 W で $tV + (1-t)W \subset U$ を満たすものが存在する．
問題 5.4 ミンコフスキー不等式の等号成立条件を考える．

演習 2 (1), (2) コンパクト台を持つ連続関数全体 $C_c(\mathbb{R})$ は $L^2(\mathbb{R})$ で稠密である．
演習 3 (2) 正則ボレル測度については，その台を定義することができる（付録 A.5 節参照）．
演習 4 (2) $\implies$ (1). $\mu = t\mu_0 + (1-t)\mu_1$, $0 < t < 1$, $\mu_0, \mu_1 \in \mathbf{P}_T(\Omega)$, とすると，$\mu_i$ は μ に関して絶対連続で，T-不変性から $\mu\{\frac{d\mu_i}{d\mu}\circ T \neq \frac{d\mu_i}{d\mu}\} = 0$.

第 6 章

演習 1 問題 2.4 参照．$L^2(\mathbb{T})$ を使って計算する．
演習 2 $\mathcal{H} = \mathbb{C}^2$ で十分．
演習 6 $f(z) = z$ は $A(\mathbb{D})$ の元としては可逆ではないが，$C(\partial\mathbb{D})$ の元としては可逆．

第 7 章

問題 7.2 (1) M の基底 $\{x_i\}_{i=1}^n$ と，その双対基底 $\{x_i^*\}_{i=1}^n \subset M^*$ を取る（つまり $x_j^*(x_i) = \delta_{i,j}$）．ハーン-バナッハの拡張定理により x_i^* を $\varphi_i \in X^*$ に拡張し，$N = \bigcap_{i=1}^n \ker\varphi_i$ と置く．

演習 1 C が全有界であることを示すには，まず与えられた $\varepsilon > 0$ に対して，$\sum_{n=N+1}^\infty \frac{1}{n^2} < \frac{\varepsilon^2}{2}$ となる N を取る．
演習 2 (2) $TB_{L^2[0,\infty)}$ が全有界であることを示すには，与えられた $\varepsilon > 0$ に対して

十分大きな $r > 0$ を取り，$TB_{L^2[0,\infty)}$ の $[0,r]$ への制限に対してアスコリ-アルツェラの定理を使う．

演習 3 (1) まず f が三角多項式のときに示す．写像 $C(\mathbb{T}) \to \mathbf{B}(L^2(\mathbb{T}))$, $f \mapsto [M_f, P_+]$, は連続であることに注意．(2) $\mathbf{B}(H^2(\mathbb{T}))$ を $P_+\mathbf{B}(L^2(\mathbb{T}))P_+$ と同一視したとき，テープリッツ作用素 T_f は $P_+M_fP_+$ と同一視される．このとき，$T_{fg} - T_fT_g = P_+M_f(I - P_+)M_gP_+$ である．(3) アトキンソンの定理を使う．

演習 4 (2) $\|T_f h_r\|_2 \leq \|M_f h_r\|_2$. (3) もし $T_f \in \mathrm{FR}(H^2(\mathbb{T}))$ ならば，アトキンソンの定理より，$S \in \mathbf{B}(H^2(\mathbb{T}))$ と $K \in \mathbf{K}(H^2(\mathbb{T}))$ が存在して，$ST_f = I + K$ が成り立つ．

演習 5 (3) 2 章演習 1 参照．(4) 指数の連続性．

演習 6 (1) $\lambda I - V$ は $T_{\lambda - e_1}$ とユニタリ同値なので，$T_{\lambda - e_1} \in \mathrm{FR}(\ell^2)$ かどうかを判定すればよい．(2) $\lambda \in \mathbb{C}$, $|\lambda| < 1$ なら，$\mathrm{ind}(\lambda I - V) = -1$ を示す．

第 8 章

問題 8.1 (1) 右辺は $\displaystyle \min_{\dim \mathcal{K} = n-1} \|T - TP_{\mathcal{K}}\|$.

問題 8.3 VV^* の積分核を計算する．

演習 3 B_θ の最大固有値を求める．

演習 4 (1) $A_k e_n$ を計算．

演習 5 (1) 命題 8.1.4 の証明を参考にする．(2) $f \in C^1(\mathbb{T})$ のフーリエ級数が絶対かつ一様収束するという有名な事実の証明を参考にする．

演習 6 (1) $\displaystyle \|[M_f, P_+]\|_{\mathrm{HS}}^2 = \sum_{m,n \in \mathbb{Z}} |\langle [M_f, P_+]e_m, e_n \rangle|^2$. (2) $T_fT_g - T_{fg} = [M_f, P_+](I - P_+)[M_g, P_+]$. (3) まず f と g が三角多項式のときに示す．一般の場合は，(2) の評価を用いる．

演習 7 (1) 補題 7.2.4 の証明参照．

第 9 章

問題 9.1 (1) $\mathcal{R}(\ker A)^\perp = \overline{\mathcal{R}(A)}$ なので，$\{\|A^{1+\frac{1}{n}} - A\|\}_{n=1}^\infty$ が 0 に収束することを示せばよい．(2) 強極限を B とすれば射影で $AB = B$ が成り立つ．

問題 9.2 まず関数 $\omega \mapsto d(\omega, F)$ が連続であることを示す．$e^{-nd(\omega, F)}$ を考える．

演習 2 (1) 多項式全体は $C(\sigma(A))$ で稠密．(2) 2 項係数．(3) カタラン数．

演習 3 (1) $A = \int_{\sigma(A)} t dE_t^A$ をスペクトル分解とすると，任意の $\varepsilon > 0$ に対して，$\dim \mathcal{R}(E_{\lambda+\varepsilon}^A - E_{\lambda-\varepsilon}^A) = \infty$. (2) (1) の $\{e_n\}_{n=1}^\infty$ は 0 に弱収束する．(3) $\lambda I - A \in \mathrm{FR}(\mathcal{H})$ を示す．

演習 4 (1) $A = \int_{\sigma(A)} t dE_t^A$ を A のスペクトル分解とすると，f, g が多項式のとき $\langle f(A)x_0, g(A)x_0 \rangle = \int_{\sigma(A)} f(t)\overline{g(t)}d\langle E_t^A x_0, x_0 \rangle$. (2) ツォルンの補題を使って，$\mathcal{H}$ の

部分集合 $\{x_i\}_{i \in I}$ で，$\mathcal{H}_{A,x_i}$ は互いに直交しかつ $\mathrm{span}\left(\bigcup_{i \in I} \mathcal{H}_{A,x_i}\right)$ が $\mathcal{H}$ で稠密なものが存在することを示す.

演習 5 (1) コーシー-シュヴァルツの不等式は，条件「$\|x\| = 0 \iff x = 0$」がなくても成り立つ.

第 10 章

問題 10.1 (1) $D^{**} \subset D_c \subset D^*$ なので $D^{**} \subset D_c{}^* \subset D^*$. (2) 線形写像 $\Phi : \mathcal{D}(D^*) \to \mathbb{C}^2$, $\Phi(f) = (f(0), f(1)) \in \mathbb{C}^2$, は全射で，$\ker \Phi = \mathcal{D}(D^{**})$ なので，$D^{**} \subsetneq T \subsetneq D^*$ を満たす作用素 T 全体と，$\mathbb{C}^2$ の 1 次元部分空間全体の間には，一対一対応が存在する.

問題 10.2 微分方程式 $f'' + \lambda f = 0$ を T^*T に対応する境界条件の元で解く.

問題 10.3

$$\left\|\frac{1}{it}(e^{itA}x - x) - Ax\right\|^2 = \int_{\mathbb{R}} \left|\frac{e^{it\lambda} - 1}{it} - \lambda\right|^2 d\langle E_\lambda^A x, x\rangle$$
$$= \int_{\mathbb{R}} \left|\int_0^1 (e^{ist\lambda} - 1)ds\right|^2 \lambda^2 d\langle E_\lambda^A x, x\rangle.$$

演習 1 (1) $\lambda \in \mathbb{C} \setminus \sigma_{\mathrm{p}}(D_c)$ に対して，微分方程式 $if'(t) + \lambda f(t) = g(t)$, $f(1) = cf(0)$ ($c = \infty$ の場合は $f(0) = 0$)，を解いて，$(\lambda I - D_c)^{-1}$ を積分作用素として表す.

演習 2 (1) $g \in \mathcal{D}(L^*)$, $L^*g = g^*$ に対して，$h(t) = \int_0^t (t-s)g^*(s)ds$ と置くと，任意の $f \in C_c^\infty(0,1)$ に対して，$-\langle f', g\rangle = \langle f, h''\rangle = \langle f'', h\rangle$. (5) 任意の $\lambda \in \mathbb{C} \setminus \sigma_{\mathrm{p}}(L')$ に対して微分方程式 $\lambda f + if'' = g$ を L' に対応する境界条件の元で解いて，$(\lambda I - L')^{-1}$ を積分作用素として表す.

演習 4 (2) $\eta = 0$. (3) $\zeta \in \mathbb{R}$ で $\xi\eta = \zeta(\zeta + 1)$.

演習 5 (1) $\mathcal{R}(\widetilde{D}^{**} - zI)^\perp = \ker(\widetilde{D}^* - \bar{z}I)$. (2) 微分方程式 $zf + if' = g$ を解く.

演習 6 (2) $y \in \mathcal{D}(T^*)$ に対して，$T^*y = T^*(I + TT^*)(I + TT^*)^{-1}y$.

演習 7 まず $\lim_{\varepsilon \to +0} \frac{1}{\pi} \int_{-\infty}^t \frac{\varepsilon}{(s-\lambda)^2 + \varepsilon^2} ds$ を計算してみる.

付録

問題 A.3 $p = \infty$ の場合は容易. $p \neq \infty$ のとき，$s = \frac{p}{r}$, $b_i = |a_i|^r$ と置いて，$\|b\|_s \le \|b\|_1 \le n^{1-\frac{1}{s}}\|b\|_s$ を示せばよい.

参　考　文　献

[1] Akhiezer, N. I.; Glazman, I. M. Theory of linear operators in Hilbert space. Vol. I, II. Translated from the third Russian edition by E. R. Dawson. Translation edited by W. N. Everitt. Monographs and Studies in Mathematics, 9, 10. Pitman (Advanced Publishing Program), Boston, Mass.-London, 1981.

[2] Carothers, N. L. A short course on Banach space theory. London Mathematical Society Student Texts, 64. Cambridge University Press, Cambridge, 2005.

[3] Conway, John B. A course in functional analysis. Second edition. Graduate Texts in Mathematics, 96. Springer-Verlag, New York, 1990.

[4] 日合文雄，柳研二郎，ヒルベルト空間と線形作用素，牧野書店，1995.

[5] 伊藤清三，小松彦三郎編，解析学の基礎，岩波書店，1977.

[6] Jordan, P. and von Neumann, J. On inner products in linear, metric spaces. Ann. of Math. (2) **36** (1935), no. 3, 719–723.

[7] コルモゴロフ，フォミーン著，山崎三郎，柴岡泰光訳，函数解析の基礎，原著第4版，上，下，岩波書店，1979.

[8] 松島与三，多様体入門，裳華房，1965.

[9] 宮島静雄，関数解析，横浜図書，2007.

[10] Pedersen, Gert K. Analysis now. Graduate Texts in Mathematics, 118. Springer-Verlag, New York, 1989.

[11] Rudin, W. Real and complex analysis. Third edition. McGraw-Hill Book Co., New York, 1987.

[12] Schmüdgen, K. Unbounded self-adjoint operators on Hilbert space. Graduate Texts in Mathematics, 265. Springer, Dordrecht, 2012.

[13] 梅垣壽春, 大矢雅則, 日合文雄, 作用素代数入門：Hilbert 空間より von Neumann 代数, 共立出版, 1985.

[14] 吉田伸生，ルベーグ積分入門―使うための理論と演習，遊星社，2006.

索　　引

あ　行

アスコリ-アルツェラの定理　12, 89
アトキンソンの定理　97
位相線形空間　55
一径数ユニタリ群　155
一様凸　166
一様有界性原理　51
ヴォルテラ作用素　116
エーベルライン-シュムリアンの定理　65
エルゴード測度　68

か　行

回帰的　35, 64
回転数　101
外部正則　172
可逆
　　非有界作用素が　139
　　有界作用素が　6
掛け算作用素　7
片側ずらし作用素　6, 27, 29, 30, 52, 54,
　76, 94, 98, 134
可閉　136
カルキン環　96
完全正規直交系　20

完全連続作用素　93
緩増加超関数　58
狭義凸　65
強作用素位相　58
強収束　52
共役核　114
共役作用素　26, 138
極化等式　17
局所凸位相　57
局所凸空間　56
極分解　85, 154
近似固有ベクトル　75
近似点スペクトル　75
クラークソン不等式　167, 168
グラフ　49, 136
グラフ内積　136
クレイン-ミルマンの定理　67
ケーリー変換　146
コーシー-シュヴァルツの不等式　15
コンパクト作用素　91

さ　行

最大関数　182
作用素　4
作用素ノルム　5

自己共役　27, 140

指数　94

指数公式　101, 122

下に有界　74

シャウダーの定理　93

射影　17, 19, 28

射影作用素　19, 28

射影定理　17, 65

弱位相　41

弱作用素位相　58

弱収束

　　作用素列が　52

　　ノルム空間の点列が　41

シャッテン形式　105

終射影　84

シュミット展開　105

シュミットの定理　117

シュワルツ空間　58

商ノルム　10

剰余スペクトル　74

初期射影　84

芯　154

数列空間　2

ストーンの定理　158

ストーン-ワイエルシュトラスの定理
　168

スペクトル　69

スペクトル写像定理　72, 79

スペクトル積分　131

スペクトル族　125

スペクトル半径　73

スペクトル分解

　　コンパクト自己共役作用素の　103

　　非有界自己共役作用素の　153

　　有界自己共役作用素の　128

正規　27, 76

正規直交基底　20

正規直交系　20

正作用素　81

生成作用素　159

正則　172

正定値核　118

積分核　114

絶対値作用素　83, 154

絶対凸　57

絶対連続

　　関数が　179

　　測度が　31

セミノルム　34, 57

セミノルムの族　57

線形空間の対　41

線形汎関数　4

前ヒルベルト空間　15

全変動測度　39

増加点　129

双対空間　5

総変動　174

ソボレフ空間　121, 144

た　行

第 1 類　47

対角作用素　103

対称作用素　139

代数　69

第 2 双対空間　35

第 2 類　47

択一定理　99

単純スペクトル　134

端点　66

中線定理　17

直交する　18

直交分解定理　18

直交補空間　18

定義域　49, 135

ディスク代数　88

ディリクレ核　53

テープリッツ作用素　30, 122

点スペクトル　74

同型　6

同値

　　測度が　31

　　ノルムが　8

等長作用素　6, 28

等長同型　6

同程度連続性　90

特異値　105

凸結合　63

凸集合　17

凸包　63

トレース　109

トレースクラス　107

な　行

内積　15

内積空間　15

内部正則　172

ネット　162

ノイマン級数　70

ノルム　1

ノルム空間　1

ノルムの劣乗法性　69

は　行

パーセヴァル等式　24

ハーディ空間　30

ハーン-バナッハの拡張定理　32, 34

ハーン-バナッハの分離定理　61

バナッハ-アラオグルの定理　12, 43

バナッハ環　69

バナッハ空間　2

バナッハ-シュタインハウスの定理　51

バナッハの開写像定理　48

バナッハの逆写像定理　47

ハメル基底　13

汎弱位相　41

汎弱収束　41

反射的　35

半双線形形式　16, 25

表象　30

ヒルベルト空間　16

ヒルベルト-シュミットクラス　107

ヒルベルト-シュミット積分作用素　114

ヒルベルト立方体　100

フーリエ係数　29

フーリエ展開　24

フォン・ノイマンの平均エルゴード定理
　　54

複素測度　39

不足指数　149

部分等長作用素　83

部分ネット　163

フレシェ空間　58

フレドホルム作用素　94

フレドホルムの交代定理　99

閉グラフ定理　49

閉作用素　49

閉包　137

平方根作用素　82, 154

ベールのカテゴリー定理　47

ベッセル不等式　22

ベルグマン核　30

ベルグマン空間　30

ヘルグロッツの定理　134

ヘルダー不等式　164

偏極等式　17

本質的自己共役　140

本質的上限　4

本質的スペクトル　101

ま　行

マーサーの定理　116, 119

ミニ・マックス原理　107

ミンコフスキー汎関数　56

ミンコフスキー不等式　164

面　66

や　行

有界

　　作用素が　4

　　集合が　4

　　半双線形形式が　25

有界変動　174

有限階作用素　92

ユニタリ作用素　28

ユニタリ同値　29, 136

ヨルダン-フォン・ノイマンの定理　17

ら　行

ラドン-ニコディムの定理　31

ラドン-ニコディム微分　31

リース-シャウダーの定理　99

リースの表現定理　19

リース-マルコフ-角谷の定理　40

リーマン-スティルチェス積分　174

両側ずらし作用素　6, 26, 29, 54, 88, 133

ルベーグ-スティルチェス測度　178

ルベーグ点　182

レゾルベント　69

レゾルベント集合　69

レゾルベント等式　70

連続関数算法　79, 81

連続関数の空間　2, 39

連続スペクトル　74

わ　行

ワイルスペクトル　101

欧　字

C^* 条件　26

G_δ 集合　54

L^p 空間　3

著者略歴

泉　正己
いずみ　　まさき

1991 年　京都大学大学院理学研究科修士課程修了
1994 年　博士（理学）（京都大学）
2007 年　京都大学大学院理学研究科教授

1996 年　日本数学会建部賢弘賞
2003 年　解析学賞
2004 年　作用素環賞
2010 年　国際数学者会議招待講演
　　　　　日本数学会秋季賞
2015 年　井上学術賞

ライブラリ数理科学のための数学とその展開＝**F5**

数理科学のための
関数解析学
————————————————————————————
2021 年 12 月 25 日 ⓒ　　　　　初 版 発 行

著　者　泉　　正己　　　　　発行者　森 平 敏 孝
　　　　　　　　　　　　　　印刷者　小宮山恒敏
————————————————————————————
　発行所　　株式会社　サイエンス社
〒151-0051　東京都渋谷区千駄ヶ谷1丁目3番25号
営 業 ☎(03)5474-8500(代) 振替 00170-7-2387
編 集 ☎(03)5474-8600(代)
FAX ☎(03)5474-8900
————————————————————————————
印刷・製本　小宮山印刷工業（株）
≪検印省略≫

サイエンス社のホームページのご案内
https://www.saiensu.co.jp
ご意見・ご要望は
rikei@saiensu.co.jp　　まで.

ISBN 978-4-7819-1532-6

PRINTED IN JAPAN